计算机科学与技术丛书

FreeRTOS

实时操作系统

架构、移植与开发

李正军 李潇然◎编著

清華大學出版社

北京

内 容 简 介

本书全面系统地讲述了 FreeRTOS 的基本概念、任务管理、软件定时器、任务间同步、进程间通信、内存管理、中断管理及内核移植等内容，并通过实例详细讲述了 FreeRTOS 在 STM32 嵌入式微控制器上的应用，帮助读者快速掌握 FreeRTOS 的工作原理和实际操作方法。

全书共分 9 章，主要内容包括绪论、STM32 嵌入式微控制器、FreeRTOS 任务管理、FreeRTOS 软件定时器、FreeRTOS 任务间同步、FreeRTOS 进程间通信与消息队列、FreeRTOS 内存管理、FreeRTOS 中断管理、FreeRTOS 在 STM32 上的移植实例。全书内容丰富，结构合理，理论与实践相结合，尤其注重工程应用技术。

本书可作为高等院校自动化、机器人、人工智能、电子与电气工程和物联网等相关专业的本科生、研究生教材，也可作为广大从事嵌入式系统开发的工程技术人员的参考用书。

图书在版编目（CIP）数据

FreeRTOS 实时操作系统：架构、移植与开发/李正军，李潇然编著. -- 北京：清华大学出版社，2025.3. --（计算机科学与技术丛书）. -- ISBN 978-7-302-68714-6

Ⅰ. TP332.3

中国国家版本馆 CIP 数据核字第 20255321LH 号

责任编辑：崔　彤
封面设计：李召霞
责任校对：王勤勤
责任印制：杨　艳

出版发行：清华大学出版社
　　网　　址：https://www.tup.com.cn，https://www.wqxuetang.com
　　地　　址：北京清华大学学研大厦 A 座　　邮　　编：100084
　　社 总 机：010-83470000　　　　　　　　邮　　购：010-62786544
　　投稿与读者服务：010-62776969，c-service@tup.tsinghua.edu.cn
　　质量反馈：010-62772015，zhiliang@tup.tsinghua.edu.cn
　　课件下载：https://www.tup.com.cn，010-83470236
印 装 者：三河市君旺印务有限公司
经　　销：全国新华书店
开　　本：186mm×240mm　　　印　张：19　　　字　　数：428 千字
版　　次：2025 年 5 月第 1 版　　　　　　　印　　次：2025 年 5 月第 1 次印刷
印　　数：1～1500
定　　价：79.00 元

产品编号：109320-01

前言
PREFACE

随着嵌入式系统在各领域的广泛应用,实时操作系统(RTOS)的需求日益增加。FreeRTOS 是一款开源的实时操作系统,专为资源受限的嵌入式系统设计。FreeRTOS 由 Richard Barry 创建并维护,提供了强大的任务调度功能,包括优先级调度、时间片轮转和多任务同步机制,如信号量、队列、事件组和互斥锁等。FreeRTOS 支持多种处理器架构,包括 Arm Cortex-M、PIC、AVR 等,具有高度的移植性。

FreeRTOS 实时操作系统具备小巧高效的特点,典型内核大小仅有几千字节(KB),非常适合用于片上系统(SoC)和微控制器等。FreeRTOS 还提供了可选的内存管理方案,以满足不同应用的需求。同时,其丰富的 API 和强大的扩展性,使开发者能够快速构建稳定高效的实时应用。此外,FreeRTOS 拥有活跃的社区支持、丰富的文档和实例代码,极大地方便了开发和调试。FreeRTOS 广泛应用于物联网设备、工业自动化、机器人和消费电子领域,为开发复杂嵌入式系统提供了强有力的支持。

本书的特点主要体现在以下几方面。

(1)系统性和全面性:本书从 FreeRTOS 的基本概念入手,逐步深入任务管理、软件定时器、任务间同步、进程间通信与消息队列、内存管理、中断管理以及内核移植等各方面,内容系统全面,覆盖了 FreeRTOS 的各个重要方面。

(2)实用性和操作性:书中不仅介绍了理论知识,还结合了大量的实际应用实例,帮助读者在实践中掌握 FreeRTOS 的使用方法。每章末尾的习题也有助于读者巩固所学知识。

(3)针对性和专业性:本书特别针对 STM32 嵌入式微控制器进行了详细介绍和实例讲解,适合从事 STM32 开发的工程师和开发人员阅读。

(4)图文并茂:书中配有大量的图表和示意图,帮助读者更直观地理解 FreeRTOS 的工作原理和操作流程。

(5)循序渐进:本书内容安排循序渐进,从基础知识到高级应用,逐步深入,适合不同层次的读者学习和参考。

(6)实战案例:书中结合了多个实战案例,详细讲解了 FreeRTOS 在实际项目中的应用,帮助读者将理论知识应用到实际开发中,提高系统开发效率和产品质量。

全书共分为 9 章,具体内容如下。

第 1 章讲述了 FreeRTOS 的特点、商业许可、发展历史及功能等基本概念,解释了选择

FreeRTOS 的理由,并介绍了 FreeRTOS 源码和官方手册的获取方法,以及系统移植、文件组成、编码规则及配置和功能裁剪等内容,最后讲解了 FreeRTOS 的启动流程。

第 2 章概述了 STM32 微控制器,介绍了产品线和选型,详细分析了 STM32F407ZGT6 的主要特性和功能,并解释其芯片内部结构、引脚功能和最小系统设计,同时还讨论了 STM32 的 GPIO、外部中断 EXTI、串口 USART、定时器等外设及其工作原理。

第 3 章详细讲述了 FreeRTOS 的任务管理机制,包括多任务运行基本机制、任务状态、优先级、空闲任务、基础时钟与嘀嗒信号等,还介绍了任务调度方法、任务管理相关函数、任务设计要点以及任务管理的应用实例。

第 4 章讲述了软件定时器的特性、相关配置、服务任务的优先级以及应用场景,讨论了软件定时器的精度、运作机制、控制块及相关函数,并通过应用实例帮助读者理解软件定时器的使用方法。

第 5 章主要介绍了信号量和互斥量的原理、功能、运作机制、控制块及相关函数,包括二值信号量、计数信号量、互斥量信号量、递归互斥量等。此外,讨论了优先级翻转问题及其解决方法,通过应用实例展示了 FreeRTOS 在任务间同步中的具体应用。

第 6 章讲述了进程间通信的基本概念,详细讲解了消息队列的特点和操作,包括队列的创建、数据写入和读取方法,以及消息队列的运作机制、阻塞机制及应用场景。同时,还介绍了消息队列的控制块及相关函数,并通过实例说明其应用方法。

第 7 章讲述了内存管理的基本概念及应用场景,介绍了不同的内存管理方案,详细讲解了 heap_1.c、heap_2.c、heap_3.c、heap_4.c、heap_5.c 等实现方式。同时,解释了内存池的工作机制和管理方式,通过实例展示了 FreeRTOS 内存管理的具体应用。

第 8 章详细讲述了 FreeRTOS 与中断的关系、中断的基本概念及相关名词,讨论了中断管理的运作机制和应用场景。重点讲解了任务与中断服务例程(ISR)的关系、中断屏蔽和临界代码段的设计原则,并介绍了在 ISR 中使用 FreeRTOS API 函数的方法,通过实例展示了中断管理的应用。

第 9 章主要讲述了 FreeRTOS 在 STM32 上的移植实例,涵盖从 STM32 GPIO 输入输出应用的硬件设计,到使用 STM32CubeMX 新建工程,通过 Keil MDK 和 STM32CubeIDE 实现工程,使用 STM32CubeProgrammer 下载固件,以及通过 STM32CubeIDE 进行调试的详细步骤,系统地展示了整个移植过程。

通过对这 9 章内容的全面学习,读者将系统掌握 FreeRTOS 的运行机制及其在嵌入式系统开发中的具体应用,从而能够更加高效地设计和开发高性能的嵌入式系统。希望本书能够成为广大嵌入式系统开发者和工程师了解和应用 FreeRTOS 的指南。

本书结合作者多年的科研和教学经验,遵循循序渐进、理论与实践并重、共性与个性兼顾的原则,将理论与实践一体化的教学方式融入其中。书中实例开发过程用到的是目前使用最广泛的"野火 STM32 开发板 F407-霸天虎",由此开发各种功能,书中实例均进行了调试。读者也可以结合实际或者手里现有的开发板开展实验,均能获得实验结果。

　　本书数字资源丰富,配有教学课件、程序代码、教学大纲、电路文件、官方手册等电子资源。

　　对本书中所引用的参考文献的作者,在此一并向他们表示真诚的感谢。由于编者水平有限,加上时间仓促,书中错误和不妥之处在所难免,敬请广大读者不吝指正。

编者

2025 年 2 月

目 录
CONTENTS

第 1 章

绪　　论

　　本章全面而深入地介绍 FreeRTOS 的相关基础知识及其应用,为读者奠定一个坚实的理解基础,以便更好地掌握 FreeRTOS 系统的特性和操作。

　　重点内容:

　　(1) FreeRTOS 的特点:详细讨论 FreeRTOS 的实时性、轻量级设计、出色的移植性以及高效性等核心特性,展现其在嵌入式系统中的独特优势。

　　(2) FreeRTOS 的商业许可模式:深入介绍 FreeRTOS 所采用的开源 MIT 许可模式,同时分析其在商业应用中的优势与潜在限制,为读者提供全面的商业应用考量。

　　(3) 选择 FreeRTOS 的充分理由:明确阐述选择 FreeRTOS 的多个原因,包括其广泛的应用基础、稳定的性能表现以及优质的文档支持,为读者的选择提供有力的依据。

　　(4) FreeRTOS 的发展历程回顾:回顾 FreeRTOS 从诞生至今的发展历程,详细描述其版本演变和重要里程碑,为读者提供丰富的历史背景。

　　(5) FreeRTOS 的丰富功能:全面而详细地说明 FreeRTOS 的主要功能,包括任务管理、同步机制以及内存管理等,为读者展现其强大的功能体系。

　　(6) FreeRTOS 的核心概念和术语解析:清晰解释 FreeRTOS 中的关键术语,如任务、队列、信号量和临界区等,为读者扫清理解上的障碍。

　　(7) 使用 RTOS 的显著优势:深入探讨使用 RTOS(包括 FreeRTOS)所带来的优势,如显著提高任务管理效率和系统实时性,为读者提供明确的 RTOS 应用价值。

　　(8) FreeRTOS 源码与官方手册的获取途径:详细介绍如何获取 FreeRTOS 的源码及其官方手册,为读者提供便捷的学习资源获取方式。

　　(9) FreeRTOS 的系统移植方法:深入探讨将 FreeRTOS 移植到不同硬件平台的具体方法和步骤,为读者提供实用的移植指导。

　　(10) FreeRTOS 的文件组成结构:清晰介绍 FreeRTOS 源码包的文件和目录结构,帮助读者快速了解源码的组织方式。

　　(11) FreeRTOS 的编码规则及系统配置与功能裁剪:详细说明 FreeRTOS 的编码规范,以及如何进行系统配置和功能裁剪,为读者提供深入的定制指导。

　　(12) FreeRTOS 的启动流程解析:深入讨论 FreeRTOS 启动流程的不同方法及适用

情况,并详细介绍两种主要的启动方法及其实现步骤,为读者提供全面的启动流程理解。

1.1 FreeRTOS 系统概述

FreeRTOS 是一款开源的嵌入式实时操作系统,其作为一个轻量级的实时操作系统内核,功能包括任务管理、时间管理、信号量、消息队列、内存管理、软件定时器等,可基本满足较小系统的需要。在过去的 20 年,FreeRTOS 历经了 10 个版本,与众多厂商合作密切,拥有数百万开发者,是目前市场占有率相对较高的 RTOS(Real Time Operating System,实时操作系统)。为了更好地反映内核不是发行包中唯一单独版本化的库,FreeRTOS V10.4 版本之后的 FreeRTOS 发行时将使用日期戳版本而不是内核版本。

FreeRTOS 体积小巧,支持抢占式任务调度。

FreeRTOS 内核非常适合运行在微控制器或小型微处理器上的深度嵌入式实时应用程序。这类应用程序通常包含硬实时和软实时需求。

FreeRTOS 内核是一个实时内核(或实时调度器),使基于 FreeRTOS 构建的应用程序能够满足其硬实时需求。它使应用程序可以组织为一组独立的执行线程。例如,在只有一个核心的处理器上,任何时候只有一个执行线程可以运行。内核通过检查应用程序设计者为每个线程分配的优先级来决定执行哪个线程。在最简单的情况下,应用程序设计者可以为实现硬实时需求的线程分配较高优先级,为实现软实时需求的线程分配较低优先级。这样分配优先级可以确保硬实时线程始终优先于软实时线程执行,但优先级分配的决策并不总是如此简单。

1.1.1 FreeRTOS 的特点

FreeRTOS 是可裁剪的小型嵌入式实时操作系统,除开源外,还具有以下特点。

(1) 抢占式或协作式操作。可以在抢占式和协作式两种模式下运行。在抢占式模式下,内核可以中断低优先级任务,运行更高优先级的任务;在协作式模式下,任务需自愿放弃控制权。

(2) 可选的时间片轮转。支持时间片轮转机制,可以在多个具有相同优先级的任务之间平等分配 CPU 时间。

(3) 非常灵活的任务优先级分配。支持为每个任务分配不同的优先级,便于按重要性和实时需求管理任务。

(4) 灵活、快速且轻量级的任务通知机制。提供灵活高效的机制用于任务间通知和同步,节省系统资源并提高性能。

(5) 队列。支持消息队列机制,用于任务间传递数据,确保数据传输的顺序和完整性。

(6) 二进制信号量。是一种简单的锁机制,用于任务间的同步或控制对共享资源的访问。

(7) 计数信号量。与二进制信号量不同,计数信号量可取多值,用于资源管理或事件计数。

(8) 互斥量。提供互斥量机制,确保只有一个任务可以访问共享资源。

(9) 递归互斥量。允许同一任务多次获得同一个互斥量,适用于层级调用情况下的管理。

(10) 软件定时器。提供定时服务,可以在设定时间后调用指定的回调函数,便于实现定时任务。

(11) 事件组。提供事件组机制,任务可等待多个事件发生,用于复杂的同步需求。

(12) 流缓冲区。支持流缓冲区,用于任务间传递流式数据,适合连续数据流的使用场景。

(13) 消息缓冲区。类似队列,但更为灵活,支持一次性发送和接收大块数据。

(14) 时钟钩子函数。支持在时钟中断中执行自定义代码,与系统时钟相关的操作可在此实现。

(15) 空闲钩子函数。支持在空闲任务中执行自定义代码,可用于后台任务或节能操作。

(16) 堆栈溢出检查。内置堆栈溢出检查机制,防止任务堆栈超限带来的系统崩溃风险。

(17) 跟踪宏。提供宏定义,用于跟踪和调试任务执行状态和内核行为。

(18) 任务运行时统计收集。内置收集任务运行时间的机制,帮助分析任务性能和系统负载。

(19) 可选的商业许可和支持。除了开源许可外,还可选择商业许可,获取专业技术支持和服务。

(20) 完整的中断嵌套模型(针对某些架构)。在一些架构上支持完整的中断嵌套,允许中断处理过程中优先处理更高优先级的中断。

(21) 用于极低功耗应用的无时钟能力(针对某些架构)。在特定架构上支持无时钟模式,进一步降低功耗,延长电池寿命。

(22) 支持内存保护单元(Memory Protection Unit,MPU),用于隔离任务和提高应用程序安全性(针对某些架构)。在一些架构上支持 MPU,通过硬件隔离任务内存区域,提高系统安全性和稳定性。

(23) 能够使用静态或动态分配的内存创建 RTOS 对象。支持使用静态或动态内存分配创建 RTOS 对象,提供更灵活的内存管理策略。

1.1.2 FreeRTOS 的商业许可

FreeRTOS 可供自由使用。在商业应用中使用时,不需要用户公开源码,也不存在任何版权问题,因而在小型嵌入式操作系统中拥有极高的使用率。

FreeRTOS 还有两个衍生的商业版本。

(1) OpenRTOS 是一个基于 FreeRTOS 内核的商业许可版本,为用户提供专门的支持和法律保障。OpenRTOS 是由 AWS 许可的一家战略伙伴公司 WITTENSTEIN 提供的。

（2）SafeRTOS 是一个基于 FreeRTOS 内核的衍生版本，用于安全性要求高的应用，它经过了工业（IEC 61508 SIL 3）、医疗（IEC 62304 和 FDA 510（K））、汽车（ISO 26262）等国际安全标准的认证。SafeRTOS 也是由 WITTENSTEIN 公司提供的。

如果开发者不能接受 FreeRTOS 的开源许可协议条件，需要技术支持、法律保护，或者想获得开发帮助，则可以考虑使用 OpenRTOS；如果开发者需要获得安全认证，则推荐使用 SafeRTOS。

使用 OpenRTOS 需要遵守商业许可协议，FreeRTOS 的开源许可和 OpenRTOS 的商业许可的区别如表 1-1 所示。

表 1-1 FreeRTOS 的开源许可和 OpenRTOS 的商业许可的区别

项　　目	FreeRTOS 的开源许可	OpenRTOS 的商业许可
是否免费	是	否
是否可在商业应用中使用	是	是
是否免版权费	是	是
是否提供质量保证	否	是
是否有技术支持	否	是
是否提供法律保护	否	是
是否需要开源工程代码	否	否
是否需要开源对于源码的修改	是	否
是否需要记录产品使用了 FreeRTOS	如果发布源码，则需要记录	否
是否需要提供 FreeRTOS 代码给工程用户	如果发布源码，则需要提供	否

OpenRTOS 是 FreeRTOS 的商业化版本，OpenRTOS 的商业许可协议不包含任何 GPL 条款。FreeRTOS 还有另外一个衍生版本 SafeRTOS，SafeRTOS 由安全方面的专家重新做了设计，在工业（IEC61508）、铁路（EN50128）、医疗（IEC62304）、核能（IEC61513）等领域获得了安全认证。

1.1.3　选择 FreeRTOS 的理由

有许多成熟的技术可以在不使用多线程内核的情况下编写出优秀的嵌入式软件。如果正在开发的系统比较简单，那么这些技术可能是最合适的解决方案。在更复杂的情况下，使用内核可能会更好，但何时需要使用内核的判断总是主观的。

任务优先级可以帮助确保应用程序满足其处理期限，但内核还可以带来其他不太明显的好处。

嵌入式实时操作系统种类很多，各具特点。

（1）抽象化时间信息。

RTOS 负责执行时间管理，并向应用程序提供与时间相关的 API。这使得应用程序代码的结构更加简单，整体代码量更小。

（2）可维护性/可扩展性好。

抽象化时间细节减少了模块之间的相互依赖，使软件能够以受控和可预测的方式演进。

此外,由于内核负责时间管理,应用程序性能对底层硬件的变化不太敏感。

(3) 模块化。

任务是独立的模块,每个模块应有明确的目的。

(4) 便于团队开发。

任务具有明确的接口,便于团队开发。

(5) 更容易测试。

定义明确、独立的模块任务具有干净的接口,更容易单独测试。

(6) 代码更容易重用。

设计具有更高模块化和更少相互依赖性的代码更容易重用。

(7) 效率高。

使用 RTOS 的应用程序代码可以完全事件驱动,不需要通过轮询未发生的事件来浪费处理时间。尽管事件驱动提高了效率,但处理 RTOS 时钟中断和任务切换的需求会抵消这种效率。然而,不使用 RTOS 的应用程序通常也包括某种形式的时钟中断。

(8) 空闲时间。

当没有需要处理的应用程序任务时,自动创建的空闲任务将执行。空闲任务可以测量剩余处理能力,执行后台检查或将处理器置于低功耗模式。

(9) 电源管理。

使用 RTOS 带来的效率提升使处理器能够更多时间处于低功耗模式。

在每次空闲任务运行时将处理器置于低功耗状态,可以显著降低功耗。FreeRTOS 还有一种特殊的无时钟模式。使用无时钟模式可以使处理器进入比通常更低的功耗模式,并在低功耗模式下停留更长时间。

(10) 灵活的中断处理。

将处理推迟到由应用程序编写者创建的任务或自动创建的 RTOS 守护任务(也称为计时器任务),可以使中断处理程序非常简短。

(11) 混合处理需求。

简单的设计模式可以在应用程序中实现周期性、连续性和事件驱动的处理需求。此外,通过选择适当的任务和中断优先级,可以满足硬实时和软实时需求。

1.1.4 FreeRTOS 的发展历史

AWS 是世界领先的云服务平台。2015 年,AWS 增加了物联网(Internet of Things, IoT)功能。为了使大量基于 MCU 的设备能更容易地连接云端,AWS 获得了 FreeRTOS 的管理权,并在 FreeRTOS 内核的基础上增加了一些库,使得小型的低功耗边缘设备也能容易地编程和部署,并且安全地连接到云端。

Amazon 接管 FreeRTOS 后,发布的第一个版本是 V10.0.0,它向下兼容 V9 版本。V10 版本中新增了流缓冲区、消息缓冲区等功能。Amazon 承诺不会使 FreeRTOS 分支化,也就是说,Amazon 发布的 FreeRTOS 的内核与 FreeRTOS.org 发布的 FreeRTOS 的内核是完全一样的,Amazon会对FreeRTOS的内核维护和改进持续投资。

FreeRTOS支持的处理器架构超过35种。由于完全免费,又有Amazon这样的大公司维护,FreeRTOS逐渐成为市场领先的RTOS系统,在嵌入式微控制器应用领域成为一种事实上标准的RTOS。

STM32 MCU固件库提供了FreeRTOS作为中间件,可供用户很方便地在STM32Cube开发方式中使用FreeRTOS。

1.1.5 FreeRTOS的功能

FreeRTOS是一个技术上非常完善和成功的RTOS系统,具有如下功能。

(1) 抢占式(pre-emptive)或合作式(co-operative)任务调度方式。

(2) 非常灵活的优先级管理。

(3) 灵活、快速而轻量化的任务通知(task notification)机制。

(4) 队列(queue)功能。

(5) 二值信号量(binary semaphore)。

(6) 计数信号量(counting semaphore)。

(7) 互斥量(mutex)。

(8) 递归互斥量(recursive mutex)。

(9) 软件定时器(software timer)。

(10) 事件组(event group)。

(11) 时间节拍钩子函数(tick hook function)。

(12) 空闲时钩子函数(idle hook function)。

(13) 栈溢出检查(stack overflow checking)。

(14) 踪迹记录(trace recording)。

(15) 任务运行时间统计收集(task run-time statics gathering)。

(16) 完整的中断嵌套模型(对某些架构有用)。

(17) 用于低功耗的无节拍(tickless)特性。

除了技术上的功能,FreeRTOS的开源免费许可协议也为用户扫除了使用FreeRTOS的障碍。FreeRTOS不涉及其他任何知识产权(Intellectual Property,IP)问题,因此用户可以完全免费地使用FreeRTOS,即使用于商业性项目,也无须公开自己的源代码,无须支付任何费用。当然,如果用户想获得额外的技术支持,那么可以付费升级为商业版本。

1.1.6 FreeRTOS的一些概念和术语

下面介绍FreeRTOS的一些概念和术语。

1. 实时性

RTOS一般应用于对实时性有要求的嵌入式系统。实时性指任务的完成时间是确定的,例如,飞机驾驶控制系统,必须在限定的时间内完成对飞行员操作的响应。日常使用的

Windows、iOS 和 Android 等是非实时操作系统,非实时操作系统对任务完成时间没有严格要求。例如,打开一个网页可能需要很长时间,运行一个程序还可能出现闪退或死机的情况。

FreeRTOS 是一个实时操作系统,特别适用于基于 MCU 的实时嵌入式应用。这种应用通常包括软实时(soft real-time)和硬实时(hard real-time)。

软实时,指任务运行要求有一个截止时间,但即便超过这个截止时间,也不会使系统变得毫无用处。例如,对敲按键的反应不够及时,可能使系统显得响应慢一点,但系统不至于无法使用。

硬实时,指任务运行要求有一个截止时间,如果超过了这个截止时间,可能导致整个系统的功能失效。例如,轿车的安全气囊控制系统,如果在出现撞击时响应缓慢,就可能导致严重的后果。

FreeRTOS 是一个实时操作系统,基于 FreeRTOS 开发的嵌入式系统可以满足硬实时要求。

2. 任务

操作系统的主要功能就是实现多任务管理,而 FreeRTOS 是一个支持多任务的实时操作系统。FreeRTOS 将任务称为"线程"(thread),但本书还是使用常用的名称"任务"(task)。嵌入式操作系统中的任务与高级语言(如 C++、Python)中的线程很相似。例如,任务或线程间通信与同步都使用信号量、互斥量等技术,如果熟悉高级语言中的多线程编程,对 FreeRTOS 的多任务编程就很容易理解了。

一般的 MCU 是单核的,处理器在任何时刻只能执行一个任务的代码。FreeRTOS 的多任务功能是通过其内核中的任务调度器实现的,FreeRTOS 支持基于任务优先级的抢占式任务调度算法,因而能满足硬实时的要求。

3. 移植

FreeRTOS 中有少部分与硬件密切相关的源码,需要针对不同架构的 MCU 进行一些改写。例如,针对 MSP430 系列微控制器或 STM32 系列微控制器,就需要改写相应的代码,这个过程称为移植。一套移植的 FreeRTOS 源代码称为一个接口(port)。

针对某种 MCU 的移植,一般是由 MCU 厂家或 FreeRTOS 官方网站提供的,用户如果对 FreeRTOS 的底层代码和目标 MCU 非常熟悉,也可以自己进行移植。初学者或一般的使用者最好使用官方已经移植好的版本,以保证正确性,减少重复工作量。

在 STM32CubeMX 中,安装某个系列 STM32MCU 的固件库时,就已经有移植好的 FreeRTOS 源码。例如,对于 STM32F4 系列,其 STM32CubeF4 固件库就包含针对 STM32F4 移植好的 FreeRTOS 源码,用户只需知道如何使用即可。

1.2 FreeRTOS 的源码和官方手册获取

FreeRTOS 的源码和相应官方手册都可以从其官网获得,如图 1-1 所示。

图 1-1　FreeRTOS 官网

在浏览器中打开 FreeRTOS 官网主页后,单击图 1-1 中的源码下载按钮 Download,弹出如图 1-2 所示的界面。单击图 1-2 中的 Download 按钮,下载 FreeRTOS 最新版本的源码包。

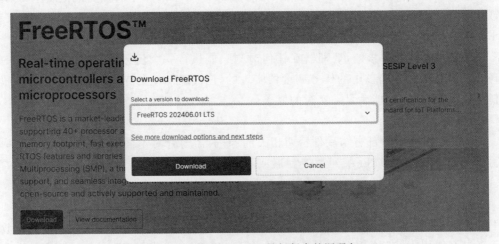

图 1-2　下载 FreeRTOS 最新版本的源码包

FreeRTOSv202406.01LTS 源码文件架构如图 1-3 所示。

另外,在 sourceforge 站点中提供有 FreeRTOS 的历史版本,有需要的读者可以到版本列表页面中选择下载。

下载 FreeRTOS 的历史版本页面如图 1-4 所示。

在 FreeRTOS 网页上的 Documentation 菜单,单击 FreeRTOS Books 下面的 pdf 文件,下载 FreeRTOS 官方手册,如图 1-5 所示。

FreeRTOSv202406.01-LTS > FreeRTOS-LTS >

名称	修改日期	类型	大小
aws	2024/11/7 19:57	文件夹	
FreeRTOS	2024/11/7 19:58	文件夹	
CHANGELOG.md	2024/7/16 16:12	Markdown File	2 KB
CODE_OF_CONDUCT.md	2024/7/16 16:12	Markdown File	1 KB
CONTRIBUTING.md	2024/7/16 16:12	Markdown File	1 KB
LICENSE.md	2024/7/16 16:12	Markdown File	2 KB
manifest.yml	2024/7/16 16:12	Yaml 源文件	3 KB
README.md	2024/7/16 16:12	Markdown File	6 KB

图 1-3 FreeRTOSv202406.01LTS 源码文件架构

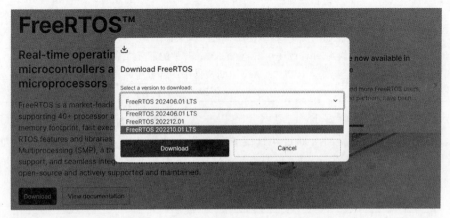

图 1-4 下载 FreeRTOS 的历史版本页面

图 1-5 下载 FreeRTOS 官方手册

1.3 FreeRTOS 系统移植简介

一般而言,在 Keil MDK 和 STM32CubeMX 中都集成有 FreeRTOS,仅需在图形化配置界面中勾选 FreeRTOS 就可以向工程当中添加 FreeRTOS 了。如果要向工程中手动添加 FreeRTOS,则需要按表 1-2 中的顺序完成以下几个步骤。

表 1-2　手动添加 FreeRTOS 到 MDK 工程

操 作 步 骤	说　　明
下载源码	到 FreeRTOS 官网下载最新版本源码包,并从中提取 FreeRTOS 内核文件、移植相关 port 文件、内存管理文件
添加到工程	将提取出来的文件复制到工程目录,在 MDK 工程中创建工程分组,添加刚复制的源文件,添加工程选项头文件路径
配置 FreeRTOS 选项	复制并修改 FreeRTOSConfig.h 中的部分参数选项
修改中断	修改 stm32f10x_it.c 中断文件中的部分中断函数
创建任务	在 main 函数主循环之前创建并启动任务

整个操作稍显复杂,幸好 Keil MDK 和 STM32CubeMX 中都已集成了 FreeRTOS 的较新版本,用户可以在图形界面下通过勾选配置就可以向当前工程添加 FreeRTOS。如图 1-6 所示,在 Keil MDK 工程的运行时管理设置窗口界面中添加 FreeRTOS 的勾选设置即可(Keil MDK 需预选装 Arm CMSIS-FreeRTOS.pack 组件包)。

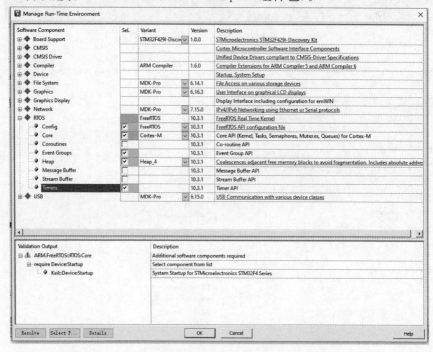

图 1-6　Keil MDK 中通过 RTE 管理器添加 FreeRTOS

STM32CubeMX 软件是 ST 有限公司为 STM32 系列微控制器快速建立工程,并快速初始化使用到的外设、GPIO 等而设计的,大大缩短了开发时间。同时,该软件不仅能配置 STM32 外设,还能进行第三方软件系统的配置,例如 FreeRTOS、FAT 32、LwIP 等;而且可以用它进行功耗预估。此外,这款软件可以输出 PDF、TXT 文档,显示所开发工程中的 GPIO 等外设的配置信息,供开发者进行原理图设计等。

STM32CubeMX 是 ST 官方出的一款针对 ST 的 MCU/MPU 跨平台的图形化工具,支持在 Linux、macOS、Windows 系统下开发,支持 ST 的全系列产品目前包括:STM32L0、STM32L1、STM32L4、STM32L5、STM32F0、STM32F1、STM32F2、STM32F3、STM32F4、STM32F7、STM32G0、STM32G4、STM32H7、STM32WB、STM32WL、STM32MP1,其对接的底层接口是 HAL 库,STM32CubeMx 除了集成 MCU/MPU 的硬件抽象层,另外还集成了像 RTOS、文件系统、USB、网络、显示、嵌入式 AI(Artificial Intelligence,人工智能)等中间件,这样开发者就能够很轻松地完成 MCU/MPU 的底层驱动的配置,留出更多精力开发上层功能逻辑,能够进一步提高嵌入式开发效率。

STM32CubeMX 软件的特点如下。

(1) 集成了 ST 有限公司的每一款型号的 MCU/MPU 的可配置的图形界面,能够自动提示 IO 冲突并且对于复用 IO 可自动分配。

(2) 具有动态验证的时钟树。

(3) 能够很方便地使用所集成的中间件。

(4) 能够估算 MCU/MPU 在不同主频运行下的功耗。

(5) 能够输出不同编译器的工程,比如能够直接生成 MDK、EWArm、STM32CubeIDE、MakeFile 等工程。

为了使开发人员能够更加快捷有效地进行 STM32 的开发,ST 有限公司推出了一套完整的 STM32Cube 开发组件。STM32Cube 主要包括两部分:一是 STM32CubeMX 图形化配置工具,它直接在图形界面简单配置下,生成初始化代码,并对外设做了进一步的抽象,让开发人员只专注于应用的开发;二是基于 STM32 微控制器的固件集 STM32Cube 软件资料包。

STM32CubeMX 中添加 FreeRTOS 的操作如图 1-7 所示,在窗口左侧的 Middleware 中间件列表栏中添加。

在 STM32CubeMX 导出的 Keil MDK 工程(添加了 FreeRTOS)中,main 函数内会自动添加 osKernelInitialize 和 osKernelStart 函数进行内核初始化和启动内核调度程序的操作,当然,在两个函数之间还有用户任务的创建操作,1.4 节将介绍任务和任务管理相关内容。

在 Keil MDK 中配置 FreeRTOS,需要修改 FreeRTOSconfig.h 文件中的各个系统参数,如图 1-8 所示。

例如,配置 RTOS 系统节拍中断的频率,方法如下。

```
//RTOS 系统节拍中断的频率。即一秒中断的次数,每次中断 RTOS 都会进行任务调度
#define configTICK_RATE_HZ    ((TickType_t)1000)
```

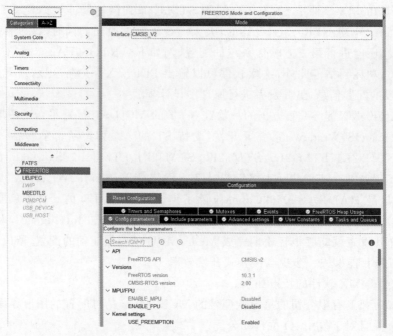

图 1-7　STM32CubeMX 中添加 FreeRTOS

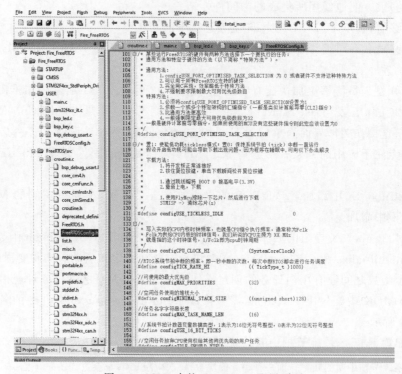

图 1-8　MDK 中的 FreeRTOS 配置页面

如果是 STM32CubeMX 导出的工程,需要到 STM32CubeMX 的 FreeRTOS 配置页面中进行设置,如图 1-9 所示,注意在 STM32CubeMX 中修改配置后需要重新导出 MDK 工程。

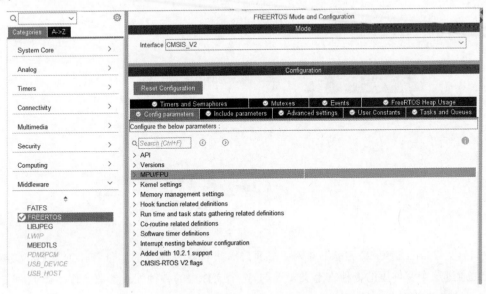

图 1-9　STM32CubeMX 中的 FreeRTOS 配置页面

相对而言,CMSIS-V2 版本封装使得不同 RTOS(RTX5 和 FreeRTOS)的 API 函数接口变得统一,而且个别函数的 CMSIS-V2 封装版本统一了中断内外调用的名称,方便了程序设计人员。

1.4　FreeRTOS 的文件组成

在 FreeRTOS 的应用中,与 FreeRTOS 相关的程序文件主要分为可修改的用户程序文件和不可修改的 FreeRTOS 源程序文件。前面介绍的 freertos.c 是可修改的用户程序文件,FreeRTOS 中任务、信号量等对象的创建,以及用户任务函数都在这个文件里实现。项目中 FreeRTOS 的源程序文件都在目录\Middlewares\Third_Party\FreeRTOS\Source 下,这些是针对选择的 MCU 型号做好了移植的文件。使用 STM32CubeMX 生成代码时,用户无须关心 FreeRTOS 的移植问题,所需的源程序文件也为用户组织好了。

虽然无须自己进行程序移植和文件组织,但是了解 FreeRTOS 的文件组成以及主要文件的功能,对于掌握 FreeRTOS 的原理和使用还是有帮助的。FreeRTOS 的源程序文件大致可以分为 5 类,如图 1-10 所示。

1. 用户配置和程序文件

用户配置和程序文件包括如下 2 个文件,用于对 FreeRTOS 进行各种配置和功能裁剪,以及实现用户任务的功能。

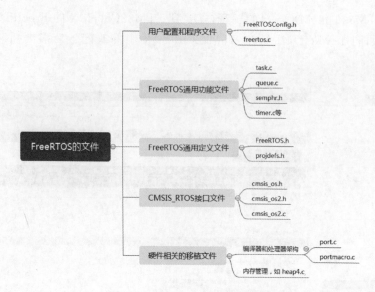

图 1-10 FreeRTOS 的文件组成

（1）文件 FreeRTOSConfig.h 是对 FreeRTOS 进行各种配置的文件，FreeRTOS 的功能裁剪就是通过这个文件里的各种宏定义实现的，这个文件内的各种配置参数的作用详见后文。

图 1-11 \Source 目录和\SourceInclude
目录下的源程序文件和头文件

（2）文件 freertos.c 包含 FreeRTOS 对象初始化函数 MX_FREERTOS_Init()和任务函数，是编写用户代码的主要文件。

2. FreeRTOS 通用功能文件

FreeRTOS 通用功能文件是实现 FreeRTOS 的任务、队列、信号量、软件定时器、事件组等通用功能的文件，这些功能与硬件无关。源程序文件在\Source 目录下，头文件在\Source\Include 目录下。这两个目录下的源程序文件和头文件如图 1-11 所示。

FreeRTOS 通用功能文件及其功能如表 1-3 所示。在一个嵌入式操作系统中，任务管理是必需的，某些功能是在用到时才需要加入的，如事件组、软件定时器、信号量、流缓冲区等。STM32CubeMX 在生成代码时，将这些文件全部复制到了项目里，但是它们不会被全部编译到最终的二进制文件里。用户可以对 FreeRTOS 的各种参数进行配置，实现功能裁剪，这些参数配置实际就是各种条件编译的条件定义。

表 1-3　FreeRTOS 通用功能文件及其功能

文　件	功　能
croutine. h/. c	实现协程(co-routine)功能的程序文件,协程主要用于非常小的 MCU,现在已经很少使用
event_groups. h/. c	实现事件组功能的程序文件
list. h/. c	实现链表功能的程序文件,FreeRTOS 的任务调度器用到链表
queue. h/. c	实现队列功能的程序文件
semphr. h	实现信号量功能的文件,信号量是基于队列的,信号量操作的函数都是宏定义函数,其实现都是调用队列处理的函数
task. h tasks. c	实现任务管理功能的程序文件
timers. h/. c	实现软件定时器功能的程序文件
stream_buffer. h/. c	实现流缓存功能的程序文件。流缓存是一种优化的进程间通信机制,用于在任务与任务之间、任务与中断服务函数之间传输连续的流数据。流缓存功能是在 FreeRTOS 10 版本中才引入的功能
message_buffer. h	在 FreeRTOS 的版本 10 中,精心设计并引入了一种创新的消息缓存机制。该机制的全部功能均通过精心编写的宏定义函数来封装,这些函数无缝地集成了流缓存的操作,以实现消息的高效缓存和管理。这一特性标志着 FreeRTOS 在实时操作系统领域的又一重要进步,为开发者提供了更为强大和灵活的消息处理能力
mpu_prototypes. h mpu_wrappers. h	MPU 功能的头文件。该文件中定义的函数就是在标准函数前面增加前缀 "MPU_",当应用程序使用 MPU 功能时,此文件中的函数被 FreeRTOS 内核优先执行。MPU 功能是在 FreeRTOS 10 版本中才引入的功能

3. FreeRTOS 通用定义文件

目录\Source\include 下有几个与硬件无关的通用定义文件。

(1) 文件 FreeRTOS. h。

这个文件包含 FreeRTOS 的默认宏定义、数据类型定义、接口函数定义等。FreeRTOS. h 中有一些默认的用于 FreeRTOS 功能裁剪的宏定义,例如:

```
# ifndef configIDLE_SHOULD_YIELD
    # define configIDLE_SHOULD_YIELD  1
# endif

# ifndef INCLUDE_vTaskDelete
    # define INCLUDE_vTaskDelete     0
# endif
```

FreeRTOS 的功能裁剪就是通过这些宏定义实现的,这些用于配置的宏定义主要分为如下两类。

① 前缀为"config"的宏表示某种参数设置。一般地,值为 1 表示开启此功能,值为 0 表示禁用此功能,如 configIDLE_SHOULD_YIELD 表示空闲任务是否对同优先级的任务让出处理器使用权。

② 前缀为"INCLUDE_"的宏表示是否编译某个函数的源代码,例如,宏 INCLUDE vTaskDelete 的值为 1,就表示编译函数 vTaskDelete()的源代码,值为 0 就表示不编译函数 vTaskDelete()的源代码。

在 FreeRTOS 中,这些宏定义通常称为参数,因为它们决定了系统的一些特性。文件 FreeRTOS.h 包含系统默认的一些参数的宏定义,不要直接修改此文件的内容。用户可修改的配置文件是 FreeRTOSConfig.h,这个文件也包含大量前缀为"config"和"INCLUDE_"的宏定义。如果文件 FreeRTOSConfig.h 中没有定义某个宏,就使用文件 FreeRTOS.h 中的默认定义。

FreeRTOS 的大部分功能配置都可以通过 STM32CubeMX 可视化设置完成,并生成文件 FreeRTOSConfig.h 中的宏定义代码。

(2) 文件 projdefs.h。

这个文件包含 FreeRTOS 中的一些通用定义,如错误编号宏定义、逻辑值的宏定义等。文件 projdefs.h 中常用的几个宏定义及其功能如表 1-4 所示。

表 1-4　文件 projdefs.h 中常用的几个宏定义及其功能

宏　定　义	值	功　　　能
pdFALSE	0	表示逻辑值 false
pdTRUE	1	表示逻辑值 true
pdFAIL	0	表示逻辑值 false
pdPASS	1	表示逻辑值 true
pdMS_TO_TICKS (xTimelnMs)	—	这是个宏函数,其功能是将 xTimelnMs 表示的毫秒数转换为时钟节拍数

(3) 文件 stack_macros.h 和 StackMacros.h。

这两个文件的内容完全一样,只是为了向后兼容,才出现了两个文件。这两个文件定义了进行栈溢出检查的函数,如果要使用栈溢出检查功能,需要设置参数 configCHECK_FOR_STACK_OVERFLOW 的值为 1 或 2。

4. CMSIS-RTOS 标准接口文件

目录\Source\CMSIS_RTOS_V2 下是 CMSIS-RTOS 标准接口文件,如图 1-12 所示。这些文件里的宏定义、数据类型、函数名称等的前缀都是"os"。从原理上来说,这些函数和数据类型的名称与具体的 RTOS 无关,它们是 CMSIS-RTOS 标准的定义。在具体实现上,这些前缀为"os"的函数调用具体移植的 RTOS 的实现函数,例如,若移植的是

图 1-12　CMSIS-RTOS 标准
接口文件

FreeRTOS,"os"函数就调用 FreeRTOS 的实现函数,若移植的是 μC/OS-Ⅱ,"os"函数就调用 uC/OS-Ⅱ 的实现函数。

本书使用的是 FreeRTOS,所以这些"os"函数调用的都是 FreeRTOS 的函数。例如,MSIS-RTOS 的延时函数 osDelay()的内部就是调用了 FreeRTOS 的延时函数 vTaskDelay(),其完整源代码如下:

```
osStatus_t osDelay (uint32_t ticks)
 {
 osStatus_t stat;
 if (IS_IRQ()){
   stat = osErrorISR;
 }
 else {
     stat = osOK;
 if (ticks != 0U){
     vTaskDelay(ticks);
     }
   }
   return (stat);
 }
```

在 FreeRTOS 中,会有一些类似的函数:osThreadNew()的内部调用 xTaskCreate()或 xTaskCreateStatic()创建任务;osKernelStart()的内部调用 vTaskStartScheduler()启动 FreeRTOS 内核运行。

从原理上来说,如果在程序中使用这些 CMSIS-RTOS 标准接口函数和类型定义,可以减少与具体 RTOS 的关联。例如,一个应用程序原先是使用 FreeRTOS 写的,后来要改为使用 μC/OS-Ⅱ,则只需改 RTOS 移植部分的程序,而无须改应用程序。但是这种情况可能极少。

为了讲解 FreeRTOS 的使用,在编写用户功能代码时,将尽量直接使用 FreeRTOS 的函数,而不使用 CMSIS-RTOS 接口函数。但是 STM32CubeMX 自动生成的代码使用的基本都是 CMSIS-RTOS 接口函数,这些是不需要去更改的,明白两者之间的关系即可。

5. 硬件相关的移植文件

硬件相关的移植文件就是需要根据硬件类型进行改写的文件,一个移植好的版本称为一个端口(port),这些文件在目录\Source\portable 下,又分为架构与编译器、内存管理两部分,如图 1-13 所示。

(1) 处理器架构和编译器相关文件。

处理器架构和编译器部分有 2 个文件,即 portmacro.h 和 port.c。这两个文件里是一些与硬件相关的基础数据类型、宏定义和函数定义。因为某些函数的功能实现涉及底层操作,其实现代码甚至是用汇编语言写的,所以与硬件密切相关。

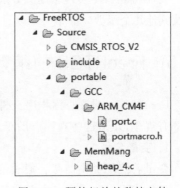

图 1-13　硬件相关的移植文件

FreeRTOS 需要使用一个基础数据类型定义头文件 stdint.h,这个头文件定义的是 uint8_t、uint32_t 等基础数据类型,STM32 的 HAL 库包含这个文件。

在文件 portmacro.h 中,FreeRTOS 重新定义了一些基础数据类型的类型符号,定义的代码如下。Cortex-M4 是 32 位处理器,这些类型定义对应的整数或浮点数类型见注释。

```
#define    portCHAR          char                //int8_t
#define    portFLOAT         float               //4 字节浮点数
#define    portDOUBLE        double              //8 字节浮点数
#define    portLONG          long                //int32_t
#define    portSHORT         short               //int16_t
#define    portSTACK_TYPE    uint32_t            //栈数据类型
#define    portBASE_TYPE     long                //int32_t
Typedef    portSTACK_TYPE    StackType_t;        // 栈数据类型 StackType_t,是 uint32_t
typedef    long              BaseType_t;         //基础数据类型 BaseType_t,是 int32_t
typedef    unsigned          long UBaseType_t;   //基础数据类型 UBaseType_t,是 uint32_t typedef
uint32_t                     TickType_t;         //节拍数类型 TickType_t,是 uint32_t
```

重新定义 4 个数据类型符号是为了移植方便,它们的等效定义和意义如表 1-5 所示。

表 1-5　重新定义的数据类型符号

数据类型符号	等 效 定 义	意　　义
BaseType_t	int32_t	基础数据类型,32 位整数
UBaseType_t	uint32_t	基础数据类型,32 位无符号整数
StackType_t	uint32_t	栈数据类型,32 位无符号整数
TickType_t	uint32_t	基础时钟节拍数类型,32 位无符号整数

(2) 内存管理相关文件。

内存管理涉及内存动态分配和释放等操作,与具体的处理器密切相关。FreeRTOS 提供 5 种内存管理方案,即 heap_1～heap_5,在 STM32CubeMX 里设置 FreeRTOS 参数时,选择 1 种即可。

文件 heap_4.c 实现了动态分配内存的函数 pvPortMalloc()、释放内存的函数 vPortFree()以及其他几个函数。heap_4.c 以目录\Sourceinclude 下的 portable.h 文件为头文件。

1.5　FreeRTOS 的编码规则及配置和功能裁剪

FreeRTOS 的核心源程序文件遵循一套编码规则,其变量命名、函数命名、宏定义命名等都有规律,知道这些规律有助于理解函数名、宏定义的意义。

1. 变量名

变量名使用类型前缀。通过变量名的前缀,用户可以知道变量的类型。

(1) 对于 stdint.h 中定义的各种标准类型整数,前缀"c"表示 char 类型变量,前缀"s"表示 int16_t(short)类型变量,前缀"l"表示 int32_t 类型变量。对于无符号(unsigned)整数,再在前面增加前缀"u",如"uc"表示 uint_8 类型,"us"表示 uint16_t,"ul"表示 uint32_t 类型。

(2) BaseType_t 和所有其他非标准类型的变量名,如结构体变量、任务句柄、队列句柄等都用前缀"x"。

(3) UBaseType_t 类型的变量使用前缀"ux"。

（4）指针类型变量在前面再增加一个"p"，例如，"pc"表示 char＊类型。

2．函数名

函数名的前缀由返回值类型和函数所在文件组成，若返回值为 void 类型，则类型前缀是"v"。举例如下。

（1）函数 xTaskCreate()，其返回值为 BaseType_t 类型，在文件 task.h 中定义。

（2）函数 vQueueDelete()，其返回值为 void，在文件 queue.h 中定义。

（3）函数 pcTimerGetName()，其返回值为 char＊，在文件 timer.h 中定义。

（4）函数 pvPortMalloc()，其返回值为 void＊，在文件 portable.h 中定义。

如果函数是在 static 声明的文件内使用的私有函数，则其前缀为"prv"。例如，tasks.c 文件中的函数 prvAddNewTaskToReadyList()，因为私有函数不会被外部调用，所以函数名中就不用包括返回值类型和所在文件的前缀了。

CMSIS-RTOS 相关文件中定义的函数前缀都是"os"，不包括返回值类型和所在文件的前缀。例如，cmsis_os2.h 中的函数 osThreadNew()、osDelay()等。

3．宏名称

宏定义和宏函数的名称一般用大写字母，并使用小写字母前缀表示宏的功能分组。FreeRTOS 中常用的宏名称前缀如表 1-6 所示。

表 1-6　FreeRTOS 中常用的宏名称前缀

前　缀	意　　义	所 在 文 件	举　　例
config	用于系统功能配置的宏	FreeRTOSConfig.h FreeRTOS.h	configUSE_MUTEXES
INCLUDE_	条件编译某个函数的宏	FreeRTOSConfig.h FreeRTOS.h	INCLUDE_vTaskDelay
task	任务相关的宏	task.h task.c	taskENTER_CRITICAL() taskWAITING_NOTIFICATION
queue	队列相关的宏	queue.h	queueQUEUE_TYPE_MUTEX
pd	项目通用定义的宏	projdefs.h	pdTRUE,pdFALSE
port	移植接口文件定义的宏	portable.h portmacro.h port.c	portBYTE_ALIGNMENT_MASK portCHAR portMAX_24_BIT_NUMBER
tmr	软件定时器相关的宏	timer.h	tmrCOMMAND_START
OS	CMSIS RTOS 接口相关的宏	cmsis_os.h cmsis_os2.h	osFeature_SysTick osFlagsWaitAll

4．FreeRTOS 的配置和功能裁剪

FreeRTOS 的配置和功能裁剪主要是通过文件 FreeRTOSConfig.h 和 FreeRTOS.h 中的一些宏定义实现的，前缀为"config"的宏用于配置 FreeRTOS 的一些参数，前缀为"INCLUDE_"的宏用于控制是否编译某些函数的源代码。文件 FreeRTOS.h 中的宏定义是系统默认的宏定义，请勿直接修改。FreeRTOSConfig.h 是用户可修改的配置文件，如果一个宏没有在文件 FreeRTOSConfig. h 中重新定义,就使用文件 FreeRTOS. h 中的默认定义。

在 STM32CubeMX 中,FreeRTOS 的配置界面中有 Config parameters 和 Include parameters 两个页面,用于对这两类宏进行设置。

1.6　FreeRTOS 的启动流程

在系统上电的时候第一个执行的是启动文件里面由汇编语言编写的复位函数 Reset_Handler,具体见代码清单。复位函数的最后会调用 C 库函数 __main。__main 函数的主要工作是初始化系统的堆和栈,最后调用 C 中的 main 函数。

Reset_Handler 函数代码清单如下。

```
1  Reset_Handler PROC
2  EXPORT Reset_Handler [WEAK]
3  IMPORT __main
4  IMPORT SystemInit
5  LDR R0, = SystemInit
6  BLX R0
7  LDR R0, = __main
8  BX R0
9  ENDP
```

这段代码展示了一个 FreeRTOS 项目中的启动代码(Startup Code),通常用于 Arm Cortex-M 微控制器。它负责系统启动时的初始化工作。

代码功能说明如下。

(1) Reset_Handler 过程(PROC)。

Reset_Handler PROC

标记一个名为 Reset_Handler 的过程开始。PROC 是一个伪指令,用于定义一个过程。

(2) 导出 Reset_Handler 弱符号(EXPORT)。

EXPORT Reset_Handler [WEAK]

导出 Reset_Handler 符号,使其可以被其他文件引用。如果已经有一个同名的强符号定义,则当前定义不会覆盖它。因此,Reset_Handler 是一个弱符号(WEAK),允许用户重新定义这个处理程序。

(3) 导入符号(IMPORT)。

IMPORT __main
IMPORT SystemInit

IMPORT 指令用于从其他模块导入符号。导入两个符号__main 和 SystemInit,它们分别代表应用程序的主函数和系统初始化函数。

(4) 调用系统初始化函数(SystemInit)。

LDR R0, = SystemInit

```
BLX R0
```

LDR R0，＝SystemInit：将 SystemInit 函数的地址加载到寄存器 R0 中。

BLX R0：分支并链接到 R0 处，即调用 SystemInit 函数。这一函数通常用于配置系统时钟等硬件初始化。

（5）调用主程序（__main）。

```
LDR R0, = __main
BX R0
```

LDR R0，＝__main：将__main 函数的地址加载到寄存器 R0 中。

BX R0：分支到 R0 处，即跳转到__main 函数执行。__main 是应用程序的入口点，通常包括 RTOS 的初始化和应用任务的创建。

（6）结束过程（ENDP）。

```
ENDP
```

标记过程的结束。

示例流程如下。

（1）启动复位处理程序（Reset_Handler）：单片机上电复位，触发 Reset_Handler。

（2）系统初始化（SystemInit）：调用 SystemInit 函数，进行系统级别的硬件和时钟配置。

主程序入口（__main）：调用__main 函数，开始执行应用程序代码。

这段启动代码展示了 Arm Cortex-M 微控制器的基本启动流程。Reset_Handler 作为复位中断服务程序在微控制器复位后被执行，它依次调用 SystemInit 进行系统初始化，然后调用__main 函数进入应用程序入口点。整个流水线非常简洁高效，符合嵌入式系统启动流程的要求。

1. 创建任务 xTaskCreate()函数

在 main()函数中，直接可以对 FreeRTOS 进行创建任务操作，因为 FreeRTOS 会自动帮用户做初始化的事情，比如初始化堆内存。FreeRTOS 的简单方便是在其他实时操作系统上都没有的。

自动初始化的特点使得初学 FreeRTOS 变得很简单，在 main()函数中直接初始化板级外设——BSP_Init()，然后进行任务的创建即可——xTaskCreate()。

在任务创建中，FreeRTOS 会进行一系列的系统初始化，在创建任务的时候，会帮用户初始化堆内存，具体见代码清单。

xTaskCreate 函数内部进行堆内存初始化代码清单如下：

```
1  BaseType_t xTaskCreate(TaskFunction_t pxTaskCode,
2  const char * const pcName,
3  const uint16_t usStackDepth,
4  void * const pvParameters,
5  UBaseType_t uxPriority,
6  TaskHandle_t * const pxCreatedTask)
```

```
7  {
8  if (pxStack != NULL) {
9  /* 分配任务控制块内存 */
10 pxNewTCB = (TCB_t *) pvPortMalloc(sizeof(TCB_t)); (1)
11
12
13 if (pxNewTCB != NULL) {
14 /* 将堆栈位置存储在 TCB 中 */
15 pxNewTCB -> pxStack = pxStack;
16 }
17 }
18 /*
19 省略代码
20 ......
21 */
22 }
23
24 /* 分配内存函数 */
25 void * pvPortMalloc(size_t xWantedSize)
26 {
27 BlockLink_t * pxBlock, * pxPreviousBlock, * pxNewBlockLink;
28 void * pvReturn = NULL;
29
30 vTaskSuspendAll();
31 {
32
33 /* 如果这是对 malloc 的第一次调用,那么堆将需要初始化来设置空闲块列表 */
34 if (pxEnd == NULL) {
35 prvHeapInit(); (2)
36 } else {
37 mtCOVERAGE_TEST_MARKER();
38 }
39 /*
40 省略代码
41 ......
42 */
43
44 }
45 }
```

这段代码展示了 FreeRTOS 中用于创建任务的函数 xTaskCreate 和用于内存分配的函数 pvPortMalloc。

下面是代码各部分的详细说明。

(1) xTaskCreate 函数。

该函数用于创建一个新的任务,并返回任务创建的状态。

```
BaseType_t xTaskCreate(TaskFunction_t pxTaskCode,
                       const char * const pcName,
                       const uint16_t usStackDepth,
```

```
                                void * const pvParameters,
                                UBaseType_t uxPriority,
                                TaskHandle_t * const pxCreatedTask)
{
     if (pxStack != NULL) {
          /* 分配任务控制块内存 */
          pxNewTCB = (TCB_t *) pvPortMalloc(sizeof(TCB_t)); // (1)

          if (pxNewTCB != NULL) {
               /* 将堆栈位置存储在 TCB 中 */
               pxNewTCB -> pxStack = pxStack;
          }
     }
     /*
     省略代码
     ......
     */
}
```

功能说明如下。

① 参数说明。

pxTaskCode：任务函数指针，指向任务的代码。

pcName：一个用于任务名称的字符串。

usStackDepth：任务堆栈的深度（大小）。

pvParameters：传递给任务的参数。

uxPriority：任务的优先级。

pxCreatedTask：任务句柄，用于返回任务的创建状态。

② 分配任务控制块内存。

pxNewTCB =（TCB_t *）pvPortMalloc(sizeof(TCB_t));：通过 pvPortMalloc 函数分配任务控制块（TCB）的内存。

③ 将堆栈位置存储在 TCB 中。

如果分配成功，则将堆栈位置存储在任务控制块中。

（2）pvPortMalloc 函数。

该函数用于分配动态内存。

```
void * pvPortMalloc(size_t xWantedSize)
{
     BlockLink_t * pxBlock, * pxPreviousBlock, * pxNewBlockLink;
     void * pvReturn = NULL;

     vTaskSuspendAll();
     {
          /* 如果这是对 malloc 的第一次调用,那么堆将需要初始化来设置空闲块列表 */
          if (pxEnd == NULL) {
               prvHeapInit(); // (2)
```

```
        } else {
            mtCOVERAGE_TEST_MARKER();
        }
        /*
        省略代码
        ......
        */
    }
}
```

功能说明如下。

① 函数参数。

xWantedSize：需要分配的内存大小。

② 变量说明。

pxBlock,pxPreviousBlock,pxNewBlockLink：用于管理空闲块和分配块的链表指针。

pvReturn：将返回的指针指向分配的内存块。

③ 禁用调度。

vTaskSuspendAll：暂停任务调度，以确保内存分配操作的原子性、防止任务切换。

④ 堆的初始化。

if(pxEnd==NULL){ prvHeapInit(); }：如果 pxEnd 为 NULL,说明这是第一次调用 pvPortMalloc,需要初始化堆。

prvHeapInit：堆初始化函数,用于设置空闲块的链表。

在 xTaskCreate 函数中,当创建任务时,需要分配任务控制块(TCB)的内存。如果传入的堆栈指针非空,则用 pvPortMalloc 分配 TCB 内存,并将堆栈位置存储到 TCB 中。

在 pvPortMalloc 函数中,首先暂停任务调度以确保内存分配操作的原子性。然后检查是否需要初始化堆(初始化空闲块链表),如果是第一次调用分配函数,则调用 prvHeapInit 进行初始化。

参考流程如下。

① xTaskCreate 被调用,进行任务创建。

如果提供了堆栈,调用 pvPortMalloc 分配 TCB 内存。

在 TCB 中存储分配的堆栈位置。

② pvPortMalloc 实现内存分配。

首次调用时,初始化堆内存。

从堆中分配所需大小的内存,并返回分配块的指针。

通过这种方式,FreeRTOS 可以有效管理任务创建和内存分配,实现实时操作系统的多任务调度和资源管理。

在未初始化内存的时候一旦调用了 xTaskCreate() 函数,FreeRTOS 就会自动进行内存的初始化,内存的初始化具体见代码清单。

prvHeapInit 函数定义代码清单如下:

```
static void prvHeapInit(void)
  {
        BlockLink_t * pxFirstFreeBlock;
        uint8_t * pucAlignedHeap;
        size_t uxAddress;
        size_t xTotalHeapSize = configTOTAL_HEAP_SIZE;

        uxAddress = (size_t) ucHeap;
        /* 确保堆在正确对齐的边界上启动 */
        if ((uxAddress & portBYTE_ALIGNMENT_MASK) != 0) {
            uxAddress += (portBYTE_ALIGNMENT - 1);
            uxAddress &= ~((size_t) portBYTE_ALIGNMENT_MASK);
            xTotalHeapSize -= uxAddress - (size_t) ucHeap;
        }

        pucAlignedHeap = (uint8_t * ) uxAddress;

        /* xStart 用于保存指向空闲块列表中第一个项目的指针
            void 用于防止编译器警告 */
        xStart.pxNextFreeBlock = (void * ) pucAlignedHeap;
        xStart.xBlockSize = (size_t) 0;

        /* pxEnd 用于标记空闲块列表的末尾,并插入堆空间的末尾 */
        uxAddress = ((size_t) pucAlignedHeap) + xTotalHeapSize;
        uxAddress -= xHeapStructSize;
        uxAddress &= ~((size_t) portBYTE_ALIGNMENT_MASK);
        pxEnd = (void * ) uxAddress;
        pxEnd->xBlockSize = 0;
        pxEnd->pxNextFreeBlock = NULL;

        /* 有一个空闲块,其大小可以占用整个堆空间,减去 pxEnd 占用的空间 */
        pxFirstFreeBlock = (void * ) pucAlignedHeap;
        pxFirstFreeBlock->xBlockSize = uxAddress - (size_t) pxFirstFreeBlock;
        pxFirstFreeBlock->pxNextFreeBlock = pxEnd;

        /* 只存在一个块 - 它覆盖整个可用堆空间。因为是刚初始化的堆内存 */
        xMinimumEverFreeBytesRemaining = pxFirstFreeBlock->xBlockSize;
        xFreeBytesRemaining = pxFirstFreeBlock->xBlockSize;

        xBlockAllocatedBit = ((size_t) 1) << ((sizeof(size_t) *
        heapBITS_PER_BYTE) - 1);
  }
```

这段代码展示了 FreeRTOS 中用于初始化堆内存的函数 prvHeapInit。该函数用于设置空闲块列表和堆的边界,确保在首次使用堆时其内存结构正确。

下面是代码和其功能的详细说明。

prvHeapInit 函数用于初始化堆内存,以便将来可以进行动态内存分配。

（1）变量说明。

ucHeap：用于堆内存的数组，定义在 FreeRTOS 的配置中。

pxFirstFreeBlock：指向第一个空闲块的指针。

pucAlignedHeap：指向对齐后的堆起始地址的指针。

uxAddress：保存地址的变量。

xTotalHeapSize：堆总大小。

（2）对齐堆起始地址。

uxAddress=(size_t) ucHeap;：将堆的起始地址赋值给 uxAddress。

通过对 uxAddress 的调整和掩码操作，确保堆的起始地址按 portBYTE_ALIGNMENT 对齐。

如果起始地址没有对齐，调整地址以确保其对齐，并相应减少 xTotalHeapSize。

（3）初始化起始块（xStart）。

xStart.pxNextFreeBlock=(void *) pucAlignedHeap;：指向第一个空闲块。

xStart.xBlockSize=(size_t) 0;：起始块大小为 0。

（4）标记堆末端（pxEnd）。

计算对齐后的堆末端地址，并将其存储在 uxAddress。

pxEnd 是一个特殊块，标记空闲块列表的末尾，没有后续块（pxNextFreeBlock = NULL）。

（5）创建初始的空闲块。

pxFirstFreeBlock 是对齐后的堆起始地址，初始化为一个空闲块，大小覆盖整个堆空间（减去 pxEnd 占用的空间）。

将初始的空闲块链接到 pxEnd。

（6）设置全局变量。

初始时的最小空闲内存和当前空闲内存均为整个堆空间大小（减去 pxEnd 占用的空间）。

xBlockAllocatedBit 用于标记内存块是否已分配。

prvHeapInit 函数的作用是在 FreeRTOS 中初始化堆内存，使得后续可以使用动态内存分配函数进行内存管理。

详细步骤包括：确定并调整对齐后堆的起始地址，确保内存按照规定的对齐要求；初始化起始块与末端块，建立空闲块链表的结构；创建一个覆盖整个堆空间的初始空闲块，使得整个堆在初始化后可以通过动态内存分配函数 pvPortMalloc 使用。

通过这些步骤，FreeRTOS 能够有效管理和分配动态内存，保证实时操作系统的高效运作。

2. vTaskStartScheduler 函数

在创建完任务的时候，需要开启调度器，因为创建仅仅是把任务添加到系统中，还没真正调度，并且空闲任务也没实现，定时器任务也没实现，这些都是在开启调度函数 vTaskStartScheduler 中实现的。为什么要空闲任务？因为 FreeRTOS 一旦启动，就必须要保证系统中每时每刻都有一个任务处于运行态(Runing),并且空闲任务不可以被挂起与删除,空闲任务的优先级是最低的,以便系统中其他任务能随时抢占空闲任务的 CPU 使用权。这些都是系统必要的东西,也无须用户自己实现,FreeRTOS 可全部完成。处理完这些必要的东西之后,系统才真正开始启动,具体见代码清单。

vTaskStartScheduler()函数代码清单如下:

vTaskStartScheduler 函数
```c
void vTaskStartScheduler(void)
{
    BaseType_t xReturn;

    /* 以下代码用于添加空闲任务 */
    #if(configSUPPORT_STATIC_ALLOCATION == 1)
    {
        StaticTask_t * pxIdleTaskTCBBuffer = NULL;
        StackType_t * pxIdleTaskStackBuffer = NULL;
        uint32_t ulIdleTaskStackSize;

        /* 如果支持静态分配,获取空闲任务的内存 */
        vApplicationGetIdleTaskMemory(&pxIdleTaskTCBBuffer,
                                      &pxIdleTaskStackBuffer,
                                      &ulIdleTaskStackSize);
        xIdleTaskHandle = xTaskCreateStatic(prvIdleTask,
                                            "IDLE",
                                            ulIdleTaskStackSize,
                                            (void * ) NULL,
                                            (tskIDLE_PRIORITY | portPRIVILEGE_BIT),
                                            pxIdleTaskStackBuffer,
                                            pxIdleTaskTCBBuffer);

        if (xIdleTaskHandle != NULL)
        {
            xReturn = pdPASS;
        }
        else
        {
            xReturn = pdFAIL;
        }
    }
    #else
    {
        /* 使用动态分配的内存创建空闲任务 */
        xReturn = xTaskCreate(prvIdleTask, "IDLE",
                              configMINIMAL_STACK_SIZE,
                              (void * ) NULL,
                              (tskIDLE_PRIORITY | portPRIVILEGE_BIT),
                              &xIdleTaskHandle);
    }
    #endif
```

```
#if (configUSE_TIMERS == 1)
{
    /* 如果使能了 configUSE_TIMERS 宏定义,则创建定时器任务 */
    if (xReturn == pdPASS)
    {
        xReturn = xTimerCreateTimerTask();
    }
    else
    {
        mtCOVERAGE_TEST_MARKER();
    }
}
#endif /* configUSE_TIMERS */

if (xReturn == pdPASS)
{
    /* 关闭中断,以确保不会在调用 xPortStartScheduler 之前或期间发生中断 */
    portDISABLE_INTERRUPTS();

    #if (configUSE_NEWLIB_REENTRANT == 1)
    {
        _impure_ptr = &(pxCurrentTCB->xNewLib_reent);
    }
    #endif /* configUSE_NEWLIB_REENTRANT */

    xNextTaskUnblockTime = portMAX_DELAY;
    xSchedulerRunning = pdTRUE; /* 标记调度器已在运行 */
    xTickCount = (TickType_t) 0U;

    /* 配置用于生成运行时计数器基准的计时器/计数器 */
    portCONFIGURE_TIMER_FOR_RUN_TIME_STATS();

    /* 启动任务调度器,此函数不会返回,除非调用 xTaskEndScheduler */
    if (xPortStartScheduler() != pdFALSE)
    {
        /* xPortStartScheduler 函数启动成功,这段代码不会运行 */
    }
    else
    {
        /* 只有调用 xTaskEndScheduler 函数后,该代码才会执行 */
    }
}
else
{
    /* 如果内核无法启动(如创建空闲任务或计时器任务内存不足) */
    configASSERT(xReturn != errCOULD_NOT_ALLOCATE_REQUIRED_MEMORY);
}

/* 防止编译器警告 */
(void) xIdleTaskHandle;
}
```

vTaskStartScheduler 函数是 FreeRTOS 用于启动任务调度器的核心函数。它负责创建必要的任务(如空闲任务和可选的定时器任务),配置硬件,并最终使调度器开始运行。

下面是 vTaskStartScheduler 函数的详细功能说明。

(1) 变量定义。

"BaseType_t xReturn;":用于存储任务创建的返回值,表示创建是否成功。

(2) 创建空闲任务。

静态分配(configSUPPORT_STATIC_ALLOCATION == 1):

获取空闲任务的内存(任务控制块和堆栈)。

使用 xTaskCreateStatic 函数创建空闲任务。

(3) 动态分配。

如果静态分配未启用,则使用 xTaskCreate 函数创建空闲任务。

创建定时器任务(在启用 configUSE_TIMERS 的情况下):如果任务创建返回成功(xReturn==pdPASS),则调用 xTimerCreateTimerTask 创建定时器服务任务。

(4) 启动调度器。

关闭所有中断,确保调度器启动过程中不会发生中断。

设置一些必要的内核变量,如 xNextTaskUnblockTime、xSchedulerRunning 和 xTickCount。

配置用于生成运行时统计信息的计时器(如果启用相应的配置)。

最后,调用 xPortStartScheduler 启动调度器。

(5) 错误处理。

如果任务创建失败(内核无法启动),通过 configASSERT 宏进行断言检查。

(6) 编译器警告防止。

通过(void) xIdleTaskHandle;防止编译器警告。

vTaskStartScheduler 函数的作用是启动 FreeRTOS 的调度器,使其开始管理任务的执行以及系统时间。

其中主要过程包括:

① 创建必要的任务:根据配置创建空闲任务和定时器任务(如果配置启用)。

② 配置中断和硬件:在调度器启动前关闭中断,配置运行时统计计时器等。

③ 启动调度器:调用端口层的 xPortStartScheduler 函数正式启动调度器,使 FreeRTOS 开始调度任务。

该函数是 FreeRTOS 启动的关键步骤,一旦调度器启动成功,系统将持续根据任务的优先级和调度策略执行各项任务。

动态创建空闲任务(IDLE),因为不使用静态创建,这个 configSUPPORT_STATIC_ALLOCATION 宏定义为 0,只能是动态创建空闲任务,并且空闲任务的优先级与堆栈大小都在 FreeRTOSConfig.h 中由用户定义,空闲任务的任务句柄存放在静态变量 xIdleTaskHandle 中,用户可以调用 API 函数 xTaskGetIdleTaskHandle()获得空闲任务句柄。

如果在 FreeRTOSConfig.h 中使能了 configUSE_TIMERS 这个宏定义,那么需要创建

一个定时器任务,这个定时器任务也是调用 xTaskCreate 函数完成创建,过程十分简单,这也是系统的初始化内容,在调度器启动的过程中发现必要初始化的东西,FreeRTOS 就会自己完成。xTimerCreateTimerTask 函数源码代码清单如下。

```
BaseType_t xTimerCreateTimerTask(void)
{
    BaseType_t xReturn = pdFAIL;

    /* 检查使用了哪些活动计时器的列表,以及
    用于与计时器服务通信的队列是否已经
    初始化 */
    prvCheckForValidListAndQueue();

    if (xTimerQueue != NULL)
    {
        #if(configSUPPORT_STATIC_ALLOCATION == 1)
        {
            /* 如果启用了静态分配,获取定时器任务的内存 */
            StaticTask_t * pxTimerTaskTCBBuffer = NULL;
            StackType_t * pxTimerTaskStackBuffer = NULL;
            uint32_t ulTimerTaskStackSize;

            vApplicationGetTimerTaskMemory(&pxTimerTaskTCBBuffer,
                                    &pxTimerTaskStackBuffer,
                                    &ulTimerTaskStackSize);
            xTimerTaskHandle = xTaskCreateStatic(prvTimerTask,
                                    "Tmr Svc",
                                    ulTimerTaskStackSize,
                                    NULL,
                                    ((UBaseType_t) configTIMER_TASK_
PRIORITY) | portPRIVILEGE_BIT,
                                    pxTimerTaskStackBuffer,
                                    pxTimerTaskTCBBuffer);

            if (xTimerTaskHandle != NULL)
            {
                xReturn = pdPASS;
            }
        }
        #else
        {
            /* 使用动态分配的内存创建定时器任务 */
            xReturn = xTaskCreate(prvTimerTask,
                                "Tmr Svc",
                                configTIMER_TASK_STACK_DEPTH,
                                NULL,
                                ((UBaseType_t) configTIMER_TASK_PRIORITY) |
portPRIVILEGE_BIT,
                                &xTimerTaskHandle);
```

```
        }
        #endif /* configSUPPORT_STATIC_ALLOCATION */
    }
    else
    {
        mtCOVERAGE_TEST_MARKER();
    }

    /* 确保定时器任务创建成功 */
    configASSERT(xReturn);
    return xReturn;
}
```

xTimerCreateTimerTask 函数在 FreeRTOS 中用于创建定时器服务任务。如果启用了定时器功能(通过定义 configUSE_TIMERS),该任务用于管理所有软件定时器。定时器服务任务处理所有定时器的回调函数调用,并确保它们在适当的时间执行。

下面是 xTimerCreateTimerTask 函数的功能说明。

(1) 变量定义。

BaseType_t xReturn:返回值,用于指示任务创建是否成功,初始化为 pdFAIL。

检查定时器队列是否已初始化。

prvCheckForValidListAndQueue:该函数检查定时器队列以及用于管理定时器的任务列表是否已初始化。

如果 xTimerQueue !=NULL 表示定时器队列已成功初始化,可以继续创建定时器任务。

(2) 创建定时器任务。

静态分配(configSUPPORT_STATIC_ALLOCATION == 1):

通过 vApplicationGetTimerTaskMemory 获取定时器任务的内存,这些内存是由用户提供的。

使用 xTaskCreateStatic 创建定时器任务,如果创建成功,xReturn 被设置为 pdPASS。

(3) 动态分配。

如果静态分配未启用,使用 xTaskCreate 创建定时器任务。如果创建成功,将 xReturn 设置为 pdPASS。

(4) 错误处理。

如果 xTimerQueue 为 NULL,则运行 mtCOVERAGE_TEST_MARKER 表示这部分代码只在覆盖测试中执行。

通过 configASSERT 检查 xReturn,确保定时器任务创建成功。

xTimerCreateTimerTask 函数用于创建一个定时器服务任务,该任务专门处理所有软件定时器的事件。这包括:

① 检查定时器队列的初始化状态:在创建定时器任务之前,确保相关的定时器队列已经正确初始化。

② 创建定时器任务：根据配置选择静态或动态分配内存的方式创建定时器任务。

如果启用了静态分配，定时器任务的内存由用户提供。否则，定时器任务使用动态内存分配。

③ 错误处理和验证：确保定时器任务成功创建，并且能够正常运行，用于处理定时器相关的操作。

该函数是 FreeRTOS 的定时器机制中的一个关键部分，通过创建定时器任务来管理和调度所有软件定时器。这确保了定时器回调函数能够在预定时间点执行，并且可以更好地管理多任务的实时操作系统。

xSchedulerRunning 等于 pdTRUE，表示调度器开始运行了，而 xTickCount 需要初始化为 0，这个 xTickCount 变量用于记录系统的时间，在节拍定时器（SysTick）中断服务函数中进行自加。

调用函数 xPortStartScheduler 来启动系统节拍定时器（一般使用 SysTick）并启动第一个任务。因为设置系统节拍定时器涉及硬件特性，因此函数 xPortStartScheduler 由移植层提供（在 port.c 文件实现），不同的硬件架构，这个函数的代码也不相同，在 Arm_CM3 中，使用 SysTick 作为系统节拍定时器。有兴趣的读者可以查阅 xPortStartScheduler() 的源码内容。

下面简单介绍一下相关知识。

在 Cortex-M3 架构中，FreeRTOS 为了任务启动和任务切换使用了三个异常：SVC、PendSV 和 SysTick。

SVC（系统服务调用，简称系统调用）用于任务启动，有些操作系统不允许应用程序直接访问硬件，而是通过提供一些系统服务函数，用户程序使用 SVC 发出对系统服务函数的呼叫请求，以这种方法调用它们来间接访问硬件，它就会产生一个 SVC 异常。

PendSV（可挂起系统调用）用于完成任务切换，它是可以像普通的中断一样被挂起的，它的最大特性是如果当前有优先级比它高的中断在运行，PendSV 会延迟执行，直到高优先级中断执行完毕，这样产生的 PendSV 中断就不会打断其他中断的运行。

SysTick 用于产生系统节拍时钟，提供一个时间片，如果多个任务共享同一个优先级，则每次 SysTick 中断，下一个任务将获得一个时间片。

这里将 PendSV 和 SysTick 异常优先级设置为最低，任务切换不会打断某个中断服务程序，中断服务程序也不会被延迟，这样简化了设计，有利于系统稳定。

3. main 函数

当看到一个移植好 FreeRTOS 的例程时，首先看到的是 main 函数，main 函数里面只是创建并启动一些任务和硬件初始化，具体见代码清单。

而系统初始化这些工作不需要用户实现，因为 FreeRTOS 在使用创建与开启调度的时候就已经完成了，如果只使用 FreeRTOS，则无须关注 FreeRTOS API 函数里面的实现过程。

main 函数代码清单如下:

```c
/***********************************************************
 * @brief 主函数
 * @param 无
 * @retval 无
 * @note 第一步: 开发板硬件初始化
 *       第二步: 创建 App 任务
 *       第三步: 启动 FreeRTOS, 开始多任务调度
 ***********************************************************/
int main(void)
{
    BaseType_t xReturn = pdPASS;     /* 定义一个创建信息返回值, 默认为 pdPASS */

    /* 开发板硬件初始化 */
    BSP_Init();                      // (1)
    printf("这是一个[野火]-STM32 全系列开发板-FreeRTOS-多任务创建实验!\r\n");

    /* 创建 AppTaskCreate 任务 */    // (2)
    xReturn = xTaskCreate((TaskFunction_t)AppTaskCreate,    /* 任务入口函数 */
                          (const char * ) "AppTaskCreate",  /* 任务名字 */
                          (uint16_t) 512,                    /* 任务栈大小 */
                          (void * ) NULL,                    /* 任务入口函数参数 */
                          (UBaseType_t) 1,                   /* 任务的优先级 */
                          (TaskHandle_t * )&AppTaskCreate_Handle); /* 任务控制块指针 */

    /* 启动任务调度 */
    if (pdPASS == xReturn) {
        vTaskStartScheduler();       /* 启动任务, 开启调度 */ // (3)
    } else {
        return -1;                   // (4)
    }

    while (1);                       /* 正常情况下不会执行到这里 */
}
```

该 main 函数是基于 FreeRTOS 的应用程序启动入口。它依次进行硬件初始化、创建应用任务, 并启动 FreeRTOS 调度器。

这是典型的 RTOS 应用程序的启动结构, 以下是详细的功能说明。

(1) 变量定义。

BaseType_t xReturn: 用于存储任务创建的返回值, 初始化为 pdPASS, 即假设任务创建成功。

开发板硬件初始化:

BSP_Init(): 这个函数用于初始化开发板的硬件资源, 比如时钟、GPIO 端口、外设等。这是启动 FreeRTOS 应用程序的基础步骤。

(2) 打印启动信息。

printf 打印一段启动信息, 告知用户系统正在启动, 并说明这是一个 FreeRTOS 多任务

创建实验。这通常用于调试和状态显示。

（3）创建 AppTaskCreate 任务。

xTaskCreate：用于创建一个 FreeRTOS 任务。

TaskFunction_t AppTaskCreate：任务入口函数，即任务执行的代码。

const char * "AppTaskCreate"：任务的名称，用于调试和跟踪。

uint16_t 512：任务栈的大小，单位为字。

void * NULL：任务入口函数的参数，这里不需要参数传递。

UBaseType_t 1：任务的优先级，这里设置为 1。

TaskHandle_t * &AppTaskCreate_Handle：任务句柄，用于任务管理和跟踪。

（4）启动任务调度。

if（pdPASS＝＝xReturn）：检查任务创建是否成功。

如果成功，调用 vTaskStartScheduler 启动 FreeRTOS 调度器，系统开始运行任务调度。

如果失败，返回－1 退出程序。

（5）无限循环。

当系统启动成功并进入多任务调度后，这段代码不会再被执行。该无限循环只是作为防止程序意外退出的保护措施。

main 函数展示了典型的基于 FreeRTOS 的嵌入式系统启动过程。其主要步骤如下：

（1）硬件初始化：通过调用 BSP_Init 初始化开发板的各项硬件资源。

（2）打印启动信息：使用 printf 提示系统启动信息，方便调试。

（3）创建应用任务：调用 xTaskCreate 创建一个应用任务 AppTaskCreate。

（4）启动调度器：检查任务创建是否成功，如果成功则调用 vTaskStartScheduler 启动 FreeRTOS 的任务调度。

（5）错误处理：如果任务创建失败，则程序返回－1 退出。

（6）无限循环：通常不会执行到这里，仅作为防止意外退出的保护。

通过这几个步骤，main 函数完成了从硬件初始化到 FreeRTOS 多任务系统启动的全过程。

开发板硬件初始化、FreeRTOS 系统初始化是在创建任务与开启调度器的时候完成的。

在 AppTaskCreate 中创建各种应用任务，具体见代码清单。

```
/*********************************************************************
 * @ 函数名  ：AppTaskCreate
 * @ 功能说明：为了方便管理,所有的任务创建函数都放在这个函数里面
 * @ 参数  ：无
 * @ 返回值  ：无
 ********************************************************************/
static void AppTaskCreate(void)
{
    BaseType_t xReturn = pdPASS;      /* 定义一个创建信息返回值,默认为 pdPASS */
```

```
    taskENTER_CRITICAL();                    //进入临界区

    /* 创建 LED_Task 任务 */
    xReturn = xTaskCreate((TaskFunction_t) LED1_Task,              /* 任务入口函数 */
                          (const char *) "LED1_Task",              /* 任务名字 */
                          (uint16_t) 512,                          /* 任务栈大小 */
                          (void *) NULL,                           /* 任务入口函数参数 */
                          (UBaseType_t) 2,                         /* 任务的优先级 */
                          (TaskHandle_t *) &LED1_Task_Handle);     /* 任务控制块指针 */

    if (pdPASS == xReturn)
        printf("创建 LED1_Task 任务成功!\r\n");

    /* 创建 LED_Task 任务 */
    xReturn = xTaskCreate((TaskFunction_t) LED2_Task,              /* 任务入口函数 */
                          (const char *) "LED2_Task",              /* 任务名字 */
                          (uint16_t) 512,                          /* 任务栈大小 */
                          (void *) NULL,                           /* 任务入口函数参数 */
                          (UBaseType_t) 3,                         /* 任务的优先级 */
                          (TaskHandle_t *) &LED2_Task_Handle);     /* 任务控制块指针 */

    if (pdPASS == xReturn)
        printf("创建 LED2_Task 任务成功!\r\n");

    vTaskDelete(AppTaskCreate_Handle);           //删除 AppTaskCreate 任务

    taskEXIT_CRITICAL();                         //退出临界区
}
```

AppTaskCreate 函数是用于创建并管理所有应用任务的函数。这样做的目的是将任务创建集中在一个地方,方便管理和维护。在这个例子中,它创建了两个任务 LED1_Task 和 LED2_Task,分别用于控制两个 LED 灯,并且在所有任务创建完毕后,删除自身。

下面是对这一函数详细的功能说明。

(1)变量定义。

BaseType_t xReturn:用于存储任务创建的返回值,初始化为 pdPASS。

(2)进入临界区。

taskENTER_CRITICAL():进入临界区,保护接下来的代码段不被打断。使用临界区确保任务创建的过程不会被其他任务中断,以保证系统状态的一致性。

(3)创建 LED1_Task 任务。

(TaskFunction_t) LED1_Task:任务入口函数 LED1_Task。

(const char *) "LED1_Task":任务名称"LED1_Task"。

(uint16_t) 512:任务栈大小为 512 个字。

(void *) NULL:任务入口函数参数,这里设为 NULL。

(UBaseType_t) 2:任务的优先级为 2。

(TaskHandle_t *) &LED1_Task_Handle：任务句柄，用于任务管理。

if (pdPASS== xReturn)：检查任务创建是否成功。如果成功，打印信息提示创建成功。

（4）创建 LED2_Task 任务。

(TaskFunction_t) LED2_Task：任务入口函数 LED2_Task。

(const char *) "LED2_Task"：任务名称"LED2_Task"。

(uint16_t) 512：任务栈大小为 512 个字。

(void *) NULL：任务入口函数参数，这里设为 NULL。

(UBaseType_t) 3：任务的优先级为 3。

(TaskHandle_t *) &LED2_Task_Handle：任务句柄，用于任务管理。

if (pdPASS== xReturn)：检查任务创建是否成功。如果成功，打印信息提示创建成功。

（5）删除 AppTaskCreate 任务。

vTaskDelete(AppTaskCreate_ Handle)：在创建完其他任务后，删除自身任务 AppTaskCreate 以释放资源。

（6）退出临界区。

taskEXIT_CRITICAL()：退出临界区，恢复中断。此时任务创建过程已完成，可以允许中断发生。

AppTaskCreate 函数的主要作用是集中管理任务的创建。在本例中，它实现了以下功能。

① 集中管理任务创建：所有任务的创建都在此完成，这样可以在一个地方管理和查看所有任务的创建逻辑，便于维护和调试。

② 临界区保护：使用临界区保护任务创建过程，防止在任务创建过程中发生中断导致的不一致性。

③ 任务创建成功提示：通过 printf 提示任务创建是否成功，有助于调试和确认系统状态。

自删除功能：任务创建完成后，自身任务 AppTaskCreate 被删除，释放系统资源。

这样设计的好处是明确了各个任务的创建过程，并确保这些过程的一致性和安全性，提高了代码的可维护性和可靠性。

当创建的应用任务的优先级比 AppTaskCreate 任务的优先级高、低或者相等时候，程序是如何执行的？假如像代码一样在临界区创建任务，任务只能在退出临界区的时候才执行最高优先级任务。假如没使用临界区，就会分 3 种情况。

① 应用任务的优先级比初始任务的优先级高，那创建完后立马去执行刚刚创建的应用任务，当应用任务被阻塞时，继续回到初始任务被打断的地方继续往下执行，直到所有应用任务创建完成，最后初始任务把自己删除，完成自己的使命。

② 应用任务的优先级与初始任务的优先级一样，那创建完后根据任务的时间片来执

行,直到所有应用任务创建完成,最后初始任务把自己删除,完成自己的使命。

③ 应用任务的优先级比初始任务的优先级低,那创建完后任务不会被执行,如果还有应用任务紧接着创建应用任务,如果应用任务的优先级出现了比初始任务高或者相等的情况,请参考①和②的处理方式,直到所有应用任务创建完成,最后初始任务把自己删除,完成自己的使命。

在启动任务调度器时,若启动成功,任务就不会有返回了,若启动没成功,则通过 LR 寄存器指定的地址退出;在创建 AppTaskCreate 任务时,任务栈对应 LR 寄存器指向任务退出函数 prvTaskExitError,该函数里面是一个死循环,这代表着假如创建任务没成功,就会进入死循环,该任务也不会运行。

第 2 章

STM32 嵌入式微控制器

本章全面而深入地介绍 STM32 嵌入式微控制器的相关内容,聚焦 STM32F407ZGT6 的特性和功能,同时阐述 STM32F407 的内部结构、引脚功能以及最小系统的设计。本章还将系统介绍 STM32 的 GPIO 接口、外部中断(EXTI)、串口(USART)和定时器等重要模块及其工作原理。最后,通过外设例程的实战演练,帮助读者更好地理解和应用 STM32F4 系列微控制器,实现理论与实践的有机结合。

重点内容:

(1) STM32 微控制器概览:全面介绍 STM32 微控制器产品线,提供清晰的选型指导,助力读者快速定位适合自己的微控制器型号。

(2) STM32F407ZGT6 深度解析:深入剖析 STM32F407 的主要特性和功能,展现其卓越的性能和丰富的功能集。

(3) STM32F407ZGT6 芯片内部结构揭秘:详细解释 STM32F407ZGT6 的内部结构,并阐述各模块的功能,助力读者深入理解其工作原理。

(4) STM32F407VGT6 引脚功能与应用指南:清晰说明各引脚的功能及其在电路设计中的实际应用,为读者提供设计参考,助力其轻松应对各种电路设计挑战。

(5) STM32F407VGT6 最小系统设计实践:详细介绍如何设计基于 STM32F407VGT6 的最小系统,为读者提供实用的设计方案和步骤指导。

(6) STM32 通用输入输出 GPIO 详解:深入介绍 STM32 GPIO 接口及其功能,助力读者掌握 GPIO 的应用技巧,实现灵活的输入输出控制。

(7) STM32 外部中断 EXTI 探秘:详细解析 STM32F4 中断系统与外部中断/事件控制器 EXTI,为读者提供中断处理的全面指导,助力其高效管理外部事件。

(8) STM32 串口 USART 解析:从串行通信基础出发,深入阐述 STM32 的 USART 工作原理,助力读者掌握串口通信技术,实现设备间的可靠数据传输。

(9) STM32 定时器全面解析:系统介绍 STM32F4 定时器、基本定时器和通用定时器,为读者提供全面的定时器应用指导,助力其精确控制时间和任务调度。

(10) STM32 外设例程实战演练:通过丰富的示例代码,详细讲述如何使用 STM32 的各类外设,助力读者将理论知识转换为实践能力,快速上手 STM32 外设开发。

2.1　STM32F407ZGT6 概述

STM32 是一款单片微控制器,集成了计算机和微控制器的基本功能部件,如 Cortex-M 内核、总线、系统时钟等,并通过总线连接。它拥有多种外设,如 GPIO、TIMER/COUNTER、USART 等,不同型号的外设数量和种类各异。STM32F407 微控制器采用 168MHz 的 Cortex-M4 处理器内核,可替代双片解决方案或整合为数字信号控制器,提高能效。STM32 系列产品相互兼容,拥有庞大的开发支持生态系统,便于设计扩展和软硬件复用。

2.1.1　STM32F407 的主要特性

STM32F407 是一款高度集成的微控制器,采用带 FPU 的 Arm Cortex-M4 内核,主频高达 168MHz,能够实现高达 210DMIPS 的性能。它配备高达 1MB 的 Flash 和 192KB 的 SRAM,支持多种外部存储器接口。该芯片具备多达 17 个定时器、3 个 ADC 和 2 个 DAC,以及丰富的通信接口,如 USART、SPI、I2C、CAN、USB 和 Ethernet。此外,它还包含 LCD 和摄像头接口、RTC、真随机数发生器和多个低功耗模式,适用于高性能和低功耗需求并存的复杂嵌入式应用。

STM32F407 的主要特性如下:

(1) 内核特性:STM32F407 搭载带 FPU 的 Arm 32 位 Cortex-M4 CPU,主频高达 168MHz,具有 ART 加速器、MPU 和 DSP 指令集,性能出色。

(2) 存储器与存储接口:提供高达 1MB 的 Flash 和 192KB＋4KB 的 SRAM,支持 SRAM、PSRAM、SDRAM 等多种外部存储器,满足大容量数据存储需求。

(3) 显示与图形处理:具备 LCD 并行接口和 TFT 控制器,支持 8080/6800 模式和高分辨率显示,配备专用的 Chrom-ART Accelerator,增强图形内容创建能力。

(4) 时钟、复位与电源管理:支持 1.7～3.6V 的供电范围,具备多种复位功能,内置经工厂调校的 16MHz RC 振荡器和带校准功能的 32kHz RTC 振荡器,确保稳定运行。

(5) 丰富的通信接口:提供多达 3 个 I2C 接口,4 个 USART/2 个 UART,3 个 SPI 等通信接口,以及 USB 2.0 全速/高速 OTG 控制器和 10/100 以太网 MAC,满足多样化连接和扩展需求。

(6) 其他高级功能:具备低功耗模式、真随机数发生器、CRC 计算单元、RTC 等高级功能,以及多达 140 个具有中断功能的 I/O 端口,满足复杂应用需求。

2.1.2　STM32F407 的主要功能

STM32F407xx 器件基于高性能的 Arm Cortex-M4 32 位 RISC 内核,工作频率可达 168MHz,支持单精度浮点运算和 DSP 指令,具备存储器保护单元,提高应用安全性。该器件集成了高速嵌入式存储器,包括高达 2MB 的 Flash 存储器和 256KB 的 SRAM,以及丰富的 I/O 和外设。所有型号均配备多个 ADC、DAC、低功耗 RTC 和通用定时器,满足各种应用需求。此外,STM32F407xx 还具备丰富的通信接口、USB 与 CAN 接口,以及高级外设和灵活的工作环境,扩展性强,适应多种应用场景。

该系列提供了一套全面的节能模式,可实现低功耗应用设计。

STM32F405xx 和 STM32F407xx 器件有不同封装,范围从 64 引脚至 176 引脚。所包括的外设因所选的器件而异。

这些特性使得 STM32F405xx 和 STM32F407xx 微控制器有广泛的应用。

(1) 电机驱动和应用控制。

(2) 工业应用:PLC、逆变器、断路器。

(3) 打印机、扫描仪。

(4) 警报系统、视频电话、HVAC。

(5) 家庭音响设备。

2.2　STM32F407ZGT6 芯片内部结构

STM32F407ZGT6 芯片采用 32 位多层 AHB 总线矩阵,通过 8 条主控总线和 7 条被控总线将 Cortex-M4 内核、存储器及外设互联。主控总线包括 Cortex-M4 内核的 I 总线、D 总线、S 总线,以及 DMA、以太网和 USB OTG HS 的专用总线,被控总线覆盖内部 Flash、SRAM、AHB 和 APB 外设及 FSMC 存储器接口。该架构实现了高效的并发数据传输,即便多个高速外设同时运行,系统仍能保持高效性和并行处理能力。

STM32F407ZGT6 芯片主系统由 32 位多层 AHB 总线矩阵构成,STM32F407ZGT6 芯片内部通过 8 条主控总线(S0～S7)和 7 条被控总线(M0～M6)组成的总线矩阵将 Cortex-4 内核、存储器及片上外设连在一起。

1. 8 条主控总线

(1) Cortex-M4 内核总线:Cortex-M4 内核包含 I 总线(S0)、D 总线(S1)和 S 总线(S2)。I 总线用于指令获取,连接内核与总线矩阵,访问代码存储器。D 总线用于数据加载和调试,连接内核数据 RAM 与总线矩阵,访问代码或数据存储器。S 总线用于访问外设或 SRAM 中的数据,也可获取指令,连接内核系统总线与总线矩阵,访问内部 SRAM、AHB/APB 外设及外部存储器。

(2) DMA 存储器总线:DMA1 和 DMA2 存储器总线(S3、S4)将 DMA 存储器总线主接口连接到总线矩阵,用于执行存储器数据的传入和传出,访问对象包括内部 SRAM(112KB、64KB、16KB)及通过 FSMC 的外部存储器。

(3) DMA2 外设总线:DMA2 外设总线(S5)将 DMA2 外设总线主接口连接到总线矩阵,DMA 通过此总线访问 AHB 外设或执行存储器间的数据传输,访问对象包括 AHB 和 APB 外设及数据存储器(内部 SRAM 及通过 FSMC 的外部存储器)。

(4) 以太网 DMA 总线:以太网 DMA 总线(S6)将以太网 DMA 主接口连接到总线矩阵,以太网 DMA 通过此总线向存储器存取数据,访问对象包括内部 SRAM(112KB、64KB、16KB)及通过 FSMC 的外部存储器。

(5) USB OTG HS DMA 总线:USB OTG HS DMA 总线(S7)将 USB OTG HS DMA 主接口连接到总线矩阵,USB OTG DMA 通过此总线向存储器加载/存储数据,访问对象包括内部 SRAM(112KB、64KB、16KB)及通过 FSMC 的外部存储器。

(6) 以太网 DMA 总线(S6)：内部 SRAM(112KB、64KB 和 16KB)及通过 FSMC 的外部存储器。

2.7 条被控总线

STM32F4 系列器件配备了多条内部及外设总线，以确保高效的数据传输与处理。具体包括：内部 Flash 的 I 总线(M0)和 D 总线(M1)，分别负责指令与数据的传输；主要内部 SRAM1 (112KB)总线(M2)和辅助内部 SRAM2(16KB)总线(M3)，以及特定系列才有的辅助内部 SRAM3(64KB)总线(M7)，满足多样的存储需求；AHB1 和 AHB2 外设总线(M5、M4)连接各类外设；FSMC 总线(M6)则通过总线矩阵，实现多外设的并发访问与高效运行。

主控总线所连接的设备是数据通信的发起端，通过矩阵总线可以和与其相交被控总线上连接的设备进行通信。例如，Cortex-M4 内核可以通过 S0 总线与 M0 总线、M2 总线和 M6 总线连接 Flash、SRAM1 及 FSMC 进行数据通信。STM32F407ZGT6 芯片总线矩阵结构如图 2-1 所示。

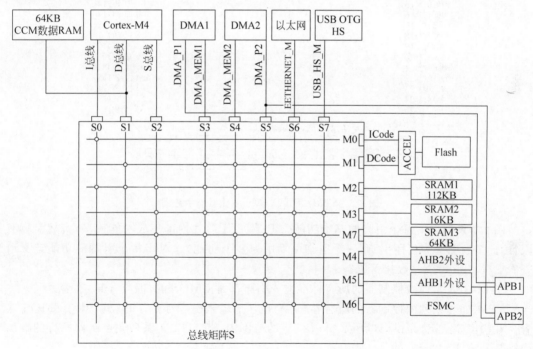

图 2-1 STM32F407ZGT6 芯片总线矩阵结构

2.3 STM32F407VGT6 芯片引脚和功能

STM32F407VGT6 芯片具有高度集成的功能，其引脚可复用以支持多种外设功能。所有标准输入引脚为 CMOS，与 TTL 兼容，能容忍 5V 电压的输入引脚为 TTL，与 CMOS 兼容。在 2.7～3.6V 供电范围内，所有输出引脚与 TTL 兼容。芯片的最小系统由电源引脚、晶振 I/O 引脚、下载 I/O 引脚、BOOT I/O 引脚和复位 I/O 引脚 NRST 构成。

STM32F407VGT6 芯片引脚示意图如图 2-2 所示。

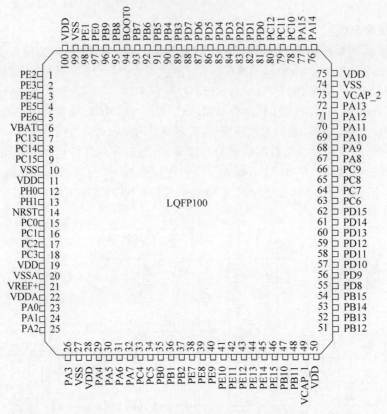

图 2-2　STM32F407VGT6 芯片引脚示意图

图 2-2 只列出了每个引脚的基本功能。但是，由于芯片内部集成功能较多，实际引脚有限，因此多数引脚为复用引脚（一个引脚可复用为多个功能）。对于每个引脚的功能定义请查看 STM32F407XX 数据手册。

STM32F4 系列微控制器的所有标准输入引脚都是 CMOS 的，但与 TTL 兼容。

STM32F4 系列微控制器的所有容忍 5V 电压的输入引脚都是 TTL 的，但与 CMOS 兼容。在输出模式下，在供电电压 2.7～3.6V 的范围内，STM32F4 系列微控制器所有的输出引脚都是与 TTL 兼容的。

由 STM32F4 芯片的电源引脚、晶振 I/O 引脚、下载 I/O 引脚、BOOT I/O 引脚和复位 I/O 引脚 NRST 组成的系统叫最小系统。

2.4　STM32F407VGT6 最小系统设计

STM32F407VGT6 最小系统是指能够让 STM32F407VGT6 正常工作的包含最少元器件的系统。STM32F407VGT6 片内集成了电源管理模块（包括滤波复位输入、集成的上电复位/掉电复位电路、可编程电压检测电路）、8MHz 高速内部 RC 振荡器、40kHz 低速内部 RC 振荡器等部件,外部只需 7 个无源器件就可以让 STM32F407VGT6 工作。然而,为了使用方便,在最小系统中加入了 USB 转 TTL 串口、发光二极管等功能模块。

最小系统核心电路原理图如图 2-3 所示,其中包括了复位电路、晶体振荡电路和启动设置电路等模块。

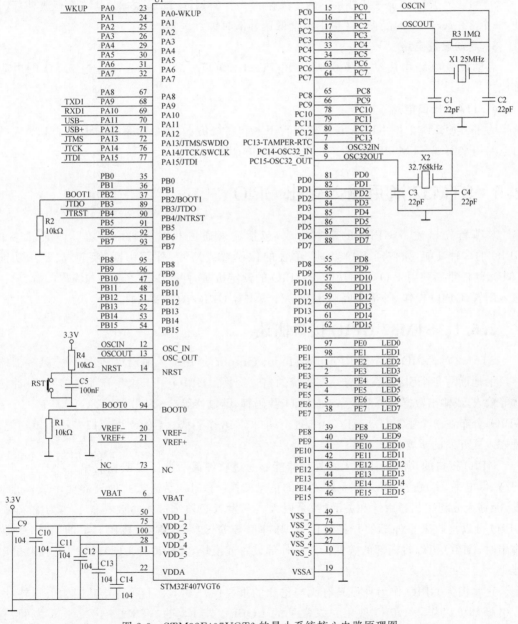

图 2-3　STM32F407VGT6 的最小系统核心电路原理图

1．复位电路

STM32F407VGT6 的 NRST 引脚输入中使用 CMOS 工艺,它连接了一个不能断开的上拉电阻 RPU,其典型值为 40kΩ,外部连接了一个上拉电阻 R4、按键 RST 及电容 C5,当 RST 按键按下时 NRST 引脚电位变为 0,通过这个方式实现手动复位。

2．晶体振荡电路

STM32F407VGT6 一共外接了两个高振:一个 25MHz 的晶振 X1 提供给高速外部时钟,一个 32.768kHz 的晶振 X2 提供给全低速外部时钟。

3．启动设置电路

启动设置电路由启动设置引脚 BOOT1 和 BOOT0 构成,二者均通过 10kΩ 的电阻接地。

4．JTAG 接口电路

为了方便系统采用 J-Link 仿真器进行下载和在线仿真,在最小系统中预留了 JTAG 接口电路用来实现 STM32F407VGT6 与 J-Link 仿真器进行连接。

2.5　STM32 通用输入输出 GPIO

本节首先概述了 GPIO 的基本构成,包括输入通道和输出通道。随后详细讲述了 GPIO 的多种功能,如普通 I/O 功能、单独的位设置或清除、外部中断/唤醒线、复用功能(AF)、软件重新映射 I/O 复用功能和 GPIO 的锁定机制,同时讲述了输入和输出配置、模拟输入配置、GPIO 操作、外部中断映射和事件输出等 GPIO 的主要特性。

2.5.1　STM32 GPIO 接口概述

STM32 的 GPIO(General Purpose Input Output,通用输入输出口)使嵌入式处理器能够灵活地读写各个引脚,实现与外部系统的信息交换。GPIO 用于接收开关量信号、脉冲信号等输入,或输出数据到外部设备,如 LED、数码管、继电器等。STM32F407ZGT6 具有 112 个 GPIO,分布在 7 个端口(PA~PG)中,每个端口有 16 个引脚。GPIO 可模拟多种外设功能,是嵌入式开发的重要技能。

GPIO 接口的功能是让嵌入式处理器能够通过软件灵活地读出或控制单个物理引脚上的高、低电平,实现内核和外部系统之间的信息交换。GPIO 是嵌入式处理器使用最多的外设,能够充分利用其通用性和灵活性,是嵌入式开发者必须掌握的重要技能。作为输入时,GPIO 可以接收来自外部的开关量信号、脉冲信号等,如来自键盘、拨码开关的信号;作为输出时,GPIO 可以将内部的数据传送给外部设备或模块,如输出到 LED、数码管、控制继电器等。

正是因为 GPIO 作为外设具有无与伦比的重要性,STM32 上除特殊功能的引脚外,所有引脚都可以作为 GPIO 使用。以常见的 LQFP144 封装的 STM32F407ZGT6 为例,有 112 个引脚可以作为双向 I/O 使用。为便于使用和记忆,STM32 将它们分配到不同的"组"

中,在每个组中再对其进行编号。具体来讲,每个组称为一个端口,端口号通常以大写字母命名,从 A 开始,依次简写为 PA、PB 或 PC 等。每个端口中最多有 16 个 GPIO,软件既可以读写单个 GPIO,也可以通过指令一次读写端口中全部 16 个 GPIO。每个端口内部的 16 个 GPIO 又被分别标以 0~15 的编号,从而可以通过 PA0、PB5 或 PC10 等方式指代单个的 GPIO。

几乎在所有的嵌入式系统应用中,都涉及开关量的输入和输出功能,例如状态指示、报警输出、继电器闭合和断开、按钮状态读入、开关量报警信息的输入等。这些开关量的输入和控制输出都可以通过 GPIO 接口实现。

GPIO 接口的每个位都可以由软件分别配置成以下模式。

(1) 输入浮空:浮空(floating)就是逻辑器件的输入引脚既不接高电平,也不接低电平。由于逻辑器件的内部结构,当它输入引脚浮空时,相当于该引脚接了高电平。一般实际运用时,引脚不建议浮空,易受干扰。

(2) 输入上拉:上拉就是把电压拉高,将不确定的信号通过一个电阻钳位在高电平,比如拉到 Vcc。上拉就是电阻同时起限流作用。弱强只是上拉电阻的阻值不同,没有什么严格区分。

(3) 输入下拉:下拉就是把电压拉低,拉到 GND,与上拉原理相似。

(4) 模拟输入:模拟输入是指传统方式的模拟量输入。数字输入是输入数字信号,即 0 和 1 的二进制数字信号。

(5) 具有上拉/下拉功能的开漏输出模式:输出端相当于三极管的集电极。要得到高电平状态需要上拉电阻才行。

(6) 具有上拉/下拉功能的推挽输出模式:可以输出高低电平,连接数字器件;推挽结构一般是指两个三极管分别受两个互补信号的控制,总是在一个三极管导通时另一个截止。

(7) 具有上拉/下拉功能的复用功能推挽模式:可以理解为 GPIO 接口被用作第二功能时的配置情况(并非作为通用 I/O 接口使用)。

(8) 具有上拉/下拉功能的复用功能开漏模式:复用功能可以理解为 GPIO 接口被用作第二功能时的配置情况(并非作为通用 I/O 接口使用)。

每个 GPIO 端口包括 4 个 32 位配置寄存器(GPIOx_MODER、GPIOx_OTYPER、GPIOx_OSPEEDR 和 GPIOx_PUPDR)、2 个 32 位数据寄存器(GPIOx_IDR 和 GPIOx_ODR)、1 个 32 位置位/复位寄存器(GPIOx_BSRR)、1 个 32 位配置锁存寄存器(GPIOx_LCKR)和 2 个 32 位复用功能选择寄存器(GPIOx_AFRH 和 GPIOx_AFRL)。应用程序通过对这些寄存器的操作实现 GPIO 的配置和应用。

一个 I/O 接口的基本结构如图 2-4 所示。

STM32 的 GPIO 资源非常丰富,包括 26、37、51、80、112 个多功能双向 5V 兼容的快速 I/O 接口,而且所有的 I/O 接口可以映射到 16 个外部中断,对于 STM32,应该从最基本的 GPIO 开始学习。

每个 GPIO 接口具有 7 组寄存器:

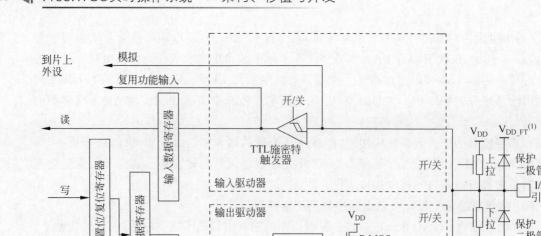

图 2-4　一个 I/O 接口的基本结构

（1）2 个 32 位配置寄存器（GPIOx_CRL，GPIOx_CRH）；

（2）2 个 32 位数据寄存器（GPIOx_IDR，GPIOx_ODR）；

（3）1 个 32 位置位/复位寄存器（GPIOx_BSRR）；

（4）1 个 16 位复位寄存器（GPIOx_BRR）；

（5）1 个 32 位锁定寄存器（GPIC_LCKR）。

GPIO 接口的每个位可以由软件分别配置成多种模式。每个 I/O 接口位可以自由编程，然而 I/O 接口寄存器必须按 32 位字被访问（不允许半字或字节访问）。GPIOx_BSRR 和 GPIOx_BRR 寄存器允许对任何 GPIO 寄存器的读/更改的独立访问，这样，在读和更改访问之间产生 IRQ 时不会发生危险。常用的 I/O 接口寄存器只有 4 个：CRL、CRH、IDR、ODR。CRL 和 CRH 控制着每个 I/O 接口的模式及输出速率。

每个 GPIO 引脚都可以由软件配置成输出（推挽或开漏）、输入（带或不带上拉或下拉）或复用的外设功能端口。多数 GPIO 引脚都与数字或模拟的复用外设共用。除了具有模拟输入功能的端口，所有的 GPIO 引脚都有大电流通过能力。

根据数据手册中列出的每个 I/O 接口的特定硬件特征，GPIO 接口的每个位可以由软件分别配置成多种模式：输入浮空、输入上拉、输入下拉、模拟输入、开漏输出、推挽式输出、推挽式复用功能、开漏复用功能。

I/O 口位的基本结构包括以下两部分。

1. 输入通道

输入通道包括输入数据寄存器和输入驱动器（带虚框部分）。在接近 I/O 引脚处连接了两只保护二极管。

输入驱动器中的另一个部件是 TTL 施密特触发器,当 I/O 接口位用于开关量输入或者复用功能输入时,TTL 施密特触发器用于对输入波形进行整形。

GPIO 的输入驱动器主要由 TTL 肖特基触发器、带开关的上拉电阻电路和带开关的下拉电阻电路组成。值得注意的是,与输出驱动器不同,GPIO 的输入驱动器没有多路选择开关,输入信号送到 GPIO 输入数据寄存器的同时也送给片上外设,所以 GPIO 的输入没有复用功能选项。

根据 TTL 肖特基触发器、上拉电阻端和下拉电阻端两个开关的状态,GPIO 的输入可分为以下 4 种。

(1) 模拟输入:TTL 肖特基触发器关闭。

(2) 上拉输入:GPIO 内置上拉电阻,此时 GPIO 内部上拉电阻端的开关闭合,GPIO 内部下拉电阻端的开关打开。该模式下,引脚在默认情况下输入为高电平。

(3) 下拉输入:GPIO 内置下拉电阻,此时 GPIO 内部下拉电阻端的开关闭合,GPIO 内部上拉电阻端的开关打开。该模式下,引脚在默认情况下输入为低电平。

(4) 浮空输入:GPIO 内部既无上拉电阻也无下拉电阻,此时 GPIO 内部上拉电阻端和下拉电阻端的开关都处于打开状态。该模式下,引脚在默认情况下为高阻态(浮空),其电平高低完全由外部电路决定。

2. 输出通道

输出通道包括位设置/清除寄存器、输出数据寄存器、输出驱动器。

要输出的开关量数据首先写入位设置/清除寄存器,通过读写命令进入输出数据寄存器,然后进入输出驱动的输出控制模块。输出控制模块可以接收开关量的输出和复用功能输出。输出的信号由 P-MOS 和 N-MOS 场效应管电路输出到引脚。通过软件设置,由 P-MOS 和 N-MOS 场效应管电路可以构成推挽方式、开漏方式或者关闭。

GPIO 的输出驱动器主要由多路选择器、输出控制逻辑和一对互补的 MOS 管组成。

2.5.2　STM32 的 GPIO 功能

下面讲述 STM32 的 GPIO 功能。

1. 普通 I/O 功能

复位期间和刚复位后,复用功能未开启,I/O 接口被配置成浮空输入模式。

复位后,JTAG 引脚被置于输入上拉或下拉模式。

(1) PA13:JTMS 置于上拉模式。

(2) PA14:JTCK 置于下拉模式。

(3) PA15:JTDI 置于上拉模式。

(4) PB4:JNTRST 置于上拉模式。

当作为输出配置时,写到输出数据寄存器(GPIOx_ODR)上的值输出到相应的 I/O 引脚。可以以推挽模式或开漏模式(当输出 0 时,只有 N-MOS 被打开)使用输出驱动器。

输入数据寄存器(GPIOx_IDR)在每个 APB2 时钟周期捕捉 I/O 引脚上的数据。

所有 GPIO 引脚有一个内部弱上拉和弱下拉,当配置为输入时,它们可以被激活也可以被断开。

2. 输入配置

当 I/O 接口配置为输入时:

(1) 输出缓冲器被禁止。

(2) 施密特触发输入被激活。

(3) 根据输入配置(上拉,下拉或浮动)的不同,弱上拉和下拉电阻被连接。

(4) 出现在 I/O 引脚上的数据在每个 APB2 时钟被采样到输入数据寄存器。

(5) 对输入数据寄存器的读访问可得到 I/O 状态。

I/O 接口位的输入配置如图 2-5 所示。

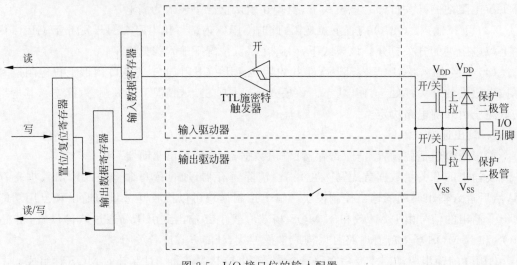

图 2-5　I/O 接口位的输入配置

3. 输出配置

当 I/O 接口被配置为输出时:

(1) 输出缓冲器被激活。

① 开漏模式:输出寄存器上的 0 激活 N-MOS,而输出寄存器上的 1 将端口置于高阻状态(P-MOS 从不被激活)。

② 推挽模式:输出寄存器上的 0 激活 N-MOS,而输出寄存器上的 1 将激活 P-MOS。

(2) 施密特触发输出被激活。

(3) 弱上拉和下拉电阻被禁止。

(4) 出现在 I/O 引脚上的数据在每个 APB2 时钟被采样到输入数据寄存器。

(5) 在开漏模式时,对输入数据寄存器的读访问可得到 I/O 状态。

(6) 在推挽式模式时,对输出数据寄存器的读访问得到最后一次写的值。

I/O 接口位的输出配置如图 2-6 所示。

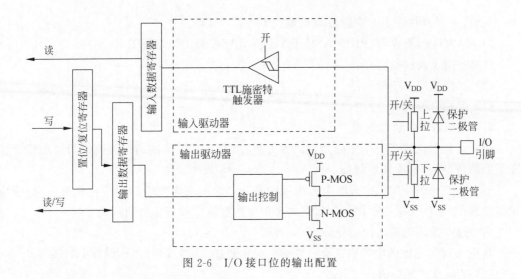

图 2-6　I/O 接口位的输出配置

2.6　STM32 外部中断

2.6.1　STM32F4 中断系统

在了解了中断相关基础知识后,下面从中断控制器、中断优先级、中断向量表和中断服务程序 4 方面来分析 STM32F4 微控制器的中断系统,最后介绍设置和使用 STM32F4 中断系统的全过程。

1. STM32F4 嵌套向量中断控制器

向量中断控制器(Nested Vectored Interrupt Controller,NVIC),是 Cortex-M4 不可分离的一部分。NVIC 与 Cortex-M4 内核相辅相成,共同完成对中断的响应。NVIC 的寄存器以存储器映射的方式访问,除了包含控制寄存器和中断处理的控制逻辑之外,NVIC 还包含了 MPU、SysTick 定时器及调试控制相关的寄存器。

Arm Cortex-M4 内核共支持 256 个中断,其中 16 个内部中断,240 个外部中断。STM32 目前支持的中断共 84 个(16 个内部＋68 个外部),还有 16 级可编程的中断优先级。

STM32 可支持 68 个中断通道,已经固定分配给相应的外部设备,每个中断通道都具备自己的中断优先级控制字节(8 位,但是 STM32 中只使用 4 位,高 4 位有效),每 4 个通道的 8 位中断优先级控制字构成一个 32 位的优先级寄存器。68 个通道的优先级控制字至少构成 17 个 32 位的优先级寄存器。

每个外部中断(External Interrupt,EXTI)与 NVIC 中的下列寄存器中有关:

(1) 使能与除能寄存器(除能也就是平常所说的屏蔽)。

(2) 挂起与解挂寄存器。

(3) 优先级寄存器。

(4) 活动状态寄存器。

另外,下列寄存器也对中断处理有重大影响:

(1) 异常屏蔽寄存器(PRIMASK、FAULTMASK 及 BASEPRI)。

(2) 向量表偏移量寄存器。

(3) 软件触发中断寄存器。

(4) 优先级分组段位。

2. STM32F4 中断优先级

中断优先级决定了一个中断是否能被屏蔽,以及在未屏蔽的情况下何时可以响应。优先级的数值越小,则优先级越高。

STM32(Cortex-M4)中有两个优先级的概念:抢占式优先级和响应优先级,也把响应优先级称作"亚优先级"或"副优先级",每个中断源都需要被指定这两种优先级。

(1) 抢占式优先级(preemption priority)。

高抢占式优先级的中断事件会打断当前的主程序/中断程序运行,俗称中断嵌套。

(2) 响应优先级(subpriority)。

在抢占式优先级相同的情况下,高响应优先级的中断优先被响应。

在抢占式优先级相同的情况下,如果有低响应优先级中断正在执行,高响应优先级的中断要等待已被响应的低响应优先级中断执行结束后才能得到响应(不能嵌套)。

(3) 判断中断是否会被响应的依据。

首先是抢占式优先级,其次是响应优先级。抢占式优先级决定是否会有中断嵌套。

(4) 优先级冲突的处理。

具有高抢占式优先级的中断可以在具有低抢占式优先级的中断处理过程中被响应,即中断的嵌套,或者说高抢占式优先级的中断可以嵌套低抢占式优先级的中断。

当两个中断源的抢占式优先级相同时,这两个中断将没有嵌套关系,当一个中断到来后,如果正在处理另一个中断,这个后到来的中断就要等到前一个中断处理完之后才能被处理。如果这两个中断同时到达,则中断控制器根据它们的响应优先级高低决定先处理一个;如果它们的抢占式优先级和响应优先级都相等,则根据它们在中断表中的排位顺序决定先处理哪一个。

(5) STM32 中对中断优先级的定义。

STM32 的中断有两个优先级的概念:抢占式优先级和响应优先级,也把响应优先级称作"亚优先级"或"副优先级",每个中断源都需要被指定为这两种优先级。

① 抢占式优先级(pre-emption priority)。

具有高抢占式优先级的中断可以在具有低抢占式优先级的中断处理过程中被响应,即可以实现抢断式优先响应,俗称中断嵌套。或者说,高抢占式优先级的中断可以嵌套低抢占优先级的中断。

② 副优先级(subpriority)。

在抢占式优先级相同的情况下,高副优先级的中断优先被响应。

在抢占式优先级相同的情况下,如果有低副优先级中断正在执行,高副优先级的中断要等待已被响应的低副优先级中断执行结束后才能得到响应,即所谓的非抢断式响应(不能嵌套)。

③ 优先级冲突的处理。

当两个中断源的抢占式优先级相同时,这两个中断将没有嵌套关系,当一个中断到来后,如果正在处理另一个中断,这个后到来的中断就要等到前一个中断处理完之后才能被处理。如果这两个中断同时到达,则中断控制器根据它们的副优先级高低决定先处理哪一个中断;如果它们的抢占式优先级和副优先级都相同,则根据它们在中断表中的排位顺序决定先处理哪一个。

因此,判断中断是否会被响应的依据是,首先是看抢占式优先级,其次是副优先级。抢占式优先级决定是否会有中断嵌套。

④ STM32 对中断优先级的定义。

STM32 中指定中断优先级的寄存器位有 4 位,这 4 个寄存器位的分组方式如下:

第 0 组,所有 4 位用于指定响应优先级。

第 1 组,最高 1 位用于指定抢占式优先级,最低 3 位用于指定响应优先级。

第 2 组,最高 2 位用于指定抢占式优先级,最低 2 位用于指定响应优先级。

第 3 组,最高 3 位用于指定抢占式优先级,最低 1 位用于指定响应优先级。

第 4 组,所有 4 位用于指定抢占式优先级。

优先级分组方式所对应的抢占式优先级和响应优先级寄存器位数和所表示的优先级数分配如图 2-7 所示。

优先级组别	抢占式优先级		响应式优先级	
	位数	级数	位数	级数
4组	4	16	0	0
3组	3	8	1	2
2组	2	4	2	4
1组	1	2	3	8
0组	0	0	4	16

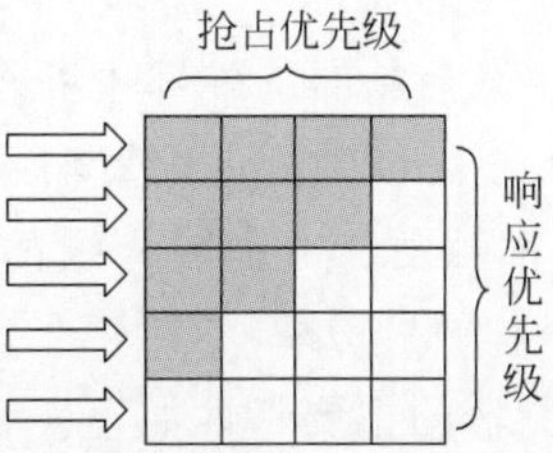

图 2-7 STM32F4 优先级位数和级数分配

3. STM32F4 中断向量表

中断向量表是中断系统中非常重要的概念。它是一块存储区域,通常位于存储器的地址处,在这块区域上按中断号从小到大依次存放着所有中断处理程序的入口地址。当某中断产生且经判断其未被屏蔽,CPU 会根据识别到的中断号到中断向量表中找到该中断的所在表项,取出该中断对应的中断服务程序的入口地址,然后跳转到该地址执行 STM32F4 产品的中断向量表(部分)。

4. STM32F4 中断服务函数

中断服务程序在结构上与函数非常相似。不同的是,函数一般有参数有返回值,并在应用程序中被人为显式地调用执行,而中断服务程序一般没有参数也没有返回值,并只有中断发生时才会被自动隐式地调用执行。每个中断都有自己的中断服务程序,用来记录中断发生后要执行的真正意义上的处理操作。

STM32F407 所有的中断服务函数在该微控制器所属产品系列的启动代码文件 startup_stm32f40x_xx. s 中都有预定义,通常以 PPP_IRQHandler 命名,其中 PPP 是对应的外设名。用户开发自己的 STM32F407 应用时可在文件 stm32f40x_it. c 中使用 C 语言编写函数重新定义之。程序在编译、链接生成可执行程序阶段,会使用用户自定义的同名中断服务程序替代启动代码中原来默认的中断服务程序。

尤其需要注意的是,在更新 STM32F407 中断服务程序时,必须确保 STM32F407 中断服务程序文件(stm32f40x_it. c)中的中断服务程序名(如 EXTII_IRQHandler)和启动代码文件(startup_stm32f40x_xx. s)中的中断服务程序名(EXTI1_IRQHandler)相同,否则在生成可执行文件时无法使用用户自定义的中断服务程序替换原来默认的中断服务程序。

STM32F407 的中断服务函数具有以下特点。

(1) 预置弱定义属性。除了复位程序以外,STM32F407 其他所有中断服务程序都在启动代码中预设了弱定义(WEAK)属性。用户可以在其他文件中编写同名的中断服务函数替代在启动代码中默认的中断服务程序。

(2) 全 C 实现。STM32F407 中断服务程序,可以全部使用 C 语言编程实现,无须像以前 Arm7 或 Arm9 处理器那样要在中断服务程序的首尾加上汇编语言"封皮"用来保护和恢复现场(寄存器)。在 STM32F407 的中断处理过程中,保护和恢复现场的工作由硬件自动完成,无须用户操心。用户只需集中精力编写中断服务程序即可。

2.6.2　STM32F4 外部中断/事件控制器

STM32F4 微控制器的外部中断/事件控制器由 23 个产生事件/中断请求边沿检测器组成,每个输入线可以独立地配置输入类型(脉冲或挂起)和对应的触发事件上升沿或下降沿或者双边沿都触发。每个输入线都可以独立地被屏蔽。挂起寄存器保持状态线的中断请求。

EXTI 控制器的主要特性如下。

(1) 每个中断/事件都有独立的触发和屏蔽。

(2) 每个中断线都有专用的状态位。

(3) 支持多达 23 个软件的中断/事件请求。

(4) 检测脉冲宽度低于 APB2 时钟宽度的外部信号。

1. STM32F4 的 EXTI 内部结构

外部中断/事件控制器由中断屏蔽寄存器、请求挂起寄存器、软件中断/事件寄存器、上升沿触发选择寄存器、下降沿触发选择寄存器、事件屏蔽寄存器、边沿检测电路和脉冲发生器等部分构成。外部中断/事件控制器框图如图 2-8 所示。其中,信号线上画有一条斜线,旁边标有 23 字样的注释,表示这样的线路共有 23 套。每个功能模块都通过外设总线接口和 APB 总线连接,进而和 Cortex-M4 内核(CPU)连接到一起,CPU 通过这样的接口访问各个功能模块。中断屏蔽寄存器和请求挂起寄存器的信号经过与门后送到 NVIC 中断控制器,由 NVIC 进行中断信号的处理。

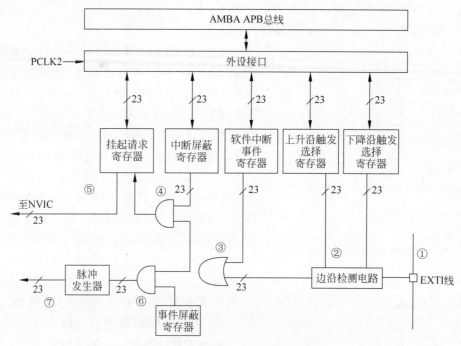

图 2-8　外部中断/事件控制器框图

从图 2-8 可以看出,STM32F407 外部中断/事件控制器 EXTI 内部信号线线路共有 23 套。

与此对应,EXTI 的外部中断/事件输入线也有 23 根,分别是 EXTI0、EXTI1~EXTI22。

EXTI0~EXTI15 这 16 个外部中断以 GPIO 引脚作为输入线,每个 GPIO 引脚都可以作为某个 EXTI 的输入线。EXTI0 可以选择 PA0、PB0 至 PI0 中的某个引脚作为输入线。如果设置了 PA0 作为 EXTI0 的输入线,那么 PB0、PC0 等就不能再作为 EXTI0 的输入线。

以 GPIO 引脚作为输入线的 EXTI 可以用于检测外部输入事件。例如,按键连接的 GPIO 引脚,通过外部中断方式检测按键输入比查询方式更有效。

EXTI0~EXTI4 的每个中断有单独的 ISR,EXTI 线[9:5]中断共用一个中断号,也就共用 ISR,EXTI 线[15:10]中断也共用 ISR。若是共用的 ISR,需要在 ISR 里再判断具体是哪个 EXTI 线产生的中断,然后做相应的处理。

另外 7 个 EXTI 线连接的不是某个实际的 GPIO 引脚,而是其他外设产生的事件信号。这 7 个 EXTI 线的中断有单独的 ISR。

(1) EXTI 线 16 连接 PVD 输出。

(2) EXTI 线 17 连接 RTC 闹钟事件。

(3) EXTI 线 18 连接 USB OTG FS 唤醒事件。

(4) EXTI 线 19 连接以太网唤醒事件。

（5）EXTI 线 20 连接 USB OTGHS 唤醒事件。

（6）EXTI 线 21 连接 RTC 入侵和时间戳事件。

（7）EXTI 线 22 连接 RTC 唤醒事件。

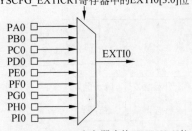

SYSCFG_EXTICR1寄存器中的EXTI0[3:0]位

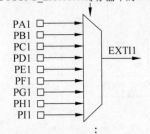

SYSCFG_EXTICR1寄存器中的EXTI1[3:0]位

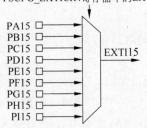

SYSCFG_EXTICR4寄存器中的EXTI15[3:0]位

图 2-9　STM32F407 外部中断/事件
　　　　输入线映像

另外，如果将 STM32F407 的 I/O 引脚映射为 EXTI 的外部中断/事件输入线，必须将该引脚设置为输入模式。STM32F407 外部中断/事件输入线映像如图 2-9 所示。

图 2-8 上部的 APB 外设模块接口是 STM32F407 微控制器每个功能模块都有的部分，CPU 通过这样的接口访问各个功能模块。

尤其需要注意的是，如果使用 STM32F407 引脚的外部中断/事件映射功能，必须打开 APB2 总线上该引脚对应端口的时钟以及 AFIO 功能时钟。

EXTI 中的边沿检测器共有 23 个，用来连接 23 个外部中断/事件输入线，是 EXTI 的主体部分。每个边沿检测器由边沿检测电路、控制寄存器、门电路和脉冲发生器等部分组成。

2. STM32F4 的 EXTI 主要特性

STM32F4 微控制器的外部中断/事件控制器具有以下主要特性。

（1）每个外部中断/事件输入线都可以独立地配置它的触发事件（上升沿、下降沿或双边沿），并能够单独地被屏蔽。

（2）每个外部中断都有专用的标志位（请求挂起寄存器），保持着它的中断请求。

（3）可以将多达 140 个通用 I/O 引脚映射到 16 个外部中断/事件输入线上。

（4）可以检测脉冲宽度低于 APB2 时钟宽度的外部信号。

2.7　STM32 串口 USART

目前大多数半导体厂商选择在微控制器内部集成 UART 模块。ST 有限公司的 STM32F407 系列微控制器也不例外，在它内部配备了强大的 UART 模块 USART（Universal Synchronous/Asynchronous Receiver/Transmitter，通用同步/异步收发器）。STM32F407 的 USART 模块不仅具备 UART 接口的基本功能，而且还支持同步单向通信、LIN（Local Interconnect Network，局部互联网）协议、智能卡协议、IrDA SIR 编码/解码规范、调制解调器（CTS/RTS）操作。

1. USART 介绍

USART 是嵌入式系统中极为常用的外设，因其简单通用而广受青睐。自 20 世纪 70 年代由 Intel 公司发明以来，USART 接口已广泛应用于从高性能计算机到单片机的各种设备中，实现简单的数据交换。其物理连接简便，仅需 2～3 根线即可通信。在嵌入式系统开发中，USART 常被用作调试手段，通过向计算机发送运行状态信息，帮助开发者定位错误并加快调试进度。此外，USART 通信适应多种物理层，在工控领域有广泛应用，是串行接口的工业标准。STM32F407 微控制器根据不同容量配置有 2～3 个 USART 及最多 2 个 UART。

2. USART 的主要特性

USART 主要特性如下。

（1）基本特性与功能：支持全双工、异步通信，采用 NRZ 标准格式，具备分数波特率发生器系统，发送和接收共用的可编程波特率最高达 10.5Mb/s。

（2）数据格式与同步：可编程数据字长度为 8 位或 9 位，支持 1 或 2 个停止位，具有 LIN 主发送同步断开符的能力以及 LIN 从检测断开符的能力，发送方为同步传输提供时钟。

（3）编码与解码能力：内置 IRDA SIR 编码器/解码器，支持正常模式下的 3/16 位持续时间，具备智能卡模拟功能，支持 ISO 7816-3 标准。

（4）通信与缓冲管理：支持单线半双工通信，可配置使用 DMA 的多缓冲器通信，具有单独的发送器和接收器使能位，以及多种检测标志和校验控制功能。

（5）错误检测与中断处理：提供四个错误检测标志，包括溢出错误、噪声错误、帧错误、校验错误，具有 10 个带标志的中断源，支持多处理器通信，并在地址不匹配时进入静默模式。

（6）唤醒机制与接收器方式：可从静默模式中唤醒，支持通过空闲总线检测或地址标志检测进行唤醒，提供两种唤醒接收器的方式：地址位（MSB，第 9 位）和总线空闲。

3. USART 的功能

STM32F407 微控制器 USART 接口通过三个引脚与其他设备连接在一起，其内部结构如图 2-10 所示。

任何 USART 双向通信至少需要两个引脚：接收数据输入（RX）和发送数据输出（TX）。

RX：接收数据串行输入。通过过采样技术区别数据和噪声，从而恢复数据。

TX：发送数据串行输出。当发送器被禁止时，输出引脚恢复到它的 I/O 端口配置。当发送器被激活，并且不发送数据时，TX 引脚处于高电平。在单线和智能卡模式下，此 I/O 被同时用于数据的发送和接收。

波特率控制即图 2-10 下部虚线框的部分。通过对 USART 时钟的控制，可以控制 USART 的数据传输速度。

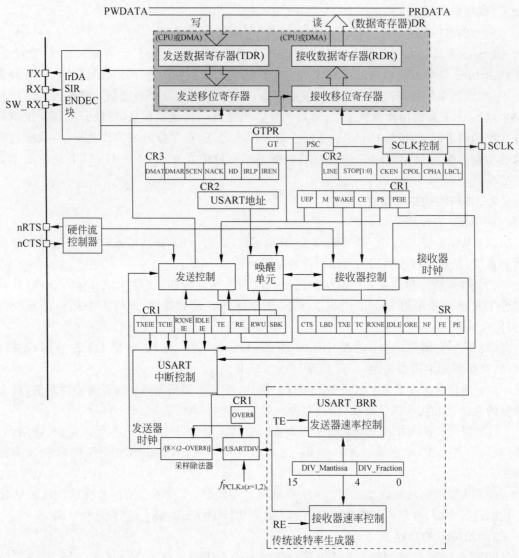

图 2-10　USART 内部结构

USART 外设时钟源根据 USART 编号的不同而不同：对于挂载在 APB2 总线上的 USART1，它的时钟源是 f_{PCLK2}；对于挂载在 APB1 总线上的其他 USART（如 USART2 和 USART3 等），它们的时钟源是 f_{PCLK1}。以上 USART 外设时钟源经各自 USART 的分频系数——USARTDIV 分频后，分别输出作为发送器时钟和接收器时钟，控制发送和接收的时序。

通过改变 USART 外设时钟源的分频系数 USARTDIV，可以设置 USART 的波特率。

波特率决定了 USART 数据通信的速率，通过设置波特率寄存器（USART_BRR）配置波特率。

标准 USART 的波特率计算公式：

$$波特率 = f_{PCLK}/(8 \times (2 - OVER8) \times USARTDIV)$$

式中，f_{PCLk} 是 USART 总线时钟；OVER8 是过采样设置；USARTDIV 是需要存储在 USART_BRR 中的数据。

USART_BRR 由以下两部分组成。USARTDIV 的整数部分：USART_BRR 的位 15:4，即 DIV_Mantissa[11:0]。USARTDIV 的小数部分：USART_BRR 的位 3:0，即 DIV_Fraction[3:0]。

一般根据需要的波特率计算 USARTDIV，然后换算成存储到 USART_BRR 的数据。

接收器采用过采样技术（除了同步模式）检测接收到的数据，这可以从噪声中提取有效数据。可通过编程 USART_CR1 中的 OVER8 位选择采样方法，且采样时钟可以是波特率时钟的 16 倍或 8 倍。

8 倍过采样（OVER8=1）：此时以 8 倍于波特率的采样频率对输入信号进行采样，每个采样数据位被采样 8 次。此时可以获得最高的波特率（$f_{PCLK}/16$）。根据采样中间的 3 次采样（第 4、5、6 次）判断当前采样数据位的状态。

16 倍过采样（OVER8=0）：此时以 16 倍于波特率的采样频率对输入信号进行采样，每个采样数据位被采样 16 次。此时可以获得最高的波特率（$f_{PCLK}/16$）。根据采样中间的 3 次采样（第 8、9、10 次）判断当前采样数据位的状态。

收发控制即图 2-10 的中间部分。该部分由若干个控制寄存器组成，如 USART 控制寄存器（Control Register）CR1、CR2、CR3 和 USART 状态寄存器（Status Register）SR 等。通过向以上控制寄存器写入各种参数，控制 USART 数据的发送和接收。同时，通过读取状态寄存器，可以查询 USART 当前的状态。USART 状态的查询和控制可以通过库函数实现，因此，无须深入了解这些寄存器的具体细节（如各个位代表的意义），学会使用 USART 相关的库函数即可。

数据存储转移即图 2-10 上部灰色的部分。它的核心是两个移位寄存器：发送移位寄存器和接收移位寄存器。这两个移位寄存器负责收发数据并进行并串转换。

4. USART 的通信时序

编程 USART_CR1 寄存器中的 M 位，可以选择 8 位或 9 位字长，如图 2-11 所示。

在起始位期间，TX 引脚处于低电平，在停止位期间，TX 引脚处于高电平。空闲符号被视为完全由 1 组成的一个完整的数据帧，后面跟着包含了数据的下一帧的开始位。断开符号被视为在一个帧周期内全部收到 0。在断开帧结束时，发送器再插入 1 个或 2 个停止位应答起始位。发送和接收由一共用的波特率发生器驱动，当发送器和接收器的使能位分别置位时，分别为其产生时钟。

图 2-11 中的 LBCL（Last Bit Clock Pulse，最后一位时钟脉冲）为控制寄存器 2（USART_CR2）的第 8 位。在同步模式下，该位用于控制是否在 CK 引脚上输出最后发送的那个数据位（最高位）对应的时钟脉冲。

0：最后一位数据的时钟脉冲不从 CK 输出。

1：最后一位数据的时钟脉冲会从 CK 输出。

注：(1)最后一个数据位就是第 8 个或者第 9 个发送的位(根据 USART_CR1 寄存器中的 M 位所定义的 8 位或者 9 位数据帧格式)。

(2) UART4 和 UART5 上不存在这一位。

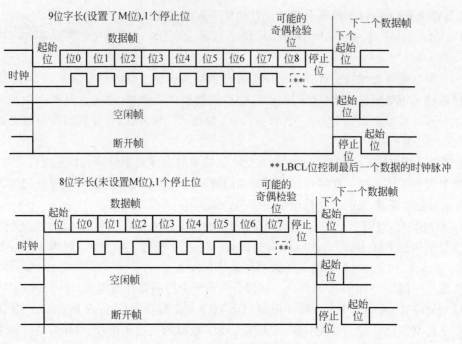

图 2-11　USART 通信时序

5. USART 的中断

STM32F407 系列微控制器的 USART 主要有以下各种中断事件。

(1) 发送期间的中断事件包括发送完成(TC)、清除发送(CTS)、发送数据寄存器空(TXE)。

(2) 接收期间的中断事件包括空闲总线检测(IDLE)、溢出错误(ORE)、接收数据寄存器非空(RXNE)、校验错误(PE)、LIN 断开检测(LBD)、噪声错误(NE,仅在多缓冲器通信)和帧错误(FE,仅在多缓冲器通信)。

如果设置了对应的使能控制位,这些事件就可以产生各自的中断。

2.8　STM32 定时器

2.8.1　STM32F4 定时器概述

STM32 内部集成了多个定时/计数器。根据型号不同,STM32 系列芯片最多包含 8 个定时/计数器。其中,TIM6 和 TIM7 为基本定时器,TIM2～TIM5 为通用定时器,TIM1 和

TIM8 为高级控制定时器,功能最强。

STM32F407 相比于传统的 51 单片机要完善和复杂得多,它是专为工业控制应用量身定做的。定时器有很多用途,包括基本定时功能、生成输出波形(比较输出、PWM 和带死区插入的互补 PWM)和测量输入信号的脉冲宽度(输入捕获)等。

STM32F407 微控制器共有 14 个定时器,包括 2 个基本定时器(TIM6 和 TIM7)、10 个通用定时器(TIM2~TIM5 和 TIM9~TIM14)及 2 个高级定时器(TIM1 和 TIM8)、2 个看门狗定时器和 1 个系统嘀嗒定时器(SysTick)。

2.8.2 STM32F4 基本定时器

下面讲述 STM32 基本定时器。

1. STM32 基本定时器介绍

STM32F407 基本定时器 TIM6 和 TIM7 各包含一个 16 位自动装载计数器,由各自的可编程预分频器驱动。它们可以作为通用定时器提供时间基准,特别是可以为数模转换器(DAC)提供时钟。实际上,它们在芯片内部在直接连接到 DAC 并通过触发输出直接驱动DAC,这 2 个定时器是互相独立的,不共享任何资源。

TIM6 和 TIM7 定时器的主要功能包括:

(1) 16 位自动重装载累加计数器。

(2) 16 位可编程(可实时修改)预分额器,用于对输入的时钟按系数为 1~65536 的任意数值分频。

(3) 触发 DAC 的同步电路。

(4) 在更新事件(计数器溢出)时产生中断/DMA 请求。

STM32 基本定时器内部结构如图 2-12 所示。

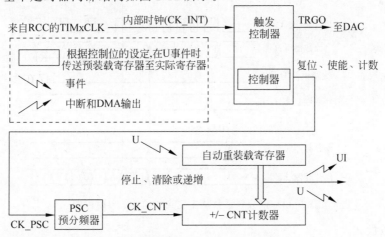

图 2-12 STM32 基本定时器内部结构

2．STM32 基本定时器的功能

下面讲述 STM32 基本定时器的功能。

（1）时基单元。

可编程通用定时器主要由 16 位计数器及其自动装载寄存器构成，支持向上、向下或双向计数。其核心时基单元包括计数器寄存器、预分频器寄存器和自动装载寄存器，均可由软件读写，且在计数器运行时仍可访问。自动装载寄存器根据配置，可在每次更新事件时立即将内容传送至影子寄存器。计数器由预分频器输出的时钟驱动，预分频器可将时钟频率按 1～65536 任意值分频，其参数可在运行时更改，并于下次更新事件时应用。

时基单元包含：计数器寄存器（TIMx_CNT）、预分频寄存器（TIMx_PSC）、自动重装载寄存器（TIMx_ARR）。

（2）时钟源。

从 STM32F407 定时器内部结构图可以看出，基本定时器 TIM6 和 TIM7 只有一个时钟源，即内部时钟 CK_INT。对于 STM32F407 所有的定时器，内部时钟 CK_INT 都来自 RCC 的 TIMxCLK，但对于不同的定时器，TIMxCLK 的来源不同。基本定时器 TIM6 和 TIM7 的 TIMxCLK 来源于 APB1 预分频器的输出，系统默认情况下，APB1 的时钟频率为 72MHz。

（3）预分频器。

预分频可以以系数介于 1～65536 的任意数值对计数器时钟分频。它通过一个 16 位寄存器（TIMx_PSC）的计数实现分频。因为 TIMx_PSC 控制寄存器具有缓冲作用，可以在运行过程中改变它的数值，新的预分频数值将在下一个更新事件时起作用。

图 2-13 是在运行过程中改变预分频系数的例子，预分频系数从 1 变到 2。

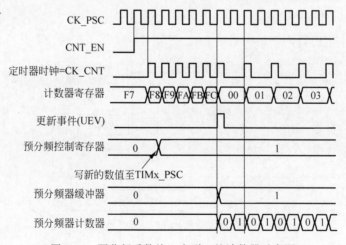

图 2-13　预分频系数从 1 变到 2 的计数器时序图

（4）计数模式。

STM32F407 基本定时器只有向上计数工作模式，其工作过程如图 2-14 所示，其中↑表

示产生溢出事件。

基本定时器工作时,脉冲计数器 TIMx_CNT 从 0 累加计数到自动重装载数值(TIMx_ARR 寄存器),然后重新从 0 开始计数并产生一个计数器溢出事件。由此可见,如果使用基本定时器进行延时,延时时间可以由以下公式计算:

延时时间＝(TIMx_ARR＋1)(TIMx_PSC＋1)/
TIMxCLK

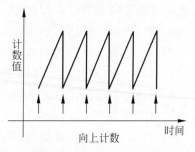

图 2-14　向上计数工作模式

当发生一次更新事件时,所有寄存器会被更新并设置更新标志:传送预装载值(TIMx_PSC 寄存器的内容)至预分频器的缓冲区,自动重装载影子寄存器被更新为预装载值(TIMx_ARR)。以下是一些在 TIMx_ARR＝0x36 时不同时钟频率下计数器工作的图示例子。图 2-15 内部时钟分频系数为 1,图 2-16 内部时钟分频系数为 2。

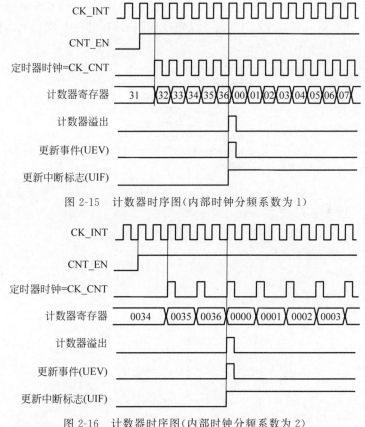

图 2-15　计数器时序图(内部时钟分频系数为 1)

图 2-16　计数器时序图(内部时钟分频系数为 2)

3. STM32 基本定时器的寄存器

现将 STM32F407 基本定时器相关寄存器名称介绍如下,可以用半字(16 位)或字(32

位)的方式操作这些外设寄存器,由于是采用库函数方式编程,故不作进一步的探讨。

(1) TIM6 和 TIM7 控制寄存器 1(TIMx_CR1)。

(2) TIM6 和 TIM7 控制寄存器 2(TIMx_CR2)。

(3) TIM6 和 TIM7 DMA/中断使能寄存器(TIMx_DIER)。

(4) TIM6 和 TIM7 状态寄存器(TIMx_SR)。

(5) TIM6 和 TIM7 事件产生寄存器(TIMx_EGR)。

(6) TIM6 和 TIM7 计数器(TIMx_CNT)。

(7) TIM6 和 TIM7 预分频器(TIMx_PSC)。

(8) TIM6 和 TIM7 自动重装载寄存器(TIMx_ARR)。

2.9 STM32 外设例程

为了熟练掌握本章讲述的 STM32F407 微控制器的外设(GPIO、EXTI、TIM 和 USART),在数字资源中,提供了如图 2-17 所示的已移植好 FreeRTOS 的程序代码。这些程序代码运行在野火霸天虎开发板上,也可以修改代码后,在其他开发板上运行。

图 2-17 STM32F407 微控制器外设的程序代码

第 3 章

FreeRTOS 任务管理

本章深入探讨了 FreeRTOS 的任务管理机制,全面覆盖了多任务运行的核心机制、任务状态的演变、优先级的分配及其调度影响、空闲任务的角色与实现以及基础时钟与嘀嗒信号在任务切换中的关键作用。同时,本章还详细介绍了 FreeRTOS 的任务调度方法,特别是时间片抢占式调度的原理与应用,为读者提供了深入的理解。

重点内容:

(1) 任务管理概述。

① 多任务运行基本机制:深入解析多任务系统的基本运行机制,为读者提供清晰的概念框架。

② 任务的状态:详细介绍任务从创建到删除的各个状态,帮助读者理解任务的生命周期。

③ 任务的优先级:深入描述任务优先级的分配原则及其对调度的影响,助力读者掌握优先级调度的精髓。

④ 空闲任务:深入探讨空闲任务的作用和实现方式,揭示其在系统中的重要地位。

⑤ 基础时钟与嘀嗒信号:详细解释嘀嗒信号对任务切换的重要性,帮助读者理解时间管理在任务调度中的关键作用。

(2) FreeRTOS 的任务调度。

① 任务调度方法概述:总结并对比不同的任务调度算法,为读者提供全面的调度方法视野。

② 使用时间片的抢占式调度方法:具体阐述时间片抢占式调度的原理、应用场景及优势,助力读者掌握这一核心调度技术。

(3) FreeRTOS 任务管理:全面介绍 FreeRTOS 中任务的创建、删除和管理方法,为读者提供实用的任务管理指南。

(4) 任务管理相关函数:详细列出并解释与任务管理相关的 API 函数,助力读者快速上手 FreeRTOS 任务管理开发。

(5) FreeRTOS 任务的设计要点:深入探讨在设计 FreeRTOS 任务时需要考虑的关键因素,帮助读者规避常见设计陷阱。

(6) FreeRTOS 任务管理应用实例：通过具体实例演示如何在实际项目中实现任务管理，助力读者将理论知识转换为实践能力。

3.1 任务管理概述

在 FreeRTOS 中，任务(task)是基本的执行单位，类似于传统操作系统中的线程。每个任务相当于一个独立运行的函数，可以独立配置各种属性，如优先级、堆栈大小等。任务之间通过时间共享和优先级调度机制进行切换。

关键特性和概念包括：

(1) 独立执行：每个任务都是一个独立的程序，它们可以分别执行不同的功能。

(2) 优先级：任务可以被赋予不同的优先级，调度器根据优先级来决定任务的执行顺序和时间。

(3) 调度：FreeRTOS 包含一个实时调度器，根据任务的优先级和可运行状态来调度任务。

(4) 堆栈：每个任务有自己独立的堆栈空间，用来存储局部变量、函数调用返回地址以及上下文信息。

(5) 生命周期：任务在创建后进入就绪(ready)状态，调度器选择就绪状态的高优先级任务执行。当任务在等待事件(如延时、信号量、消息队列)时，将进入阻塞(Blocked)状态，事件发生后重新进入就绪状态。

3.1.1 多任务运行基本机制

在 FreeRTOS 中，任务就是实现某种功能的一个函数。通常，任务函数内部包含一个无限循环结构。在任务函数中不允许使用 return 语句退出，如果需要结束任务，可以跳出循环并调用 vTaskDelete 函数自我删除任务，也可以在其他任务中调用 vTaskDelete 函数来删除该任务。

用户可以在 FreeRTOS 中创建多个任务。每个任务需要分配一个栈(Stack)空间以及一个任务控制块(Task Control Block，TCB)空间。此外，每个任务还需要设置一个优先级，优先级的数字越小表示优先级越低。

在单核处理器上，任意时刻只能有一个任务占用 CPU 并运行。然而，在 RTOS 系统中运行多个任务时，看起来像是有多个任务在同时运行。其实，这归功于 RTOS 的任务调度机制，使得多个任务能够分时共享 CPU 资源，从而实现所谓的"同时运行"。

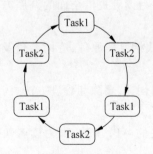

图 3-1 最简单的基于时间片的多任务运行原理

最简单的基于时间片的多任务运行原理如图 3-1 所示。

　　假设系统中只有两个任务：Task1 和 Task2，并且它们具有相同的优先级。可以将 CPU 时间想象成一个圆周，类似于钟表的一圈。RTOS 将 CPU 时间分成基本的时间片（time slice），例如，FreeRTOS 默认的时间片长度是 1ms，也就是 SysTick 定时器的定时周期。在一个时间片内，只有一个任务占用 CPU 并执行。

　　假设当前运行的任务是 Task1。当一个时间片结束时（SysTick 定时器发生中断时），RTOS 会进行任务调度。由于 Task1 和 Task2 具有相同的优先级，RTOS 会将 CPU 使用权交给 Task2。当 Task1 交出 CPU 使用权时，它会将当前 CPU 的状态（包括各个核心寄存器的值）保存到自己的栈空间中。而当 Task2 获取 CPU 使用权时，它会从自己的栈空间中恢复 CPU 状态，从上次运行的状态继续执行。

　　基于时间片的多任务调度就是通过这种方式来控制多个相同优先级的任务，实现 CPU 的分时复用，从而实现多任务运行。由于时间片的长度很短（默认是 1ms），任务切换的速度非常快，因此在程序运行时，给用户的感觉是多个任务在同时运行。

　　当多个任务的优先级不同时，FreeRTOS 会使用基于优先级的抢占式任务调度方法。在这种情况下，每个任务获得的 CPU 使用时间长度可以是不一样的。

3.1.2　任务的状态

　　由单核 CPU 的多任务运行机制可知，任何时刻，只能有一个任务占用 CPU 并运行，这个任务的状态称为运行（running）状态，其他未占用 CPU 的任务的状态都可称为非运行（norunning）状态。非运行状态又可以细分为 3 个状态，任务的各个状态以及状态之间的转换如图 3-2 所示。

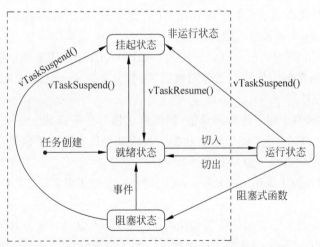

图 3-2　任务的状态以及状态之间的转换

　　FreeRTOS 的任务调度有两种方式：抢占式（pre-emptive）和合作式（co-operative）。通常使用基于任务优先级的抢占式任务调度方法。关于任务调度的各种方式将在后文详细介绍。这里以抢占式任务调度为例，解释图 3-2 所示的原理。

1. 就绪状态

任务被创建后首先处于就绪状态。每次基础时钟中断时,FreeRTOS的任务调度器会进行一次任务调度。根据抢占式任务调度的特点,任务调度的结果有以下几种情况。

(1) 如果当前没有其他正在运行的任务,处于就绪状态的任务将进入运行状态。

(2) 如果就绪任务的优先级高于或等于当前运行任务的优先级,处于就绪状态的任务将进入运行状态。

(3) 如果就绪任务的优先级低于当前运行任务的优先级,处于就绪状态的任务将无法获得 CPU 使用权,继续处于就绪状态。

就绪任务获取 CPU 使用权并进入运行状态的过程称为"切入"(switch in)。相应地,处于运行状态的任务被调度器调度为就绪状态的过程称为"切出"(switch out)。

2. 运行状态

在单核处理器上,占用 CPU 并执行的任务处于运行状态。高优先级任务如果一直运行,将持续占用 CPU,导致低优先级的就绪任务无法获得 CPU 使用权。因此,运行状态的任务应在空闲时主动让出 CPU。

处于运行状态的任务可以通过两种方式主动让出 CPU 使用权。

(1) 执行函数 vTaskSuspend 进入挂起状态。

(2) 执行阻塞式函数进入阻塞状态。

这两种状态都是非运行状态,使得任务调度器可以选取其他就绪状态的任务进入运行状态。

3. 阻塞状态

阻塞(blocked)状态表示任务暂时让出 CPU 使用权,处于等待状态。运行状态的任务可以通过调用以下两类函数进入阻塞状态。

(1) 时间延迟函数:如 vTaskDelay 或 vTaskDelayUntil。任务调用这些函数后会进入阻塞状态,并延迟指定的时间。延迟时间到后,任务会重新进入就绪状态,然后通过任务调度再次进入运行状态。

(2) 事件请求函数:用于进程间通信,例如请求信号量的函数 xSemaphoreTake。当任务执行 xSemaphoreTake 后会进入阻塞状态。如果其他任务释放了信号量或等待的超时时间到,任务将从阻塞状态进入就绪状态。

在运行状态的任务中调用 vTaskSuspend 可以将一个处于阻塞状态的任务转入挂起状态。

4. 挂起状态

挂起(suspended)状态表示任务暂停执行,不参与调度器的调度。其他三种状态的任务都可以通过调用 vTaskSuspend 进入挂起状态。处于挂起状态的任务不能自动退出挂起状态,必须在其他任务中调用 vTaskResume,才能将挂起任务变为就绪状态。

3.1.3　任务的优先级

在 FreeRTOS 中,每个任务都必须设置一个优先级。总的优先级个数由文件

FreeRTOSConfig.h 中的宏 configMAX_PRIORITIES 定义,默认值为 56。优先级数字越小,优先级越低。因此,最低优先级是 0,最高优先级是 configMAX_PRIORITIES-1。在创建任务时,用户必须为任务设置初始优先级,在任务运行中还可以动态修改其优先级。同时,多个任务可以拥有相同的优先级。

此外,参数 configMAX_PRIORITIES 可设置的最大值,以及调度器选择哪个就绪任务进入运行状态,还与参数 configUSE_PORT_OPTIMISED_TASK_SELECTION 的取值有关。根据这个参数的值,任务调度器的实现方法有两种。

1. 通用方法

如果 configUSE_PORT_OPTIMISED_TASK_SELECTION 设置为 0,则使用通用方法。这种方法是用 C 语言实现的,可以在所有 FreeRTOS 移植版本上使用,并且 configMAX_PRIORITIES 的最大值没有限制。

2. 架构优化方法

如果 configUSE_PORT_OPTIMISED_TASK_SELECTION 设置为 1,则使用架构优化方法。这种方法的部分代码是用汇编语言编写的,因此运行速度比通用方法更快。不过,使用这种方法时,configMAX_PRIORITIES 的最大值不能超过 32。此外,在使用 Cortex-M0 架构或 CMSIS-RTOS V2 接口时,不能使用架构优化方法。

本书使用的开发板搭载的是 STM32F407ZGT6 处理器,而 FreeRTOS 的接口通常设置为 CMSIS-RTOS V2。因此,在 STM32CubeMX 中,参数 USE_PORT_OPTIMISED_TASK_SELECTION 是不可修改的,总是被禁用(disabled)。

3.1.4　空闲任务

在 main 函数中,当调用 osKernelStart 启动 FreeRTOS 的任务调度器时,FreeRTOS 会自动创建一个优先级为 0(最低优先级)的空闲任务(idle task)。

在 FreeRTOS 中,任何时候都需要有一个任务占用 CPU 并处于运行状态。如果用户创建的任务都不处于运行状态,例如,都处于阻塞状态,空闲任务就会占用 CPU 并进入运行状态。

空闲任务在系统中非常重要,并且有多种用途。与空闲任务相关的配置参数如下。

(1) configUSE_IDLE_HOOK:该参数决定是否使用空闲任务钩子函数。如果配置为 1,则可以在系统空闲时利用空闲任务钩子函数进行一些处理。

(2) configIDLE_SHOULD_YIELD:该参数决定空闲任务是否对同等优先级的用户任务主动让出 CPU 使用权,这会影响任务调度的结果。

(3) configUSE_TICKLESS_IDLE:该参数决定是否使用 tickless 低功耗模式。如果设置为 1,则可以实现系统的低功耗。

这样,空闲任务不仅保障系统在所有任务都处于阻塞状态时的正常运行,还可以通过配置增强系统的功能和性能。

3.1.5 基础时钟与嘀嗒信号

在 FreeRTOS 中,系统自动使用 SysTick 定时器作为基础时钟。SysTick 定时器只有定时中断功能,其中断频率由配置参数 configTICK_RATE_HZ 指定,默认值是 1000,这意味着每 1ms 产生一次中断。

在 FreeRTOS 中,有一个全局变量 xTickCount。每当 SysTick 中断发生时,这个变量就加 1,也就是每 1ms 增加一次。所谓的 FreeRTOS 嘀嗒信号,就是指全局变量 xTickCount 的变化,因此嘀嗒信号的变化周期为 1ms。通过调用函数 xTaskGetTickCount 可以获取 xTickCount 的当前值。延时函数 vTaskDelay 和 vTaskDelayUntil 就是通过嘀嗒信号实现毫秒级延时的。

除了产生嘀嗒信号,SysTick 定时器中断还用于产生任务切换的请求。这意味着,每次 SysTick 中断发生时,FreeRTOS 都有机会检查是否需要进行任务切换,以实现任务调度。

通过这些机制,SysTick 定时器在 FreeRTOS 中起到了时钟基础和任务调度的重要作用。

3.2 FreeRTOS 的任务调度

本节讲述 FreeRTOS 的任务调度机制,包括任务调度方法的整体概述和具体的时间片抢占式调度方法。讲述如何通过分配时间片来实现多个任务的并发执行,以确保系统的实时性和效率。通过该调度机制,FreeRTOS 能够有效地管理和切换多个任务,优化系统资源的使用。

3.2.1 任务调度方法概述

FreeRTOS 有两种任务调度算法,基于优先级的抢占式(pre-emptive)调度算法和合作式(co-operative)调度算法。其中,抢占式调度算法可以使用时间片,也可以不使用时间片。通过参数的设置,用户可以选择具体的调度算法。FreeRTOS 的任务调度方法有 3 种,其对应的参数名称、取值及特点如表 3-1 所示。

表 3-1　FreeRTOS 的任务调度方法

调度方式	宏定义参数	值	特　　点
抢占式 (使用时间片)	configUSE_PREEMPTION	1	基于优先级的抢占式任务调度,同优先级任务使用时间片轮流进入运行状态(默认模式)
	configUSE_TIME_SLICING	1	
抢占式 (不使用时间片)	configUSE_PREEMPTION	1	基于优先级的抢占式任务调度,同优先级任务不使用时间片调度
	configUSE_TIME_SLICING	0	
合作式	configUSE_PREEMPTION	0	只有当运行状态的任务进入阻塞状态,或显式地调用要求执行任务调度的函数 taskYIELD,FreeRTOS 才会发生任务调度,选择就绪状态的高优先级任务进入运行状态
	configUSE_TIME_SLICING	任意	

在 FreeRTOS 中,默认的是使用带有时间片的抢占式任务调度方法。在 STM32CubeMX 中,用户不能设置参数 configUSE_TIME_SLICING,其默认值为1。

3.2.2　使用时间片的抢占式调度方法

抢占式任务调度方法,是 FreeRTOS 主动进行任务调度,分为使用时间片和不使用时间片两种情况。

FreeRTOS 基础时钟的一个定时周期称为一个时间片(time slice),FreeRTOS 的基础时钟是 SysTick 定时器。基础时钟的定时周期由参数 configTICK_RATE_HZ 决定,默认值为 1000Hz,所以时间片长度为 1ms。当使用时间片时,在基础时钟的每次中断里,系统会要求进行一次上下文切换(context switching)。文件 port. c 中的函数 xPortSysTickHandler 就是 SysTick 定时中断的处理函数,其代码如下:

```
void xPortSysTickHandler(void)
 { / * SysTick 中断的抢占优先级是 15,优先级最低 * /
portDISABLE_INTERRUPTS();
//禁用所有中断
 {
If(xTaskIncrementTick()! = pdFALSE) //增加 RTOS 嘀嗒计数器的值
 {
/ * 将 PendSV 中断的挂起标志位置位,申请进行上下文切换,在 PendSV 中断里处理上下文切换 * /
portNVIC_INT_CTRL_REG = portNVIC_PENDSVSET_BIT;
}
portENABLE_INTERRUPTS();
//使能中断
```

这个函数的功能就是将 PendSV(pendable request for system service,可挂起的系统服务请求)中断的挂起标志位置位,也就是发起上下文切换的请求,而进行上下文切换是在 PendSV 的中断服务函数里完成的。文件 port. c 中的函数 xPortPendSVHandler 是 FreeRTOS 的 PendSV 中断服务函数,其功能就是根据任务调度计算的结果,选择下一个任务进入运行状态。这个函数的代码是用汇编语言写的,这里就不展示和分析其源代码了。

在 STM32CubeMX 中,一个项目使用了 FreeRTOS 后,会自动对 NVIC 作一些设置。系统自动将优先级分组方案设置为 4 位全部用于抢占优先级,SysTick 和 PendSV 中断的抢占优先级都是15,也就是最低优先级。FreeRTOS 在最低优先级的 PendSV 的中断服务函数里进行上下文切换,所以 FreeRTOS 的任务切换的优先级总是低于系统中断的优先级。

使用时间片的抢占式调度方法的特点如下。

(1) 在基础时钟每个中断里发起一次任务调度请求。

(2) 在 PendSV 中断服务函数里进行上下文切换。

(3) 在上下文切换时,高优先级的就绪任务获得 CPU(Central Processing Unit,中央处理器)的使用权。

(4) 若多个就绪状态的任务的优先级相同,则将轮流获得 CPU 的使用权。

图 3-3 所示的是使用带时间片的抢占式任务调度方法时,3 个任务运行的时序图。图中横轴是时间轴,纵轴是系统中的任务。垂直方向的虚线表示发生任务切换的时间点,水平为的实心矩形表示任务占据 CPU 处于运行状态的时间段,水平方向的虚线表示任务处于就绪的时间段,水平方向的空白段表示任务处于阻塞状态或挂起状态的时间段。

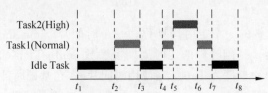

图 3-3　任务运行时序图(带时间片的抢占式任务调度方法)

图 3-3 可以说明带时间片的抢占式任务调度方法的特点。假设 Task2 具有高优先级,Task1 具有正常优先级,且这两个任务的优先级都高于空闲任务的优先级。从这个时序图可以看到这 3 个任务的运行和任务切换的过程。

(1) t_1 时刻开始是空闲任务在运行,这时候系统里没有其他任务处于就绪状态。

(2) 在 t_2 时刻进行调度时,Task1 抢占 CPU 开始运行,因为 Task1 的优先级高于空闲任务。

(3) 在 t_3 时刻,Task1 进入阻塞状态,让出了 CPU 的使用权,空闲任务又进入运行状态。

(4) 在 t_4 时刻,Task1 又进入运行状态。

(5) 在 t_5 时刻,更高优先级的 Task2 抢占了 CPU 开始运行,Task1 进入就绪状态。

(6) 在 t_6 时刻,Task2 运行后进入阻塞状态,让出 CPU 使用权,Task1 从就绪状态变为运行状态。

(7) 在 t_7 时刻,Task1 进入阻塞状态,主动让出 CPU 使用权,空闲任务又进入运行状态。从图 3-3 的多任务运行过程可以看出,在低优先级任务运行时,高优先级的任务能抢占获得 CPU 的使用权。在没有其他用户任务运行时,空闲任务处于运行状态,否则空闲任务处于就绪状态。

当多个就绪状态的任务优先级相同时,它们将轮流获得 CPU 的使用权,每个任务占用 CPU 运行 1 个时间片的时间。如果就绪任务的优先级与空闲任务的优先级都相同,参数 configIDLE_SHOULD_YIELD 就会影响任务调度的结果。

(1) 如果 configIDLE_SHOULD_YIELD 设置为 0,表示空闲任务不会主动让出 CPU 的使用权,空闲任务与其他优先级为 0 的就绪任务轮流使用 CPU。

(2) 如果 configIDLE_SHOULD_YIELD 设置为 1,表示空闲任务会主动让出 CPU 的使用权,空闲任务不会占用 CPU。

参数 configIDLE_SHOULD_YIELD 的默认值为 1。设计用户任务时,用户任务的优先级一般要高于空闲任务。

3.3　任务管理的应用场合

在 FreeRTOS 中,任务管理是操作系统核心功能之一,其应用场景十分广泛,可以用来处理并发操作、时间关键的任务和异步事件等。以下是一些典型的任务管理应用场合。

(1) 并发处理:在需要并行执行多个任务的场景下,例如处理多种传感器数据、同时进行通信和数据处理等,任务管理可以有效将这些任务分配到不同的任务中,由 FreeRTOS 负责调度。

(2) 时间控制:在需要时间精度和及时响应的系统,如机器人控制、工业自动化、医疗设备等,任务管理可以确保高优先级的任务及时执行,响应外部事件。

(3) 界面更新:在图形或文本用户界面中,不同的 UI 组件可以独立运行各自的任务,进行数据刷新、用户输入处理等,确保界面的流畅性和响应速度。

(4) 通信及协议栈实现:在网络通信、无线通信等场景中,各种协议栈(如 TCP/IP、Bluetooth 等)通常会运行在独立的任务中,处理数据包的接收和发送、连接维护等功能。

(5) 线程数据处理:在高性能需求的场景,如音视频处理、图像识别、数据采集等,不同的数据处理步骤可以拆分到不同的任务中,利用多核处理器的能力进行并行处理,提高系统性能。

(6) 异步事件处理:在需要处理异步事件的场景下,如中断服务程序(ISR)触发的事件,可以将复杂的处理逻辑移至任务中执行,使 ISR 保持轻量级,提高系统响应效率。

(7) 系统资源管理:在系统资源(如内存、外设、文件系统等)管理中,不同资源的管理任务可以独立运行,按需调度,避免资源竞争。

(8) 故障隔离与恢复:在高可靠性要求的系统中,不同的任务可以独立运行,使得单个任务的崩溃不会影响整个系统的运行,同时通过看门狗任务进行监控,发生故障时能快速恢复。

FreeRTOS 提供了一系列 API 用于任务管理,包括任务创建、删除、调度、优先级设置、延时等。

以下是一个简单的任务管理示例。

```
# include "FreeRTOS. h"
# include "task. h"
# include < stdio. h >

// 任务 1 函数
void vTask1(void * pvParameters) {
    for (;;) {
        printf("Task 1 is running\n");
        vTaskDelay(pdMS_TO_TICKS(1000));        // 延时 1s
    }
}
```

```c
// 任务 2 函数
void vTask2(void * pvParameters) {
    for (;;) {
        printf("Task 2 is running\n");
        vTaskDelay(pdMS_TO_TICKS(2000));          // 延时 2s
    }
}

// 主函数
int main(void) {
    // 创建任务 1
    xTaskCreate(vTask1, "Task1", configMINIMAL_STACK_SIZE, NULL, 1, NULL);

    // 创建任务 2
    xTaskCreate(vTask2, "Task2", configMINIMAL_STACK_SIZE, NULL, 1, NULL);

    // 启动调度器
    vTaskStartScheduler();

    // 如果 vTaskStartScheduler()调用失败,将执行此段代码
    for (;;) {
    }

    return 0;
}
```

在这个示例中,两个任务分别以不同的时间间隔打印消息并延时运行。这展示了 FreeRTOS 如何通过任务管理来实现并发操作。通过合理地划分任务和设定优先级,可以根据具体需求定制嵌入式系统的行为和性能。

3.4 任务管理相关函数

在 FreeRTOS 中,任务的管理主要包括任务的创建、删除、挂起、恢复等操作,还包括任务调度器的启动、挂起与恢复,以及使任务进入阻塞状态的延迟函数等。

FreeRTOS 中任务管理相关的函数都在文件 task.h 中定义,在文件 tasks.c 中实现。在 CMSIS-RTOS 中还有一些函数,对 FreeRTOS 的函数进行了封装,也就是调用相应的 FreeRTOS 函数实现相同的功能,这些标准接口函数的定义在文件 cmsis_os.h 和 cmsis_os2.h 中。CubeMX 生成的代码一般使用 CMSIS-RTOS 标准接口函数,在用户自己编写的程序中,一般直接使用 FreeRTOS 的函数。

任务管理常用的一些函数及其功能描述如表 3-2 所示。这里只列出了函数名,省略了输入/输出参数。如需了解每个函数的参数定义和功能说明,可以查看其源代码,或参考 FreeRTOS 官网的在线文档,或查阅 FreeRTOS 参考手册文档 The FreeRTOS Reference Manual。

表 3-2　任务管理常用的一些函数及其功能描述

分　　组	FreeRTOS 函数	函 数 功 能
任务管理	xTaskCreate	创建一个任务,动态分配内存
	xTaskCreateStatic	创建一个任务,静态分配内存
	vTaskDelete	删除当前任务或另一个任务
	vTaskSuspend	挂起当前任务或另一个任务
	vTaskResume	恢复另一个挂起任务的运行
	xTaskResumeFromISR	在中断服务程序中,用于恢复被挂起的任务
调度器管理	vTaskStartScheduler	开启任务调度器
	vTaskSuspendAll	挂起调度器,但不禁止中断。调度器被挂起后不会再进行上下文切换
	vTaskResumeAll	恢复调度器的执行,但是不会解除用函数 vTaskSuspend 单独挂起的任务的挂起状态
	vTaskStepTick	用于在 tickless 低功耗模式时补足系统时钟计数节拍
延时与调度	vTaskDelay	当前任务延时指定节拍数,并进入阻塞状态
	vTaskDelayUntil	当前任务延时到指定的时间,并进入阻塞状态,用于精确延时的周期性任务
	xTaskGetTickCount	返回基础时钟定时器的当前计数值
	xTaskAbortDelay	终止另一个任务的延时,使其立刻退出阻塞状态
	taskYIELD	请求进行一次上下文切换,用于合作式任务调度

1. 任务挂起函数

(1) void vTaskSuspend(TaskHandle_t xTaskToSuspend)。

void vTaskSuspend(TaskHandle_t xTaskToSuspend)挂起指定任务。被挂起的任务绝不会得到 CPU 的使用权,不管该任务具有什么优先级。

任务可以通过调用 void vTaskSuspend(TaskHandle_t xTaskToSuspend)函数将处于任何状态的任务挂起,被挂起的任务得不到 CPU 的使用权,也不会参与调度,它相对于调度器而言是不可见的,除非它从挂起态中解除。

vTaskSuspend 是 FreeRTOS 提供的一个函数,用于挂起(暂停)一个指定的任务。当一个任务被挂起后,除非再次调用 vTaskResume 将其恢复,否则该任务不会被调度运行。这个函数对于需要控制任务的执行顺序或者临时暂停低优先级任务的情况非常有用。

① 函数原型。

```
void vTaskSuspend(TaskHandle_t xTaskToSuspend);
```

参数 xTaskToSuspend:要挂起的任务的句柄。如果传递 NULL 给这个参数,则挂起调用该函数的任务自身。

② 应用实例。

下面是一个简单的应用实例,演示如何使用 vTaskSuspend 函数来挂起任务。

假设有两个任务:Task A 和 Task B。在这个示例中,Task A 将在启动后的 5s 内挂起 Task B,然后 5s 后恢复 Task B。

```c
# include "FreeRTOS.h"
# include "task.h"
# include <stdio.h>
// 任务句柄
TaskHandle_t xTaskBHandle = NULL;

void vTaskA(void * pvParameters) {
    // 延迟 5s
    vTaskDelay(pdMS_TO_TICKS(5000));
    printf("Suspending Task B\n");
    // 挂起 Task B
    vTaskSuspend(xTaskBHandle);

    // 延迟 5s
    vTaskDelay(pdMS_TO_TICKS(5000));
    printf("Resuming Task B\n");
    // 恢复 Task B
    vTaskResume(xTaskBHandle);

    // 删除任务自身
    vTaskDelete(NULL);
}

void vTaskB(void * pvParameters) {
    while (1) {
        printf("Task B is running\n");
        // 每秒打印一次
        vTaskDelay(pdMS_TO_TICKS(1000));
    }
}

int main() {
    // 创建 Task A
    xTaskCreate(vTaskA, "Task A", configMINIMAL_STACK_SIZE, NULL, 2, NULL);

    // 创建 Task B 并保存其句柄，以便后续用于挂起和恢复
    xTaskCreate(vTaskB, "Task B", configMINIMAL_STACK_SIZE, NULL, 1, &xTaskBHandle);

    // 启动调度器
    vTaskStartScheduler();

    // 如果系统一切正常，调度器将不再返回此处
    for (;;);
    return 0;
}
```

③ 函数解释。

任务句柄：定义了一个 xTaskBHandle 用于保存 Task B 的句柄。

Task A：

首先，延迟 5s，以让 Task B 有足够时间运行。

然后，打印出 Suspending Task B 并调用 vTaskSuspend(xTaskBHandle)挂起 Task B。

再次延迟 5s，并调用 vTaskResume(xTaskBHandle)恢复 Task B。

最后，Task A 删除自己。

Task B：

使用一个无限循环，每秒钟打印一次 Task B is running。

在这个实例中，Task A 会在启动后的 5s 内挂起 Task B，然后在接下来的 5s 后恢复 Task B。这个简单的示例展示了如何使用 vTaskSuspend 和 vTaskResume 来控制任务的执行。

（2）vTaskSuspendAll。

这个函数就是比较有意思的，将所有的任务都挂起，其实源码很简单，也很有意思，不管三七二十一将调度器锁定，并且这个函数是可以进行嵌套的，即挂起所有任务就是挂起任务调度器。调度器被挂起后则不能进行上下文切换，但是中断还是使能的。当调度器被挂起的时候，如果有中断需要进行上下文切换，那么这个任务将会被挂起，在调度器恢复之后才执行切换任务。调度器恢复可调用 xTaskResumeAll 函数，调用了多少次的 vTaskSuspendAll 就要调用多少次 xTaskResumeAll 进行恢复。

vTaskSuspendAll()源码如下：

```
void vTaskSuspendAll(void)
 {
    ++uxSchedulerSuspended; (1)
 }
```

2．任务恢复函数

（1）void vTaskResume(TaskHandle_t xTaskToResume)。

既然有任务的挂起，那么当然一样有恢复，不然任务无法恢复。任务恢复就是让挂起的任务重新进入就绪状态，恢复的任务会保留挂起前的状态信息，在恢复的时候根据挂起时的状态继续运行。如果被恢复任务在所有就绪态任务中，处于最高优先级列表的第一位，那么系统将进行任务上下文的切换。

vTaskResume 是 FreeRTOS 提供的一个函数，用于恢复一个被挂起的任务。被挂起的任务在调用 vTaskResume 之前不会被调度运行。恢复后，该任务将继续执行。

① 函数原型。

```
void vTaskResume(TaskHandle_t xTaskToResume);
```

参数 xTaskToResume：要恢复的任务的句柄。

② 应用实例。

下面是一个简单的应用实例，演示如何使用 vTaskResume 函数来恢复任务。

假设有两个任务：Task A 和 Task B。在这个示例中，Task A 将在启动后的 5s 内挂起 Task B，然后 5s 后恢复 Task B。

```c
# include "FreeRTOS.h"
# include "task.h"
# include < stdio.h >
// 任务句柄
TaskHandle_t xTaskBHandle = NULL;

void vTaskA(void * pvParameters) {
    // 延迟 5s
    vTaskDelay(pdMS_TO_TICKS(5000));
    printf("Suspending Task B\n");
    // 挂起 Task B
    vTaskSuspend(xTaskBHandle);

    // 延迟 5s
    vTaskDelay(pdMS_TO_TICKS(5000));
    printf("Resuming Task B\n");
    // 恢复 Task B
    vTaskResume(xTaskBHandle);

    // 删除任务自身
    vTaskDelete(NULL);
}

void vTaskB(void * pvParameters) {
    while (1) {
        printf("Task B is running\n");
        // 每秒打印一次
        vTaskDelay(pdMS_TO_TICKS(1000));
    }
}

int main() {
    // 创建 Task A
    xTaskCreate(vTaskA, "Task A", configMINIMAL_STACK_SIZE, NULL, 2, NULL);

    // 创建 Task B 并保存其句柄,以便后续用于挂起和恢复
    xTaskCreate(vTaskB, "Task B", configMINIMAL_STACK_SIZE, NULL, 1, &xTaskBHandle);

    // 启动调度器
    vTaskStartScheduler();

    // 如果系统一切正常,调度器将不再返回此处
    for (;;);
    return 0;
}
```

③ 函数解释。

任务句柄：定义了一个 xTaskBHandle 用于保存 Task B 的句柄。

Task A：

首先，延迟 5s，以让任务 B 有足够时间运行。

然后，打印出 Suspending Task B 并调用 vTaskSuspend(xTaskBHandle) 挂起 Task B。

再次延迟 5s，并打印 Resuming Task B。

最后，调用 vTaskResume(xTaskBHandle) 恢复 Task B。

Task A 运行结束后删除自身。

Task B：

使用一个无限循环，每秒钟打印一次 Task B is running。

在这个示例中，Task A 会在启动后的 5s 内挂起 Task B，然后在接下来的 5s 后恢复 Task B。Task B 会在其未被挂起时每秒钟打印一次信息。本示例通过 vTaskSuspend 和 vTaskResume 清晰地控制了任务的执行和挂起，展示了这两个函数的实际用法。

（2）xTaskResumeFromISR(TaskHandle_t xTaskToResume)。

xTaskResumeFromISR(TaskHandle_t xTaskToResume) 与 void vTaskResume(TaskHandle_t xTaskToResume) 一样都是用于恢复被挂起的任务，不一样的是 xTaskResumeFromISR(TaskHandle_t xTaskToResume) 专门用在中断服务程序中。无论通过调用几次 TaskSuspend 函数挂起任务，都只需调用一次 xTaskResumeFromISR(TaskHandle_t xTaskToResume) 函数即可解挂。要想使用该函数，必须在 FreeRTOSConfig.h 中把 INCLUDE_vTaskSuspend 和 INCLUDE_vTaskResumeFromISR 都定义为 1 才有效。任务还没有处于挂起态的时候，调用 xTaskResumeFromISR 函数是没有任何意义的。

xTaskResumeFromISR 是 FreeRTOS 提供的一个函数，用于从中断服务程序（ISR）中恢复一个被挂起的任务。与 vTaskResume 不同的是，它专门用于在中断上下文中调用。

① 函数原型。

```
BaseType_t xTaskResumeFromISR(TaskHandle_t xTaskToResume);
```

参数 xTaskToResume：要恢复的任务的句柄。

返回值：如果任务被成功恢复并且此恢复操作导致需要进行上下文切换，则返回 pdTRUE，否则返回 pdFALSE。

② 应用实例。

下面是一个简单的应用实例，演示如何使用 xTaskResumeFromISR 函数来从中断中恢复任务。

假设有两个任务：Task A 和 Task B。Task B 将在系统启动后立即被挂起，并在一个模拟的定时器中断中恢复。

```
# include "FreeRTOS.h"
# include "task.h"
# include "timers.h"
# include <stdio.h>
```

```c
// 任务句柄
TaskHandle_t xTaskBHandle = NULL;

// 模拟的定时器中断服务程序
void vTimerCallback(TimerHandle_t xTimer) {
    BaseType_t xHigherPriorityTaskWoken = pdFALSE;

    printf("Interrupt: Resuming Task B from ISR\n");
    // 从 ISR 中恢复 Task B
    xTaskResumeFromISR(xTaskBHandle, &xHigherPriorityTaskWoken);

    // 如果需要进行上下文切换,执行 portYIELD_FROM_ISR 宏
    portYIELD_FROM_ISR(xHigherPriorityTaskWoken);
}

void vTaskA(void * pvParameters) {
    printf("Task A starting\n");

    // 挂起 Task B
    printf("Suspending Task B\n");
    vTaskSuspend(xTaskBHandle);

    // 创建并启动一个模拟的定时器,2s 后触发中断
    TimerHandle_t xTimer = xTimerCreate(
        "Timer",
        pdMS_TO_TICKS(2000),
        pdFALSE,
        (void * )0,
        vTimerCallback
    );

    if (xTimer != NULL) {
        xTimerStart(xTimer, 0);
    }

    // 删除任务自身
    vTaskDelete(NULL);
}

void vTaskB(void * pvParameters) {
    while (1) {
        printf("Task B is running\n");
        // 每秒打印一次
        vTaskDelay(pdMS_TO_TICKS(1000));
    }
}

int main() {
    // 创建 Task A
    xTaskCreate(vTaskA, "Task A", configMINIMAL_STACK_SIZE, NULL, 2, NULL);
```

```
// 创建 Task B 并保存其句柄,以便后续用于挂起和恢复
xTaskCreate(vTaskB, "Task B", configMINIMAL_STACK_SIZE, NULL, 1, &xTaskBHandle);

// 启动调度器
vTaskStartScheduler();

// 如果系统一切正常,调度器将不再返回此处
for (;;);
return 0;
}
```

③ 函数解释。

任务句柄：定义了一个 xTaskBHandle 用于保存 Task B 的句柄。

Task A：

首先打印 Task A starting 以表明任务开始运行。

然后打印 Suspending Task B 并调用 vTaskSuspend(xTaskBHandle)挂起 Task B。

创建并启动一个一次性的定时器,设定为 2s 后触发其回调函数 vTimerCallback。

Task A 运行结束后删除自身。

Task B：

使用一个无限循环,每秒钟打印一次 Task B is running。

定时器中断服务程序 vTimerCallback：

打印 Interrupt：Resuming Task B from ISR 以表明进入中断。

调用 xTaskResumeFromISR 恢复 Task B,并检查 xHigherPriorityTaskWoken 是否需要进行上下文切换。如果需要,则调用 portYIELD_FROM_ISR 宏进行上下文切换。

在这个实例中,Task A 会启动定时器并立即被删除。Task B 被创建后立即被挂起,然后在 2s 后的定时器中断中从 ISR 中恢复并继续运行。通过这个示例,可以清晰地看到如何在中断中使用 xTaskResumeFromISR。

（3）xTaskResumeAll。

前面讲解过 vTaskSuspendAll 函数,当调用 vTaskSuspendAll 函数将调度器挂起时,若要恢复调度器就需要调用 xTaskResumeAll 函数。

3. void vTaskDelete(TaskHandle_t xTaskToDelete)

void vTaskDelete(TaskHandle_t xTaskToDelete)用于删除一个任务。当一个任务删除另外一个任务时,形参为要删除任务创建时返回的任务句柄,如果是删除自身,则形参为 NULL。要想使用该函数必须在 reeRTOSConfig. h 中把 INCLUDE_vTaskDelete 定义为 1。

vTaskDelete 是 FreeRTOS 提供的一个函数,用于删除一个任务。删除任务后,任务的堆栈和控制块会被回收,系统资源得到释放。这个函数可以用于从任务内部删除自身,也可以用于删除其他任务。

① 函数原型。

```
void vTaskDelete(TaskHandle_t xTaskToDelete);
```

参数 TaskToDelete：要删除的任务的句柄。如果传递 NULL 给这个参数，则删除调用此函数的任务自身。

② 应用实例。

下面是一个简单的应用实例，演示如何使用 vTaskDelete 函数来删除任务。

假设有两个任务：Task A 和 Task B。Task A 启动后运行一定时间然后删除自己，同时启动 Task B，并在 Task B 中删除 Task A。

```c
#include "FreeRTOS.h"
#include "task.h"
#include <stdio.h>

// 任务句柄
TaskHandle_t xTaskAHandle = NULL;

void vTaskA(void * pvParameters) {
    while(1) {
        printf("Task A is running\n");
        // 模拟运行一段时间
        vTaskDelay(pdMS_TO_TICKS(1000));

        // Task A 决定删除自己
        printf("Task A is deleting itself\n");
        vTaskDelete(NULL);
    }
}

void vTaskB(void * pvParameters) {
    printf("Task B is running and will delete Task A\n");

    // 删除 Task A
    if (xTaskAHandle != NULL) {
        vTaskDelete(xTaskAHandle);
        printf("Task A has been deleted by Task B\n");
    }

    // Task B 自身循环打印
    while (1) {
        printf("Task B is running\n");
        vTaskDelay(pdMS_TO_TICKS(2000));
    }
}

int main() {
    // 创建 Task A,并保存其句柄以便后续用于删除
    xTaskCreate(vTaskA, "Task A", configMINIMAL_STACK_SIZE, NULL, 2, &xTaskAHandle);

    // 创建 Task B
    xTaskCreate(vTaskB, "Task B", configMINIMAL_STACK_SIZE, NULL, 1, NULL);
```

```
    // 启动调度器
    vTaskStartScheduler();

    // 如果系统一切正常,则调度器将不再返回此处
    for (;;);
    return 0;
}
```

③ 函数解释。

任务句柄:定义了一个 xTaskAHandle 用于保存 Task A 的句柄。

Task A:

持续打印 Task A is running 来模拟执行任务操作,并延迟 1s。

最后,打印 Task A is deleting itself 并调用 vTaskDelete(NULL)删除自身。

Taak B:

开始时打印 Task B is running and will delete Task A。

检查 xTaskAHandle 是否非空,如果是,则调用 vTaskDelete(xTaskAHandle)删除 Task A,并打印 Task A has been deleted by Task B。

进入一个无限循环,每 2s 打印一次 Task B is running。

主函数:

创建 Task A,并保存其句柄 xTaskAHandle。

创建 Task B。

启动调度器 vTaskStartScheduler。

在这个实例中,Task A 会在运行一段时间后删除自身。另外,Task B 会在启动时删除 Task A,并在自身内部进入一个无限循环继续运行。这展示了如何使用 vTaskDelete 函数来删除任务,不论是从任务内部还是从其他任务中删除。

4. 任务延时函数

(1) void vTaskDelay(const TickType_t xTicksToDelay)。

void vTaskDelay(const TickType_t xTicksToDelay)在任务中用得非常之多,每个任务都必须是死循环,并且是必须要有阻塞的情况,否则低优先级的任务就无法被运行了。要想使用 FreeRTOS 中的 vTaskDelay 函数必须在 FreeRTOSConfig.h 中把 INCLUDE_vTaskDelay 定义为 1 来使能。

vTaskDelay 用于阻塞延时,调用该函数后,任务将进入阻塞状态,进入阻塞态的任务将让出 CPU 资源。延时的时长由形参 xTicksToDelay 决定,单位为系统节拍周期,比如系统的时钟节拍周期为 1ms,那么调用 vTaskDelay(1)的延时时间则为 1ms。

vTaskDelay 延时是相对性的延时,它指定的延时时间是从调用 vTaskDelay 结束后开始计算的,经过指定的时间后延时结束。比如 vTaskDelay(100),从调用 vTaskDelay 结束后,任务进入阻塞状态,经过 100 个系统时钟节拍周期后,任务解除阻塞。因此,TaskDelay 并不适用于周期性执行任务的场合。此外,其他任务和中断活动,也会影响 vTaskDelay 的调用(比如调用前高优先级任务抢占了当前任务),进而影响到任务的下一次执行的时间。

（2）vTaskDelayUntil。

在 FreeRTOS 中，除了相对延时函数，还有绝对延时函数"void vTaskDelayUntil（TickType_t * const pxPreviousWakeTime, const TickType_t xTimeIncrement)；"，这个绝对延时常用于较精确的周期运行任务。比如，有一个任务，希望它以固定频率定期执行，而不受外部的影响，任务从上一次运行开始到下一次运行开始的时间间隔是绝对的，而不是相对的。

3.5　FreeRTOS 任务的设计要点

一个优秀的嵌入式开发人员必须对自己设计的系统有非常深入的理解，包括任务的优先级、中断处理、任务的运行时间、行为和状态等。以下是设计嵌入式系统时需要考虑的重要因素。

在 FreeRTOS 中，程序运行的上下文包括：中断服务函数、普通任务、空闲任务。

1. 中断服务函数

中断服务函数在嵌入式系统中是一种特殊的上下文环境。它运行在非任务执行环境下，通常是芯片的特殊运行模式（特权模式）。在中断服务函数中，有几点需要特别注意。

（1）不能挂起任务：不允许调用任何会阻塞的 API 函数。

（2）保持简洁：中断服务函数应该尽可能简短，一般只用于标记事件并通知任务处理，因为中断的优先级高于所有任务，如果中断处理时间过长，会阻碍系统中其他任务的执行。

（3）考虑中断频率和处理时间：设计时必须考虑中断的频率和处理时间，以确保整个系统的任务能正常运行。

2. 普通任务

普通任务的执行没有太多限制，似乎可以执行所有操作。但是，在实时系统中，有几个关键点需要注意。

（1）避免死循环：如果一个任务出现了没有阻塞机制的死循环，低优先级的任务包括空闲任务都不能运行。这是因为处于死循环的任务不会主动让出 CPU。

（2）设计阻塞机制：任务在不活跃时应进入阻塞态，以让出 CPU 使用权，确保低优先级任务能正常运行。紧急事件处理任务的优先级通常设置较高。

3. 空闲任务

空闲任务是 FreeRTOS 系统在没有其他工作时自动进入的任务。处理器始终需要执行代码，因此至少需要一个任务处于运行态。FreeRTOS 会在调用 vTaskStartScheduler 时自动创建一个空闲任务，空闲任务具有以下特点。

（1）额外功能：用户可以通过空闲任务的钩子函数在系统空闲时执行额外的功能，如系统状态指示或省电模式。

（2）资源回收：FreeRTOS 用空闲任务来执行系统资源回收，如删除任务的内存释放。

（3）永不阻塞：空闲任务不能被阻塞，确保系统始终有任务可运行。空闲钩子函数应满足不挂起空闲任务且不陷入死循环。

4. 任务的执行时间

任务的执行时间包括两方面：

(1) 任务运行时间：任务从开始到结束所需的时间。

(2) 任务周期：任务的运行周期。

在设计系统时需同时考虑这两方面：

(1) 对于事件 A 的服务任务 Ta，系统要求的实时响应时间是 10ms，而 Ta 的最大运行时间是 1ms。这样，10ms 是任务 Ta 的周期，1ms 是其运行时间。

(2) 假设系统中还有一个每 50ms 运行一次的任务 Tb，每次运行的最大时间是 $100\mu s$，即使 Tb 的优先级高于 Ta，也不会影响系统的实时性，因为它不会占用太多时间。

(3) 如果系统中还有一个任务 Tc，运行时间为 20ms，且优先级高于 Ta，那么 Tc 可能会导致 Ta 无法在 10ms 内完成对事件 A 的响应，这是不允许的。

在设计嵌入式系统时，应将处理时间更短的任务设置为更高优先级，合理安排任务的上下文环境和执行时间，以确保系统高效和稳定地运行。

3.6　FreeRTOS 任务管理应用实例

任务管理实验是将任务常用的函数进行一次实验，在野火 STM32 开发板上进行该试验，创建两个任务，一个是 LED 任务，另一个是按键任务，LED 任务显示任务运行的状态，而按键任务通过检测按键的按下与否来进行对 LED 任务的挂起与恢复。

1. 任务管理源代码

任务管理源代码如下：

```
/******************************************************************
 * @file      main.c
 *
 * @brief     FreeRTOS V9.0.0 + STM32 任务管理
 * 实验平台:野火 STM32F407 霸天虎开发板
 ******************************************************************/
/******************************************************************
 *                        包含的头文件
 ******************************************************************/
/* FreeRTOS 头文件 */
# include "FreeRTOS.h"
# include "task.h"
/* 开发板硬件 BSP 头文件 */
# include "bsp_led.h"
# include "bsp_debug_usart.h"
# include "bsp_key.h"
/*********************** 任务句柄 ***********************/
/*
```

```
 *   任务句柄是一个指针,用于指向一个任务,当任务创建好之后,它就具有了一个任务句柄
 *   以后要想操作这个任务都需要通过这个任务句柄,如果是自身的任务操作自己,那么
 *   这个句柄可以为 NULL
 */
static TaskHandle_t AppTaskCreate_Handle = NULL;          /* 创建任务句柄 */
static TaskHandle_t LED_Task_Handle = NULL;              /* LED 任务句柄 */
static TaskHandle_t KEY_Task_Handle = NULL;              /* KEY 任务句柄 */


/******************************* 内核对象句柄 *****************************/
/*
 *   信号量,消息队列,事件标志组,软件定时器这些都属于内核的对象,要想使用这些内核
 *   对象,必须先创建,创建成功之后会返回一个相应的句柄。实际上就是一个指针,后续
 *   就可以通过这个句柄操作这些内核对象
 *
 *   内核对象就是一种全局的数据结构,通过这些数据结构可以实现任务间的通信,
 *   任务间的事件同步等各种功能。这些功能的实现是通过调用这些内核对象的函数
 *   来完成的
 *
 */
/*************************** 全局变量声明 ******************************/
/*
 *   当在写应用程序的时候,可能需要用到一些全局变量
 */


/*********************************************************************
 *                              函数声明
 *********************************************************************/
static void AppTaskCreate(void);                    /* 用于创建任务 */

static void LED_Task(void* pvParameters);          /* LED_Task 任务实现 */
static void KEY_Task(void* pvParameters);          /* KEY_Task 任务实现 */

static void BSP_Init(void);                          /* 用于初始化板载相关资源 */


/*********************************************************
 *   @brief 主函数
 *   @param 无
 *   @retval 无
 *   @note   第一步:开发板硬件初始化
 *           第二步:创建 App 应用任务
 *           第三步:启动 FreeRTOS,开始多任务调度
 *********************************************************/
int main(void)
{
  BaseType_t xReturn = pdPASS;       /* 定义一个创建信息返回值,默认为 pdPASS */

  /* 开发板硬件初始化 */
  BSP_Init();
```

```
    printf("这是一个 FreeRTOS 任务管理实例!\n\n");
    printf("按下 KEY1 挂起任务,按下 KEY2 恢复任务\n");

    /* 创建 AppTaskCreate 任务 */
    xReturn = xTaskCreate((TaskFunction_t)AppTaskCreate,         /* 任务入口函数 */
                          (const char *   )"AppTaskCreate",      /* 任务名字 */
                          (uint16_t       )512,                  /* 任务栈大小 */
                          (void *         )NULL,                 /* 任务入口函数参数 */
                          (UBaseType_t    )1,                    /* 任务的优先级 */
                          (TaskHandle_t * )&AppTaskCreate_Handle); /* 任务控制块指针 */
    /* 启动任务调度 */
    if(pdPASS == xReturn)
      vTaskStartScheduler();           /* 启动任务,开启调度 */
    else
      return -1;

    while(1);                          /* 正常不会执行到这里 */
}


/*********************************************************************
  * @ 函数名   : AppTaskCreate
  * @ 功能说明:为了方便管理,所有的任务创建函数都放在这个函数里面
  * @ 参数     : 无
  * @ 返回值   : 无
  ********************************************************************/
static void AppTaskCreate(void)
{
    BaseType_t xReturn = pdPASS;       /* 定义一个创建信息返回值,默认为 pdPASS */

    taskENTER_CRITICAL();              //进入临界区

    /* 创建 LED_Task 任务 */
    xReturn = xTaskCreate((TaskFunction_t)LED_Task,              /* 任务入口函数 */
                          (const char *   )"LED_Task",           /* 任务名字 */
                          (uint16_t       )512,                  /* 任务栈大小 */
                          (void *         )NULL,                 /* 任务入口函数参数 */
                          (UBaseType_t    )2,                    /* 任务的优先级 */
                          (TaskHandle_t * )&LED_Task_Handle);    /* 任务控制块指针 */
    if(pdPASS == xReturn)
      printf("创建 LED_Task 任务成功!\r\n");
    /* 创建 KEY_Task 任务 */
    xReturn = xTaskCreate((TaskFunction_t)KEY_Task,              /* 任务入口函数 */
                          (const char *   )"KEY_Task",           /* 任务名字 */
                          (uint16_t       )512,                  /* 任务栈大小 */
                          (void *         )NULL,                 /* 任务入口函数参数 */
                          (UBaseType_t    )3,                    /* 任务的优先级 */
                          (TaskHandle_t * )&KEY_Task_Handle);    /* 任务控制块指针 */
    if(pdPASS == xReturn)
```

```
        printf("创建 KEY_Task 任务成功!\r\n");

    vTaskDelete(AppTaskCreate_Handle);          //删除 AppTaskCreate 任务

    taskEXIT_CRITICAL();                         //退出临界区
}




/***************************************************************************
 * @ 函数名   : LED_Task
 * @ 功能说明 : LED_Task 任务主体
 * @ 参数     : 无
 * @ 返回值   : 无
 ***************************************************************************/
static void LED_Task(void* parameter)
{
    while (1)
    {
        LED1_ON;
        printf("LED_Task Running,LED1_ON\r\n");
        vTaskDelay(500);                        /* 延时 500 个 tick */

        LED1_OFF;
        printf("LED_Task Running,LED1_OFF\r\n");
        vTaskDelay(500);                        /* 延时 500 个 tick */
    }
}


/***************************************************************************
 * @ 函数名   : LED_Task
 * @ 功能说明 : LED_Task 任务主体
 * @ 参数     : 无
 * @ 返回值   : 无
 ***************************************************************************/
static void KEY_Task(void* parameter)
{
    while (1)
    {
        if(Key_Scan(KEY1_GPIO_PORT,KEY1_PIN) == KEY_ON)
        {/* K1 被按下 */
            printf("挂起 LED 任务!\n");
            vTaskSuspend(LED_Task_Handle);      /* 挂起 LED 任务 */
            printf("挂起 LED 任务成功!\n");
        }
        if(Key_Scan(KEY2_GPIO_PORT,KEY2_PIN) == KEY_ON)
        {/* K2 被按下 */
            printf("恢复 LED 任务!\n");
```

```
        vTaskResume(LED_Task_Handle);         /* 恢复 LED 任务! */
        printf("恢复 LED 任务成功!\n");
    }
    vTaskDelay(20);                           /* 延时 20 个 tick */
  }
}


/***********************************************************************
 * @ 函数名   : BSP_Init
 * @ 功能说明 : 板级外设初始化,所有板子上的初始化均可放在这个函数里面
 * @ 参数     : 无
 * @ 返回值   : 无
 **********************************************************************/
static void BSP_Init(void)
{
/*
 * STM32 中断优先级分组为 4,即 4bit 都用来表示抢占优先级,范围为:0~15
 * 优先级分组只需要分组一次即可,以后如果有其他的任务需要用到中断,
 * 都统一用这个优先级分组,千万不要再分组
 */
NVIC_PriorityGroupConfig(NVIC_PriorityGroup_4);

  /* LED 初始化 */
  LED_GPIO_Config();

  /* 串口初始化 */
  Debug_USART_Config();

  /* 按键初始化 */
  Key_GPIO_Config();
}
/*************************** END OF FILE ***************************/
```

以上的代码实现了在 STM32 开发板上使用 FreeRTOS 进行简单的任务管理。FreeRTOS 是一个实时操作系统内核,能够调度多个任务并且支持任务间通信。

(1) 头文件和任务句柄声明。

代码包含 FreeRTOS 和板级支持包(Board Support Package,BSP)相关的头文件。任务句柄用于区分和控制不同任务。

(2) 任务创建和管理。

ppTaskCreate_Handle 用于创建任务。

LED_Task_Handle 和 KEY_Task_Handle 分别用于控制 LED 和按键任务。

(3) 任务实现。

AppTaskCreate 函数负责统一创建其他所有任务,并在创建成功后删除自身,以节约资源。

LED_Task:控制板载 LED 的开关,LED 每隔 500 个 tick 闪烁一次。

　　KEY_Task：通过扫描按键来挂起或恢复 LED 任务。按下 KEY1 挂起 LED 任务，按下 KEY2 恢复 LED 任务。

　　（4）系统初始化。

　　SP_Init 函数初始化所有板载硬件，包括 LED、串口和按键，同时设置中断优先级组。

　　（5）主函数。

　　硬件初始化后，创建 AppTaskCreate 任务，并启动调度器。一旦调度器启动，系统进入多任务处理阶段。

　　这段代码演示了如何在 STM32 板上应用 FreeRTOS 来管理不同任务，通过按键控制任务的挂起与恢复，从而实现简单的任务间同步操作。

2. 任务管理实例下载与运行结果

　　将程序编译好，用 USB 线连接计算机和 STM32 开发板的 USB 接口（对应丝印为 USB 转串口），用 DAP 仿真器把配套程序下载到野火 STM32 开发板（这里为野火霸天虎 STM32F407 开发板），任务管理程序下载界面如图 3-4 所示。

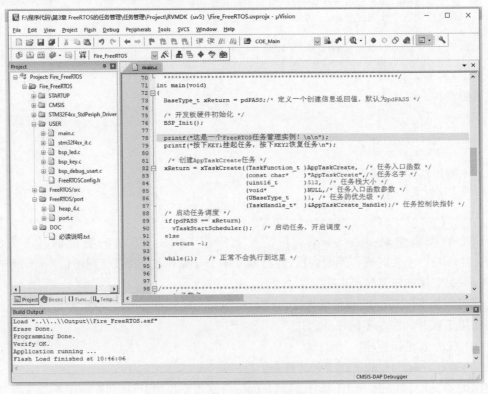

图 3-4　任务管理程序下载界面

　　在计算机上打开野火串口调试助手 FireTools，然后复位开发板就可以在调试助手中看到串口的打印信息。在 STM32 开发板可以看到，LED 在闪烁，按下开发板的 KEY1 按键挂起任务，按下 KEY2 按键恢复任务。按下 KEY1，可以看到开发板上的灯也不闪烁了，同时在串口调试助手也输出了相应的信息,说明任务已经被挂起;按下 KEY2,可以看到开发板上的灯也恢复闪烁了,同时在串口调试助手也输出了相应的信息,说明任务已经被恢复。任务管理实例运行结果如图 3-5 所示。

图 3-5　任务管理实例运行结果

第 4 章

FreeRTOS 软件定时器

本章深入探讨 FreeRTOS 中的软件定时器(software timer),全面覆盖其特性、配置以及定时器服务任务的优先级设置;详细阐述软件定时器的应用场景、精度、运作机制,以及控制块的结构与作用,为读者提供深入的理论基础。同时,本章还详细介绍创建、启动、停止软件定时器的相关函数,并通过实际应用实例,帮助读者理解如何在项目中灵活使用软件定时器。

重点内容:

(1) 软件定时器概述。

① 软件定时器的特性:清晰界定软件定时器的定义,并深入介绍其主要特性,为读者提供明确的认知框架。

② 软件定时器的相关配置:详细讲述软件定时器的配置选项,助力读者根据实际需求进行灵活配置。

③ 定时器服务任务(timer service task)的优先级:深入讲解定时器服务任务的优先级设置原则及其对整个系统的影响,帮助读者做出合理的优先级规划。

(2) 软件定时器应用场景:广泛列举并深入解释软件定时器在不同领域中的应用场景,激发读者对软件定时器应用潜力的认识。

(3) 软件定时器的精度:详细探讨软件定时器的时间精度及其受哪些因素影响,助力读者在实际应用中做出精确的定时器设计。

(4) 软件定时器的运作机制:深入介绍软件定时器内部的工作机制,帮助读者理解其运作原理,为高效使用奠定基础。

(5) 软件定时器控制块:详细阐述软件定时器控制块的结构和作用,为读者提供清晰的认知,便于在开发中灵活应用。

(6) 软件定时器的相关函数:

① 软件定时器创建函数:深入解析创建定时器的函数,提供详细的参数说明和使用示例。

② 软件定时器启动函数:详细介绍启动定时器的相关函数,帮助读者掌握定时器的启动方法。

③ 软件定时器停止函数:深入介绍停止定时器的相关函数,助力读者在需要时准确停

止定时器。

（7）FreeRTOS 软件定时器应用实例：通过具体实例展示如何在实际项目中实现和使用软件定时器，帮助读者将理论知识转换为实践能力。

4.1　软件定时器概述

在 FreeRTOS 中，软件定时器是一种在指定时间间隔后执行回调函数的机制。软件定时器能够在特定的时间点触发或反复触发，在不需要精确硬件计时器的情况下提供定时功能。软件定时器使用 FreeRTOS 的系统时钟进行计时，因此其定时精度和调度与 FreeRTOS 的整体系统时钟频率（tick rate）有关。

软件定时器的关键特性和概念介绍如下：

（1）一次性和周期性：软件定时器可以配置为一次性（one-shot）或周期性（periodic）。一次性定时器在触发后不再重复，而周期性定时器将在指定间隔内不断重复。

（2）回调函数：定时器触发时会执行一个用户定义的回调函数，这个回调函数是在软件定时器服务任务的上下文中执行的。

（3）优雅的管理：使用 FreeRTOS 管理软件定时器，简化了对时间事件（time-based events）的管理。

下面讲述软件定时器的特性、软件定时器的相关配置和定时器服务任务的优先级。

4.1.1　软件定时器的特性

软件定时器是 PreeRTOS 中的一种对象，它的功能与一般高级语言中的软件定时器的功能类似，例如 Qt C++ 中的定时器类 QTimer。FreeRTOS 中的软件定时器不直接使用任何硬件定时器或计数器，而是依赖系统中的定时器服务任务，定时器服务任务也称为守护任务（daemon task）。

软件定时器有一个定时周期，还有一个回调函数。在定时器（如无特殊说明，本节后面将软件定时器简称为定时器）开始工作后，当流逝的时间达到定时周期时，就会执行其回调函数。根据回调函数执行的频率，软件定时器分为以下两种类型。

（1）单次定时器（one-shot timer），回调函数执行一次后，定时器就停止工作。

（2）周期定时器（periodic timer），回调函数会循环执行，定时器一直工作。

定时器有休眠（dormant）和运行（running）两种状态。

（1）休眠状态。处于休眠状态的定时器不会执行其回调函数，但是可以对其进行操作，例如设置其定时周期。定时器在以下几种情况下处于休眠状态。

① 定时器创建后，就处于休眠状态。

② 单次定时器执行一次回调函数后，进入休眠状态。

③ 定时器使用函数 xTimerStop 停止后，进入休眠状态。

（2）运行状态。处于运行状态的定时器，不管是单次定时器，还是周期定时器，在流逝的时间达到定时周期时,都会执行其回调函数。定时器在以下几种情况下处于运行状态。

① 使用函数 xTimerStart 启动后,定时器进入运行状态。

② 定时器在运行状态时,被函数 xTimerReset 复位起始时间后,依然处于运行状态。

软件定时器的各种操作实际上是在系统的定时器服务任务里完成的。与空闲任务一样,定时器服务任务是 FreeRTOS 自动创建的一个任务,如果要使用软件定时器,就必须创建此任务在用户任务里执行的各种指令,例如启动定时器 xTimerStart、复位定时器 xTimerReset、停止定时器 xTimerStop 等,都是通过一个队列发送给定时器服务任务的,这个队列称为定时器指令队列(timer command queue)。定时器服务任务读取定时器指令队列里的指令,然后执行相应的操作。

用户任务、定时器指令队列、定时器服务任务之间的关系如图 4-1 所示。定时器服务任务和定时器指令队列是 FreeRTOS 自动创建的,其操作都是由内核实现的,使用定时器只需在用户任务里执行相应的函数即可。

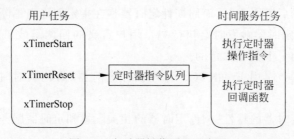

图 4-1 定时器操作原理示意图

除了执行定时器指令队列里的指令,定时器服务任务还在定时到期(expire)时执行定时器的回调函数。由于 FreeRTOS 里的延时功能就是由定时器服务任务实现的,因此在定时器的回调函数里,不能出现使系统进入阻塞状态的函数,如 vTaskDelay、vTaskDelayUntil 等。回调函数可以调用等待信号量、事件组等对象的函数,但是等待的节拍数必须设置为 0。

4.1.2 软件定时器的相关配置

在 FreeRTOS 中,使用软件定时器需要进行一些相关参数的配置。在 STM32CubeMX 中,FreeRTOS 的 Configparameters 页面中的 Software timer definitions 里有一组参数,其默认设置如图 4-2 所示。这 4 个参数的意义如下。

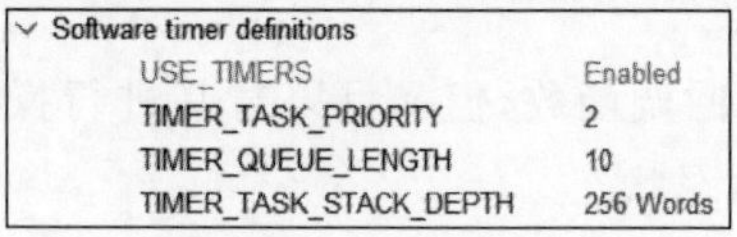

图 4-2 软件定时器默认设置

(1) USE_TIMERS,是否使用软件定时器,默认为 Enabled,且不可修改。使用软件定时器时,系统就会自动创建定时器服务任务。

(2) TIMER_TASK_PRIORITY,定时器服务任务的优先级,默认值是 2,比空闲任务的优先级高(空闲任务的优先级为 0)。设置范围是 0～55,因为总的优先级个数是 56。

(3) TIMER_QUEUE_LENGTH,定时器指令队列的长度,设置范围是 1～255。

（4）TIMER_TASK_STACK_DEPTH，定时器服务任务的栈空间大小，默认值是 256 字，设置范围是 128～32768 字。

4.1.3　定时器服务任务的优先级

定时器服务任务是 FreeRTOS 中的一个普通任务，与空闲任务一样，它也参与系统的任务调度。定时器服务任务执行定时器指令队列中的定时器操作指令或定时器的回调函数。定时器服务任务的优先级由参数 configTIMER_TASK_PRIORITY 设定，至少要高于空闲任务的优先级，默认值为 2。

使用定时器的用户任务的优先级可能高于定时器服务任务的优先级，也可能低于定时器服务任务的优先级，所以定时器服务任务执行定时器操作指令的时机是不同的。假设系统中只有一个用户任务 Task A 操作定时器，其优先级低于定时器服务任务（图 4-3 中的 Daemon Task）的优先级，那么在任务 Task A 中执行一个 xTimerStart 指令时，任务的执行时序如图 4-3 所示。

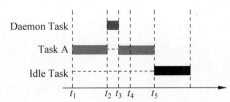

图 4-3　定时器服务任务的优先级高于用户任务 Task A 的优先级时任务的执行时序

（1）在 t_2 时刻，用户任务 Task A 调用函数 xTimerStart，实际上是向定时器指令队列写入指令，这会使定时器服务任务退出阻塞状态，因为其优先级高于用户任务 Task A，它会抢占执行，所以 Task A 进入就绪状态，定时器服务任务进入运行状态。

（2）在 t_3 时刻，定时器服务任务处理完 Task A 发送到队列中的定时器操作指令后，重新进入阻塞状态，用户任务 Task A 重新进入运行状态。

（3）在 t_4 时刻，用户任务 Task A 从调用函数 xTimerStart 中退出，继续执行 Task A 里的其他代码。

（4）在 t_5 时刻，用户任务 Task A 进入阻塞状态，空闲任务进入运行状态。

如果用户任务 Task A 的优先级高于定时器服务任务的优先级，则任务的执行时序如图 4-4 所示。

（1）在 t_2 时刻，任务 Task A 调用函数 xTimerStart，向定时器指令队列发送指令。Task A 的优先级高于定时器服务任务的优先级，所以定时器服务任务接收队列指令后，也不能抢占 CPU 进入运行状态，而只能进入就绪状态。

（2）在 t_3 时刻，任务 Task A 从函数 xTimerStart 返回，继续执行后面的代码。

（3）在 t_4 时刻，任务 Task A 处理结束，进入阻事状态，定时器服务任务进入运行状态，处理定时器指令队列里的指令。

（4）在 t_5 时刻，定时器服务任务处理完指令后进入阻塞状态，空闲任务进入运行状态。

从上述两种情况可以看到,定时器服务任务处理定时器指令队列中的指令的时机是不同的。但是,不管是哪种情况,定时器的起始时间都是从发送"启动定时器"指令到队列开始计算的,也就是从调用 xTimerStart 函数或 xTimerReset 函数的时刻开始计算,而不是从定时器服务任务执行相应指令的时刻开始计算。例如,在图 4-4 中,定时器的启动时刻是 t_2,而不是 t_4。

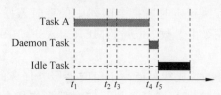

图 4-4　定时器服务任务的优先级低于用户任务 Task A 的优先级时任务的执行时序

4.2　软件定时器应用场景

在 FreeRTOS 中,软件定时器可以用于多种应用场景。这些定时器在任务的上下文中运行,允许在操作系统环境中进行复杂的定时操作,而不需要烦琐的硬件定时器配置和中断处理。以下是一些常见的应用场景。

(1) 任务调度:软件定时器可以用于定期触发某些任务。例如,可以设置一个定时器,每隔一段时间触发一次任务,用于周期性的数据处理、心跳信号发送等。

(2) 超时检测:在等待某个事件(例如通信数据、用户输入等)时,软件定时器可以用于实现超时机制。如果在规定时间内没有等到事件发生,可以触发超时处理。

(3) 资源管理:在某些情况下,资源(如文件、数据库连接等)需要在特定的时间后释放。软件定时器可以用来帮助管理这些资源,确保它们按时释放。

(4) 重试机制:在一些通信协议实现中,可能需要定期重试操作。例如,如果一次网络请求失败,可以使用定时器在一段时间后重新发起请求。

(5) 电源管理:定时器可以用于管理设备的低功耗模式。例如,在一段时间内没有操作时,触发将设备切换到低功耗模式的任务。

(6) 状态机控制:在复杂的状态机实现中,某些状态可能需要计时以限制其持续时间,软件定时器可以在状态控制中承担时间限制的作用。

(7) 动画和用户界面:在某些需要时间控制的用户界面或动画实现中,例如进度条更新、屏幕闪烁等,可以使用软件定时器来定期刷新界面元素。

FreeRTOS 软件定时器的灵活性提供了在基于事件和时间驱动系统中精细管理任务的能力,使得这些任务可以更加确定、响应性增强。

举例,实现一个 30s 超时的逻辑。

```
#define TIMER_PERIOD pdMS_TO_TICKS(30000)
// 定时器回调函数
void vTimerCallback(TimerHandle_t xTimer) {
```

```
        // 定时器超时处理逻辑
        printf("定时器超时!\n");
    }

    // 创建和启动定时器
    void createAndStartTimer() {
        TimerHandle_t xTimer;

        // 创建一个一次性定时器(不自动重载)
        xTimer = xTimerCreate("TimeoutTimer", TIMER_PERIOD, pdFALSE, 0, vTimerCallback);

        if (xTimer == NULL) {
            // 定时器创建失败处理
            printf("定时器创建失败!\n");
        } else {
            // 启动定时器
            if (xTimerStart(xTimer, 0) != pdPASS) {
                // 定时器启动失败处理
                printf("定时器启动失败!\n");
            }
        }
    }
```

通过这些应用场景和示例代码,可以看到在嵌入式系统中软件定时器的广泛用途和便利性。

4.3 软件定时器的精度

在操作系统中,通常软件定时器以系统节拍周期为计时单位。系统节拍是系统的心跳节拍,表示系统时钟的频率。系统节拍配置为 configTICK_RATE_HZ,该宏在FreeRTOSConfig.h 中有定义,默认是 1000。那么系统的时钟节拍周期就为 1ms(1s 跳动1000 下,每一下就为 1ms)。软件定时器的所定时数值必须是这个节拍周期的整数倍,例如节拍周期是 10ms,那么上层软件定时器定时数值只能是 10ms、20ms、100ms 等,而不能取值为 15ms。由于节拍定义了系统中定时器能够分辨的精确度,系统可以根据实际系统CPU 的处理能力和实时性需求设置合适的数值。系统节拍周期的值越小,精度越高,系统开销也将越大,因为这代表在 1s 中系统进入时钟中断的次数也就越多。

4.4 软件定时器的运作机制

软件定时器是 FreeRTOS 中的一种可选系统资源。创建软件定时器时,系统会分配一块内存空间。当用户创建并启动一个软件定时器时,FreeRTOS 会根据当前系统时间和用户设置的定时值确定该定时器的唤醒时间,并将该定时器控制块加入软件定时器列表中。

FreeRTOS 使用两个定时器列表来管理软件定时器:

（1）pxCurrentTimerList。

（2）pxOverflowTimerList。

在初始化时，这两个列表指针分别指向 xActiveTimerList1 和 xActiveTimerList2。以下是具体的代码清单和解释。

```
/* 定时器列表初始化 */
pxCurrentTimerList = &xActiveTimerList1;
pxOverflowTimerList = &xActiveTimerList2;
```

代码解释如下：

（1）定时器创建。

当用户创建一个软件定时器时，FreeRTOS 会为该定时器分配内存，并初始化定时器控制块。

定时器控制块包含定时器的唤醒时间、回调函数等信息。

（2）定时器启动。

当用户启动定时器时，FreeRTOS 会根据当前系统时间和用户设置的定时值计算定时器的唤醒时间。然后，FreeRTOS 将定时器控制块加入软件定时器列表中。

（3）定时器列表管理。

FreeRTOS 使用两个定时器列表来管理所有的软件定时器。

pxCurrentTimerList 指向当前活动的定时器列表。

pxOverflowTimerList 指向溢出定时器列表。当当前活动的定时器列表中的定时器到期时，FreeRTOS 会切换这两个列表的指针。

（4）定时器唤醒。

当系统时间达到某个定时器的唤醒时间时，FreeRTOS 会从定时器列表中取出该定时器，并执行其回调函数。

通过以上机制，FreeRTOS 能够高效地管理和调度软件定时器，确保定时器在预定时间唤醒并执行相应的操作。用户只需在创建和启动定时器时指定定时值和回调函数，系统会自动处理定时器的管理和唤醒。

在 FreeRTOS 中，软件定时器是一种重要的系统资源。当创建和激活一个软件定时器时，系统会以超时时间的升序将定时器插入 pxCurrentTimerList 列表中。

1. pxCurrentTimerList

添加新定时器：新创建并激活的定时器会按照其超时时间的升序插入 pxCurrentTimerList 列表中。

定时器扫描：定时器任务会不断扫描 pxCurrentTimerList 中的第一个定时器：如果第一个定时器已超时，则调用其回调函数；如果第一个定时器未超时，则将任务挂起，等待定时。

高效管理：由于定时器按超时时间排序，检查第一个定时器是否超时即可确定整个列表中是否有定时器超时。

2. pxOverflowTimerList

溢出处理：当软件定时器列表溢出时，pxOverflowTimerList 负责与 pxCurrentTimerList 一致的操作。

3. 定时器命令队列

FreeRTOS 的软件定时器还利用消息队列来进行通信，包括"定时器命令队列"，用于向软件定时器任务发送命令。

（1）命令处理：定时器任务接收到命令后会执行相应的操作，例如启动或停止定时器。

（2）唤醒任务：如果定时器任务处于阻塞状态，而需要立即添加一个新的软件定时器，就会通过消息队列命令唤醒定时器任务，然后在任务中添加新的定时器。

4. 示例说明

考虑一个具体的示例。

系统当前时间为 xTimeNow＝0（注意：xTimeNow 是一个局部变量，实际上表示全局变量 xTickCount 的值，通过 xTaskGetTickCount 获取）。

（1）初始状态：已创建并启动一个定时器 Timer1。

（2）添加新定时器 Timer2。

① 当系统时间 xTimeNow＝20 时，用户创建并启动一个定时时间为 100 的定时器 Timer2。

② Timer2 的溢出时间为 xTicksToWait＝100＋20＝120。

③ 将 Timer2 按照 xTicksToWait 的升序插入软件定时器列表中。

（3）添加新定时器 Timer3。

① 当系统时间 xTimeNow＝40 时，用户创建并启动一个定时时间为 50 的定时器 Timer3。

② Timer3 的溢出时间为 xTicksToWait＝40＋50＝90。

③ 将 Timer3 同样按 xTicksToWait 的升序插入软件定时器列表中。

FreeRTOS 软件定时器通过升序排序列表和消息队列机制，确保定时器能按时唤醒并执行相应回调函数。这种机制使得定时器管理更加高效和灵活，用户只需专注创建和启动定时器，系统会自动处理定时器的管理和调度。

在定时器链表中插入过程具体如图 4-5 所示。同理，创建并且启动在已有的两个定时器中间的定时器也是一样的，具体如图 4-6 所示。

FreeRTOS 中的软件定时器通过系统周期性触发的 SysTick 中断不断更新 xTimeNow（xTickCount）。每次中断发生时，xTimeNow 变量都会增加 1。当软件定时器任务运行时，它会执行以下操作：

（1）获取下一个要唤醒的定时器。

（2）比较当前系统时间 xTimeNow 和定时器的唤醒时间 xTicksToWait。如果 xTimeNow 大于或等于 xTicksToWait，表示定时器已超时，定时器任务会调用对应定时器的回调函数。否则，软件定时器任务会挂起，直到下一个要唤醒的定时器时间到来或接收到

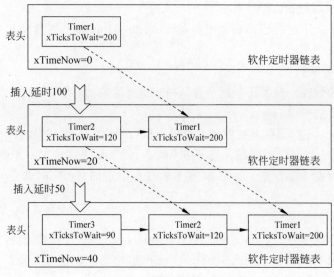

图 4-5   定时器链表示意图 1

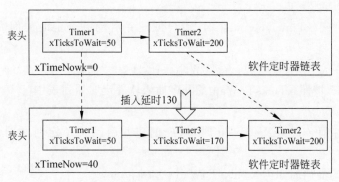

图 4-6   定时器链表示意图 2

命令消息。

以图 4-6 为例,说明定时器回调函数的触发过程。

(1) Timer1 的创建与启动。

① 假设 Timer1 的 xTicksToWait 为 50。

② 系统经过 50 个 tick 后,xTimeNow 从 0 增长到 50,这时会触发与 Timer1 对应的回调函数。

③ 完成后,Timer1 会从软件定时器列表中删除。

④ 如果 Timer1 是周期性的定时器,系统会根据其下一次唤醒时间重新将其添加到列表中,并按 xTicksToWait 的升序排列。

(2) Timer3 的创建与启动。

① 当 xTimeNow=40 时创建 Timer3,其 xTicksToWait 为 90。

② 系统经过 130 个 tick 后,xTimeNow 从 40 增长到 170。

③ 与 Timer3 对应的回调函数会在 xTimeNow＝170 时被触发,然后 Timer3 从列表中删除。

④ 如果 Timer3 是周期性的,系统会重新添加它,并按 xTicksToWait 的升序排列。

使用软件定时器的注意事项。

(1) 回调函数的设计。

回调函数应尽量简洁快速地执行,不允许使用可能导致挂起或阻塞的 API,避免出现死循环。

(2) 定时器任务的优先级。

软件定时器使用系统的一个队列和一个任务资源,其优先级默认为 configTIMER_TASK_PRIORITY。

为了更好地响应定时器事件,该优先级应设置为系统中最高。

(3) 单次软件定时器。

创建单次定时器后,在其回调函数执行完毕后,系统会自动删除该定时器并回收资源。

(4) 定时器任务的堆栈大小。

定时器任务的堆栈大小默认为 configTIMER_TASK_STACK_DEPTH 字节。

FreeRTOS 软件定时器通过 SysTick 中断不断更新系统时间,在定时器任务中扫描定时器列表,确保每个定时器在预定时间被唤醒并执行回调函数。这种机制高效管理和调度软件定时器,同时也要求用户编写简洁高效的回调函数,并合理设置定时器任务优先级和堆栈大小。

4.5　软件定时器控制块

虽然软件定时器不属于内核资源,但它们是 FreeRTOS 的核心组成部分之一,并且是一个可以裁剪的功能模块。软件定时器由一个控制块管理其相关信息。控制块中包含创建的软件定时器的基本信息。

1. 创建软件定时器

在使用软件定时器之前,需要通过 xTimerCreate 或 xTimerCreateStatic 函数创建一个软件定时器。这两个函数的作用如下:

(1) xTimerCreate。

动态分配内存:FreeRTOS 会向系统管理的内存申请一块软件定时器控制块大小的内存,用于保存定时器的信息。

(2) xTimerCreateStatic。

静态分配内存:用户提供内存块,避免动态内存分配。

2. 软件定时器控制块

软件定时器控制块包含多个成员变量,用于保存定时器的各种信息。以下是软件定时器控制块的成员变量示例代码。

```
typedef struct tmrTimerControl
{
    const char * pcTimerName;                    /* 定时器名称 */
    ListItem_t xTimerListItem;                   /* 列表项,用于插入定时器列表 */
    TickType_t xTimerPeriodInTicks;              /* 定时器周期,以 tick 为单位 */
    UBaseType_t uxAutoReload;                    /* 是否自动重载 */
    void * pvTimerID;                            /* 定时器 ID */
    TimerCallbackFunction_t pxCallbackFunction;  /* 回调函数 */
    # if(configUSE_TRACE_FACILITY == 1)
        UBaseType_t uxTimerNumber;               /* 定时器编号,用于跟踪 */
    # endif
} xTIMER;
```

主要成员变量说明如下。

pcTimerName:定时器的名称,便于调试和跟踪。

xTimerListItem:列表项,用于将定时器插入定时器列表中。

xTimerPeriodInTicks:定时器周期,以 tick 为单位。

uxAutoReload:指示定时器是否为自动重载定时器。

pvTimerID:定时器 ID,用于用户自定义标识。

pxCallbackFunction:定时器超时时调用的回调函数。

uxTimerNumber:定时器编号,用于跟踪(在 configUSE_TRACE_FACILITY 配置为 1 时启用)。

FreeRTOS 软件定时器通过控制块管理其相关信息,用户需要在使用定时器前通过 xTimerCreate 或 xTimerCreateStatic 函数创建定时器。控制块中的成员变量保存了定时器的各种信息,如名称、周期、回调函数等。这些信息使得 FreeRTOS 能够高效地管理和调度软件定时器。

4.6　软件定时器的相关函数

软件定时器相关的函数在文件 timers. h 和 timers. c 中予以定义和实现,在用户任务程序中,可以调用的常用函数如表 4-1 所示。在中断服务程序中调用某些 FreeRTOS 的 API 函数时需要注意,有 ISR 版本的一定要调用末尾带 ISR(中断服务程序)的函数,如表 4-1 中的 xTimerStartFromISR 等函数。当中断服务程序要调用 FreeRTOS 的 API 时,中断优先级不能高于配置宏(configMAX_SYSCALL_INTERRUPT_PRIORITY)的值。

表 4-1　软件定时器可在用户任务程序中调用的相关函数

分　　组	函　　数	功　　能
创建和删除	xTimerCreate	创建一个定时器,动态分配内存
	xTimerCreateStatic	创建一个定时器,静态分配内存
	xTimerDelete	删除一个定时器

续表

分　组	函　数	功　能
启动、停止和复位	xTimerStart	启动一个定时器
	xTimerStartFromISR	xTimerStart 的 ISR 版本
	xTimerStop	停止一个定时器
	xTimerStopFromISR	xTimerStop 的 ISR 版本
	xTimerReset	复位一个定时器，重新设置定时器的起始时间
	xTimerResetFromISR	xTimerReset 的 ISR 版本
查询和设置参数	pcTimerGetName	返回定时器的字符串名称
	vTimerSetTimerID	设置定时器 ID
	pvTimerGetTimerID	获取定时器 ID
	xTimerChangePeriod	设置定时器周期，周期用节拍数表示
	xTimerChangePeriodFromISR	xTimerChangePeriod 的 ISR 版本
	xTimerGetPeriod	返回定时器的定时周期，单位是节拍数
	xTimerIsTimerActive	查询一个定时器是否处于活动状态
	xTimerGetExpiryTime	返回定时器还需多少个节拍数到期

如果在中断服务程序中不调用 ISR 结尾系统 API 函数，而使用普通版本的 API，会发生什么？为什么不能这么使用？通过查看多个 ISR 结尾的函数和普通版本函数的区别，发现就是普通 API 函数会增加临界区的嵌套且可能会直接调用 portYIELD 以触发一次任务调度。但是如果在中断服务程序中调用普通版本的 API，则可能出现问题。经查询发现这两种解释是最可能的答案，一是为了保证系统的实时性及避免高优先级中断被系统调用屏蔽从而响应延迟；二是在普通任务中调用的 portYIELD 函数和中断服务程序中调用的 portYIELD 函数的实现不同，因此需要区别对待。

以上两种答案好像都无法合理解释读者的疑惑。FreeRTOS 支持中断嵌套，低于 configMAX_SYSCALL_INTERRUPT_PRIORITY 优先级的中断服务程序里才允许调用 FreeRTOS 的 API 函数，而优先级高于这个值的中断则可以像前后台系统下一样正常运行，但是这些中断函数不能调用系统 API 函数。操作系统为了保证内核的运行稳定性，通常会确保某些关键的 API 执行过程是原子操作，这样可以避免在多任务环境中出现数据竞争和系统运行紊乱的情况。原子操作意味着这些操作在执行时不会被中断，确保了数据的一致性和系统的稳定性。如果在一个可控的中断服务程序中进行插入链表的操作，但是有一个优先级高于 configMAX_SYSCALL_INTERRUPT_PRIORITY 的中断发生并且调用了系统 API，这样就有可能打破低优先级中断的链表操作导致内核数据的毁坏，此时系统的运行就会出现紊乱。因此，需要将系统的 API 相关重要操作"原子化"，从而避免系统核心数据操作紊乱。FreeRTOS 是支持中断嵌套的，但是低于 configMAX_SYSCALL_INTERRUPT_PRIORITY 的中断之间不会嵌套，以保证系统 API 操作的"原子性"。

简单分析两种情况下的嵌套。

（1）先发生中断优先级为"中等"，且低于 configMAX_SYSCALL_INTERRUPT_

PRIORITY 的中断 M,然后发生中断优先级为"高等"且高于 configMAX_SYSCALL_INTERRUPT_PRIORITY 的中断 H,然后中断执行,在这过程中又来了中断 H,此时使用 MSP(microcontroller support package,微控制器支持包)将 M 的执行现场保存(这里保存的有可能还有任务的现场数据——因为有可能 M 中断仅使用除硬件自动入栈的寄存器外的 Rx,所以 M 中断保存现场时仅保存了 Rx,进程却使用了 Ry,但是中断 M 未使用,所以此时的 Ry 在 M 中是不需要保存的,但是因为 H 中断会用到 Ry,所以 H 中断会压栈 Ry 到 MSP 的栈中,此时的 Ry 是发生 M 前的任务现场数据),然后开始运行 H 中断,H 完成执行后 POP 数据到 M 中断,接着运行 M 中断服务程序,此时也恢复了 Ry。

(2)先发生中断优先级为"中等"的中断 M,然后发生中断优先级为"高等"的中断 H(M 和 H 都高于 configMAX_SYSCALL_INTERRUPT_PRIORITY),此时的嵌套和前后台系统下的情况相同。

如果中断的优先级比 configMAX_SYSCALL_INTERRUPT_PRIORITY 高,则这些中断可以直接触发不会被 RTOS 延时,如果优先级比其低,则有可能被 RTOS 延时。

4.6.1 软件定时器创建函数

软件定时器与 FreeRTOS 内核其他资源一样,需要创建才允许使用。FreeRTOS 提供了两种创建方式,一种是动态创建软件定时器 xTimerCreate,另一种是静态创建方式 xTimerCreateStatic,因为创建过程基本差不多,所以在这里只讲解动态创建方式。

xTimerCreate 用于创建一个软件定时器,并返回一个句柄。要想使用该函数必须在头文件 FreeRTOSConfig.h 中把宏 configUSE_TIMERS 和 configSUPPORT_DYNAMIC_ALLOCATION 均定义为 1(configSUPPORT_DYNAMIC_ALLOCATION 在 FreeRTOS.h 中默认定义为 1),并且需要把 FreeRTOS/source/times.c 这个 C 文件添加到工程中。

每个软件定时器只需要很少的 RAM 空间来保存其状态。如果使用函数 xTimeCreate 来创建一个软件定时器,那么需要的 RAM 是动态分配的。如果使用函数 xTimeCreateStatic 来创建一个软件定时器,那么需要的 RAM 是静态分配的。软件定时器在创建成功后是处于休眠状态的,可以使用 xTimerStart、xTimerReset、xTimerStartFromISR、xTimerResetFromISR、xTimerChangePeriod 和 xTimerChangePeriodFromISR 这些函数将其状态转换为活跃态。

软件定时器创建函数如下:

```
TimerHandle_t xTimerCreate(const char * const pcTimerName,
                    const TickType_t xTimerPeriodInTicks,
                    const UBaseType_t uxAutoReload,
                    void * const pvTimerID,
                    TimerCallbackFunction_t pxCallbackFunction)
```

FreeRTOS 中用于创建软件定时器的函数 xTimerCreate 的功能如下:

(1)函数参数。

pcTimerName:定时器名称。

xTimerPeriodInTicks:定时器周期,以 tick 为单位。

uxAutoReload：自动重装载模式，pdTRUE 表示周期性，pdFALSE 表示一次性。

pvTimerID：定时器 ID，用于用户自定义标识。

pxCallbackFunction（5）：定时器触发时调用的回调函数。

（2）内存分配。

检查是否启用了动态内存分配（configSUPPORT_DYNAMIC_ALLOCATION＝＝1）。使用 pvPortMalloc 分配内存给新定时器对象。

（3）定时器初始化。

如果内存分配成功，调用 prvInitialiseNewTimer 函数进行初始化，包括设置定时器名称、周期、自动重装载模式、ID 和回调函数。

（4）分配类型标志。

如果同时支持静态和动态内存分配（configSUPPORT_STATIC_ALLOCATION＝＝1），设置分配类型标志 ucStaticallyAllocated 为 pdFALSE。

（5）返回值。

返回新创建的定时器句柄 pxNewTimer，如果内存分配失败则返回 NULL。

该函数通过动态内存分配和初始化来创建一个软件定时器，使得用户可以灵活使用定时器管理功能。

4.6.2 软件定时器启动函数

1. xTimerStart

在系统开始运行时，系统会自动创建一个软件定时器任务（prvTimerTask），在这个任务中，如果暂时没有运行中的定时器，任务会进入阻塞态等待命令，而启动函数就是通过"定时器命令队列"向定时器任务发送一个启动命令，定时器任务获得命令就解除阻塞，然后执行启动软件定时器命令。

xTimerStart 函数原型：

```
#define xTimerStart(xTimer, xTicksToWait) \
                xTimerGenericCommand((xTimer), \
                tmrCOMMAND_START, \
                (xTaskGetTickCount()), \
                NULL, \
                (xTicksToWait))
```

xTimerStart 函数就是一个宏定义，真正起作用的是 xTimerGenericCommand 函数。

FreeRTOS 中用于启动软件定时器的宏 xTimerStart。其功能如下：

（1）宏定义。

xTimerStart 是一个宏，它调用了 xTimerGenericCommand 函数。

（2）参数。

xTimer：定时器句柄。

xTicksToWait：调用此函数时的最大等待时间。

（3）功能。

TimerGenericCommand 函数是实际执行启动操作的函数。

传递的命令 tmrCOMMAND_START 表示启动定时器。

使用 xTaskGetTickCount 获取当前的系统 tick 计数。

（4）返回值。

返回值是 xTimerGenericCommand 的返回值，表示启动操作的结果。

通过这个宏，用户可以方便地启动一个软件定时器，并指定在调用时的等待时间。实际的启动逻辑由 xTimerGenericCommand 函数处理。

以下为一个简单的使用 xTimerStart 函数启动一个软件定时器应用实例。该实例将在定时器超时时执行一个回调函数，打印一条消息。

（1）硬件和软件环境。

硬件：STM32 开发板。

软件：FreeRTOS。

（2）代码示例。

```c
# include "FreeRTOS.h"
# include "task.h"
# include "timers.h"
# include "stdio.h"
// 定时器句柄
TimerHandle_t xExampleTimer;

// 定时器回调函数
void vExampleTimerCallback(TimerHandle_t xTimer)
{
    // 打印定时器超时消息
    printf("Timer callback executed.\n");
}

// 创建任务
void vTaskFunction(void * pvParameters)
{
    // 创建一个周期为 1000 ticks 的定时器,自动重载,回调函数为 vExampleTimerCallback
    xExampleTimer = xTimerCreate("ExampleTimer", pdMS_TO_TICKS(1000), pdTRUE, (void * )0,
vExampleTimerCallback);

    if (xExampleTimer != NULL)
    {
        // 启动定时器,等待时间为 0 ticks
        if (xTimerStart(xExampleTimer, 0) != pdPASS)
        {
            // 定时器启动失败
            printf("Failed to start timer.\n");
        }
    }
```

```
    else
    {
        // 定时器创建失败
        printf("Failed to create timer.\n");
    }

    // 删除任务自身
    vTaskDelete(NULL);
}

int main(void)
{
    // 初始化硬件
    // 例如:BSP_Init();

    // 创建任务
    xTaskCreate(vTaskFunction, "Task", configMINIMAL_STACK_SIZE, NULL, tskIDLE_PRIORITY +
1, NULL);

    // 启动调度器
    vTaskStartScheduler();

    // 正常情况下,不会运行到这里
    for (;;);
}
```

（3）代码说明。

① 定时器回调函数。

```
void vExampleTimerCallback(TimerHandle_t xTimer)
{
    printf("Timer callback executed.\n");
}
```

当定时器超时时,打印一条消息。

② 任务函数。

```
void vTaskFunction(void * pvParameters)
{
    xExampleTimer = xTimerCreate("ExampleTimer", pdMS_TO_TICKS(1000), pdTRUE, (void * )0,
vExampleTimerCallback);

    if (xExampleTimer != NULL)
    {
        if (xTimerStart(xExampleTimer, 0) != pdPASS)
        {
            printf("Failed to start timer.\n");
        }
    }
    else
    {
```

```
        printf("Failed to create timer.\n");
    }

    vTaskDelete(NULL);
}
```

创建一个周期为 1000 ticks 的定时器，自动重载，并指定回调函数。

启动定时器，等待时间为 0 ticks。

删除自身任务。

③ 主函数。

```
int main(void)
{
    // 初始化硬件
    // 例如:BSP_Init();

    // 创建任务
    xTaskCreate(vTaskFunction, "Task", configMINIMAL_STACK_SIZE, NULL, tskIDLE_PRIORITY +
1, NULL);

    // 启动调度器
    vTaskStartScheduler();

    // 正常情况下,不会运行到这里
    for (;;);
}
```

初始化硬件（如有必要）。

创建任务并启动调度器。

该实例展示了如何创建和启动一个 FreeRTOS 软件定时器，并在定时器超时时执行回调函数。通过这种方式，可以实现基于时间的任务调度和事件处理。

2. xTimerStartFromISR

除在任务启动软件定时器之外，还有在中断中启动软件定时器的函数 xTimerStartFromISR。xTimerStartFromISR 是函数 xTimerStart 的中断版本，用于启动一个先前由函数 xTimerCreate/xTimerCreateStatic 创建的软件定时器。

xTimerStartFromISR 函数原型如下：

```
#define xTimerStartFromISR(xTimer, pxHigherPriorityTaskWoken)
                    xTimerGenericCommand((xTimer), tmrCOMMAND_START_FROM_ISR,
                    (xTaskGetTickCountFromISR()),
                    (pxHigherPriorityTaskWoken), 0U)
```

4.6.3 软件定时器停止函数

1. xTimerStop

xTimerStop 用于停止一个已经启动的软件定时器，让其进入休眠态。该函数的实现也是通过"定时器命令队列"发送一个停止命令给软件定时器任务,从而唤醒软件定时器任务去将定时器停止。

xTimerStop 函数原型如下:

```
BaseType_t xTimerStop(TimerHandle_t xTimer, TickType_t xBlockTime);
```

2. xTimerStopFromISR

xTimerStopFromISR 是函数 xTimerStop 的中断版本,在中断中停止一个正在运行的软件定时器,让其进入休眠态,实现过程也是通过"定时器命令队列"向软件定时器任务发送停止命令。

xTimerStopFromISR()函数原型如下:

```
BaseType_t xTimerStopFromISR(TimerHandle_t xTimer,BaseType_t * pxHigherPriorityTaskWoken)
```

4.6.4　软件定时器任务

软件定时器回调函数运行的上下文环境是任务。

软件定时器任务是在系统开始调度(vTaskStartScheduler 函数)的时候就被创建的,前提是将宏定义 configUSE_TIMERS 开启。在 xTimerCreateTimerTask 函数里面就是创建一个软件定时器任务,就跟创建任务一样,支持动态与静态创建。

4.6.5　软件定时器删除函数

xTimerDelete 用于删除一个已经被成功创建的软件定时器。删除之后,该定时器将无法使用,并且与定时器相关的资源会被系统回收释放。

xTimerDelete()函数原型如下:

```
#define xTimerDelete(xTimer, xTicksToWait)
                    xTimerGenericCommand((xTimer),
                    tmrCOMMAND_DELETE,
                    0U, NULL, (xTicksToWait))
```

4.7　FreeRTOS 软件定时器应用实例

在 FreeRTOS 中创建两个软件定时器,其中一个软件定时器是单次模式,5000 个 tick 调用一次回调函数,另一个软件定时器是周期模式,1000 个 tick 调用一次回调函数,在回调函数中输出相关信息。

1. 软件定时器源代码

软件定时器源代码如下:

```
/*****************************************************************
 * @file    main.c
 * @brief   FreeRTOS V9.0.0 + STM32 软件定时器
 * 实验平台:野火 STM32F407 霸天虎开发板
```

```
 ***************************************************************** /
 /****************************************************************
 *                          包含的头文件
 ***************************************************************** /
/* FreeRTOS 头文件 */
# include "FreeRTOS. h"
# include "task. h"
# include "event_groups. h"
/* 开发板硬件 bsp 头文件 */
# include "bsp_led. h"
# include "bsp_debug_usart. h"
# include "bsp_key. h"
/************************** 任务句柄 ****************************** /
/*
 * 任务句柄是一个指针,用于指向一个任务,当任务创建好之后,它就具有了一个任务句柄
 * 以后要想操作这个任务都需要通过这个任务句柄,如果是自身的任务操作自己,那么
 * 这个句柄可以为 NULL
 */
static TaskHandle_t AppTaskCreate_Handle = NULL;       , /* 创建任务句柄 */


/********************** 内核对象句柄 *************************** /
/*
 * 信号量,消息队列,事件标志组,软件定时器这些都属于内核的对象,要想使用这些内核
 * 对象,必须先创建,创建成功之后会返回一个相应的句柄。实际上就是一个指针,后续
 * 就可以通过这个句柄操作这些内核对象
 *
 * 内核对象说白了就是一种全局的数据结构,通过这些数据结构可以实现任务间的通信、
 * 任务间的事件同步等各种功能。这些功能的实现是通过调用这些内核对象的函数
 * 来完成的
 *
 */
static TimerHandle_t Swtmr1_Handle = NULL;                /* 软件定时器句柄 */
static TimerHandle_t Swtmr2_Handle = NULL;                /* 软件定时器句柄 */
/********************* 全局变量声明 ****************************** /
/*
 * 当写应用程序时,可能需要用到一些全局变量
 */
static uint32_t TmrCb_Count1 = 0;        /* 记录软件定时器 1 回调函数执行次数 */
static uint32_t TmrCb_Count2 = 0;        /* 记录软件定时器 2 回调函数执行次数 */

/********************* 宏定义 ********************************* /
/*
 * 当写应用程序时,可能需要用到一些宏定义
 */

/*
 ***************************************************************
 *                          函数声明
```

```
*****************************************************************
*/
static void AppTaskCreate(void);              /* 用于创建任务 */

static void Swtmr1_Callback(void * parameter);
static void Swtmr2_Callback(void * parameter);

static void BSP_Init(void);                   /* 用于初始化板载相关资源 */

/*****************************************************************
 * @brief 主函数
 * @param 无
 * @retval 无
 * @note    第一步:开发板硬件初始化
           第二步:创建 App 任务
           第三步:启动 FreeRTOS,开始多任务调度
 *****************************************************************/
int main(void)
{
  BaseType_t xReturn = pdPASS;                /* 定义一个创建信息返回值,默认为 pdPASS */

  /* 开发板硬件初始化 */
  BSP_Init();

    printf("这是一个[野火] - STM32 全系列开发板 - FreeRTOS 软件定时器实例!\n");

  /* 创建 AppTaskCreate 任务 */
  xReturn = xTaskCreate((TaskFunction_t)AppTaskCreate,        /* 任务入口函数 */
                        (const char *   )"AppTaskCreate",     /* 任务名字 */
                        (uint16_t       )512,                 /* 任务栈大小 */
                        (void *         )NULL,                /* 任务入口函数参数 */
                        (UBaseType_t    )1,                   /* 任务的优先级 */
                        (TaskHandle_t * )&AppTaskCreate_Handle); /* 任务控制块指针 */
  /* 启动任务调度 */
  if(pdPASS == xReturn)
    vTaskStartScheduler();                   /* 启动任务,开启调度 */
  else
    return - 1;

  while(1);                                  /* 正常不会执行到这里 */
}
/*****************************************************************
 * @ 函数名   : AppTaskCreate
 * @ 功能说明:为了方便管理,所有的任务创建函数都放在这个函数里面
 * @ 参数     : 无
 * @ 返回值   : 无
 *****************************************************************/
static void AppTaskCreate(void)
```

```
{
    taskENTER_CRITICAL();                      //进入临界区

/*****************************************************************
 * 创建软件周期定时器
 * 函数原型
 * TimerHandle_t xTimerCreate(const char * const pcTimerName,
                                const TickType_t xTimerPeriodInTicks,
                                const UBaseType_t uxAutoReload,
                                void * const pvTimerID,
                    TimerCallbackFunction_t pxCallbackFunction)
 * @uxAutoReload : pdTRUE 为周期模式,pdFALS 为单次模式
 * 单次定时器,周期(1000 个时钟节拍),周期模式
/*****************************************************************
Swtmr1_Handle = xTimerCreate((const char *       )"AutoReloadTimer",
                            (TickType_t        )1000,      /* 定时器周期 1000(tick) */
                            (UBaseType_t       )pdTRUE,    /* 周期模式 */
                            (void *            )1,  /* 为每个计时器分配一个索引的唯一 ID */
                            (TimerCallbackFunction_t)Swtmr1_Callback);
if(Swtmr1_Handle != NULL)
{
 /*****************************************************************
  * xTicksToWait:如果在调用 xTimerStart 时队列已满,则以 tick 为单位指定调用任务应保持
  * 在 Blocked(阻塞)状态等待 start 命令成功发送到 timer 命令队列的时间
  * 如果在启动调度程序之前调用 xTimerStart,则忽略 xTicksToWait。在这里设置等待时间为 0
  *****************************************************************/
 xTimerStart(Swtmr1_Handle,0);                          //开启周期定时器
}
/*****************************************************************
 * 创建软件周期定时器
 * 函数原型
 * TimerHandle_t xTimerCreate(const char * const pcTimerName,
                                const TickType_t xTimerPeriodInTicks,
                                const UBaseType_t uxAutoReload,
                                void * const pvTimerID,
                    TimerCallbackFunction_t pxCallbackFunction)
 * @uxAutoReload : pdTRUE 为周期模式,pdFALS 为单次模式
 * 单次定时器,周期(5000 个时钟节拍),单次模式
 *****************************************************************/
 Swtmr2_Handle = xTimerCreate((const char *     )"OneShotTimer",
                            (TickType_t        )5000,      /* 定时器周期 5000(tick) */
                            (UBaseType_t       )pdFALSE,   /* 单次模式 */
                            (void *            )2,  /* 为每个计时器分配一个索引的唯一 ID */
                            (TimerCallbackFunction_t)Swtmr2_Callback);
if(Swtmr2_Handle != NULL)
{
 /*****************************************************************
  * xTicksToWait:如果在调用 xTimerStart 时队列已满,则以 tick 为单位指定调用任务应保持
```

```
     *  在 Blocked(阻塞)状态等待 start 命令成功发送到 timer 命令队列的时间
     *  如果在启动调度程序之前调用 xTimerStart,则忽略 xTicksToWait。在这里设置等待时间为 0
     ***************************************************************** /
      xTimerStart(Swtmr2_Handle,0);          //开启周期定时器
   }

   vTaskDelete(AppTaskCreate_Handle);         //删除 AppTaskCreate 任务

   taskEXIT_CRITICAL();                       //退出临界区
}
/ *****************************************************************
   *  @ 函数名    : Swtmr1_Callback
   *  @ 功能说明:软件定时器 1 回调函数,打印回调函数信息 & 当前系统时间
   *               软件定时器 1 不要调用阻塞函数,也不要进行死循环,应快进快出
   *  @ 参数      : 无
   *  @ 返回值    : 无
   ***************************************************************** /
static void Swtmr1_Callback(void * parameter)
{
   TickType_t tick_num1;

   TmrCb_Count1++;                           / * 每回调一次加 1 * /

   tick_num1 = xTaskGetTickCount();          / * 获取滴答定时器的计数值 * /

   LED1_TOGGLE;

   printf("Swtmr1_Callback 函数执行 % d 次\n", TmrCb_Count1);
   printf("滴答定时器数值 = % d\n", tick_num1);
}
/ *****************************************************************
   *  @ 函数名    : Swtmr2_Callback
   *  @ 功能说明:软件定时器 2 回调函数,打印回调函数信息 & 当前系统时间
   *               软件定时器 2 不要调用阻塞函数,也不要进行死循环,应快进快出
   *  @ 参数      : 无
   *  @ 返回值    : 无
   ***************************************************************** /
static void Swtmr2_Callback(void * parameter)
{
   TickType_t tick_num2;

   TmrCb_Count2++;                           / * 每回调一次加 1 * /

   tick_num2 = xTaskGetTickCount();          / * 获取滴答定时器的计数值 * /

   printf("Swtmr2_Callback 函数执行 % d 次\n", TmrCb_Count2);
   printf("滴答定时器数值 = % d\n", tick_num2);
}
```

```
/ **********************************************************************
 * @ 函数名   : BSP_Init
 * @ 功能说明：板级外设初始化,所有板子上的初始化均可放在这个函数里面
 * @ 参数     :
 * @ 返回值   : 无
 ********************************************************************** /
static void BSP_Init(void)
{
    / *
     * STM32 中断优先级分组为 4,即 4bit 都用来表示抢占优先级,范围为 0～15
     * 优先级分组只需要分组一次即可,以后如果有其他的任务需要用到中断,
     * 都统一用这个优先级分组,千万不要再分组
     * /
    NVIC_PriorityGroupConfig(NVIC_PriorityGroup_4);

    / * LED 初始化 * /
    LED_GPIO_Config();

    / * 串口初始化  * /
    Debug_USART_Config();

    / * 按键初始化  * /
    Key_GPIO_Config();

}
/ ***************************** END OF FILE *************************** /
```

以上的代码展示了在 STM32 开发板上使用 FreeRTOS 的软件定时器机制。FreeRTOS 提供了灵活的软件定时器功能,用于实现基于时间的任务,例如周期性任务或延时任务。

(1) 头文件和任务句柄声明。

包含 FreeRTOS 及其内核对象的头文件,如任务和事件组。

定义任务句柄和定时器句柄,任务句柄用于管理任务,定时器句柄用于管理软件定时器。

(2) 全局变量和宏定义。

使用全局变量记录定时器回调函数的执行次数。

使用宏定义提升代码的可读性。

(3) 任务和定时器相关函数实现。

AppTaskCreate 函数在任务创建后,为软件定时器分配资源,并启动定时器。

Swtmr1_Callback 和 Swtmr2_Callback 是两种类型定时器(周期性和一次性)的回调函数,记录并打印定时器触发次数和当前系统时间。

(4) 系统初始化。

BSP_Init 函数负责初始化开发板上的各个硬件组件,包括 LED、串口和按键,同时配置 NVIC 中断优先级组。

（5）主函数。

进行硬件初始化后，创建 AppTaskCreate 任务，并启动调度器。

函数功能说明如下：

（1）周期性定时器：每隔 1000 个 tick 触发一次，并在回调函数中切换 LED 状态及打印相关信息。

（2）一次性定时器：在 5000 个 tick 后触发一次，并在回调函数中打印定时器执行次数及当前系统时间。

该代码通过创建和管理软件定时器，实现了定时任务的调度和执行，展示了 FreeRTOS 在 STM32 平台上的应用，适用于需要精准时间控制的嵌入式系统。

2．软件定时器实例下载与运行结果

将程序编译好，用 USB 线连接计算机和 STM32 开发板的 USB 接口（对应丝印为 USB 转串口），用 DAP 仿真器把配套程序下载到野火 STM32 开发板（这里为野火霸天虎 STM32F407 开发板），软件定时器程序下载界面如图 4-7 所示。

图 4-7　软件定时器程序下载界面

在计算机上打开野火串口调试助手 FireTools，然后复位开发板就可以在调试助手中看到串口的打印信息，在 STM32 开发板上可以看到 LED 在闪烁。

软件定时器每隔 1000 个 tick 就会触发一次回调函数，当 5000 个 tick 到来的时候，触发软件定时器单次模式的回调函数,之后便不会再次调用了。软件定时器实例运行结果如图 4-8 所示。

图 4-8　软件定时器实例运行结果

第 5 章

FreeRTOS 任务间同步

本章详细讲述 FreeRTOS 中任务间同步的多种机制,包括信号量、互斥量和事件组,具体包括信号量的类型及其应用场景,互斥量的工作原理和优先级翻转问题,以及事件组的原理和功能;详细讲述这些同步机制的运作机制、控制块、相关函数,并通过实际应用实例来帮助读者理解和实现这些同步机制。

重点内容:

(1) 信号量。

① 二值信号量:介绍二值信号量的概念及应用场景。

② 计数信号量:解释计数信号量的特点及其运作机制。

③ 互斥量信号量:描述互斥量信号量的功能。

④ 递归互斥量:讨论递归互斥量的使用。

⑤ 信号量控制块:说明信号量的控制结构。

⑥ 信号量相关函数:列出与信号量操作相关的 API 函数。

⑦ FreeRTOS 信号量应用实例:通过实例展示如何使用信号量。

(2) 互斥量。

① 优先级翻转问题:解释优先级翻转及其解决方法。

② 互斥量的工作原理:介绍互斥量的工作原理。

③ 互斥量应用场景:列举互斥量的典型应用场景。

④ 互斥量控制块:描述互斥量的控制结构。

⑤ 互斥量函数接口:列出相关函数接口。

⑥ FreeRTOS 互斥量应用实例:通过实例讲述互斥量的实际应用。

(3) 事件组。

① 事件组的原理和功能:介绍事件组的基本概念和功能。

② 事件组的应用场景:讨论事件组在任务同步中的具体应用。

③ 事件组运作机制:解释事件组的运行机制。

④ 事件组控制块:说明事件组的控制结构。

⑤ 事件组相关函数:列出与事件组操作相关的 API 函数。

⑥ FreeRTOS 事件组应用实例：通过实例展示如何在实际应用中使用事件组。

5.1　FreeRTOS 信号量

队列的功能是将进程间需要传递的数据存在其中，所以在有的 RTOS 系统里，队列也被称为"邮箱"（mailbox）。有时进程间需要传递的只是一个标志，用于进程间同步或对一个共享资源的互斥性访问，这时就可以使用信号量（semaphore）或互斥量（mutex）。信号量和互斥量的实现都是基于队列的，信号量更适用于进程间同步，互斥量更适用于共享资源的互斥性访问。

信号量和互斥量都可应用于进程间通信，它们都是基于队列的基本数据结构，但是信号量和互斥量又有一些区别。从队列派生出来的信号量和互斥量的分类如图 5-1 所示。

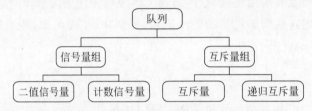

图 5-1　从队列派生出来的信号量和互斥量的分类

5.1.1　二值信号量

二值信号量（binary semaphore）就是只有一个项的队列，这个队列要么是空的，要么是满的，所以相当于只有 0 和 1 两种值。二值信号量就像一个标志，适合用于进程间同步的通信。例如，图 5-2 是使用二值信号量在 ISR 和任务之间进行同步的示意图。

图 5-2　使用二值信号量在 ISR 和任务之间进行同步的示意图

图 5-2 是一个使用二值信号量进行进程间同步的系统，其说明如下。

1. 系统组成

系统有两个进程：

（1）ADC 中断 ISR：负责读取 ADC 转换结果并将结果写入缓冲区。

（2）数据处理任务：负责读取缓冲区的内容并进行处理。

2. 数据缓冲区

（1）数据缓冲区是两个任务需要同步访问的对象。

（2）为了简化分析，假设数据缓冲区仅存储一次转换结果数据。

3．ADC 中断 ISR 的工作流程

（1）读取数据：ADC 中断 ISR 读取 ADC 转换结果。

（2）写入缓冲区：将读取的数据写入数据缓冲区。

（3）释放信号量：释放（give）二值信号量，表示数据缓冲区里已经存入了新的转换结果数据。

4．数据处理任务的工作流程

（1）等待信号量：任务尝试获取（take）二值信号量。

（2）阻塞等待：如果二值信号量无效，任务进入阻塞状态，可以设定一直等待或设定超时时间。

（3）退出阻塞：当二值信号量变为有效时，数据处理任务退出阻塞状态，进入运行状态。

（4）处理数据：读取缓冲区的数据并进行处理。

5．比较标志变量和二值信号量

（1）标志变量的缺点：如果使用标志变量代替二值信号量进行同步，数据处理任务需要不断地查询标志变量的值，导致频繁的 CPU 占用。

（2）二值信号量的优势：使用二值信号量可以让数据处理任务在等待数据时进入阻塞状态，从而提高系统效率，减少 CPU 空耗。

二值信号量在进程间同步中能够有效地减少 CPU 资源浪费，使任务可以在真正有数据时才执行处理，从而提高系统的运行效率。

5.1.2　计数信号量

计数信号量（counting semaphore）就是有固定长度的队列，队列的每项是一个标志。计数信号量通常用于对多个共享资源的访问进行控制，其工作原理可用图 5-3 来说明。

图 5-3　计数信号量的工作原理

（1）一个计数信号量被创建时设置为初值 4，实际上是队列中有 4 项，表示可共享访问的 4 个资源，这个值只是计数值。可以将这 4 个资源类比为图 5-3 中一个餐馆里的 4 个餐桌，客人就是访问资源的 ISR 或任务。

（2）当有客人进店时，就是获取信号量，如果有 1 个客人进店了（假设 1 个客人占用 1 张桌子），计数信号量的值就减 1，计数信号量的值变为 3，表示还有 3 张空余桌子。如果计数信号量的值变为 0，表示 4 张桌子都被占用了，再有客人要进店时就需要等待。在任务中

申请信号量时,可以设置等待超时时间,在等待时,任务进入阻塞状态。

(3)如果有1个客人用餐结束离开了,就是释放信号量,计数信号量的值就加1,表示可用资源数量增加了1个,可供其他要进店的人获取。

由计数信号量的工作原理可知,它适用于管理多个共享资源,例如 ADC 连续数据采集时,一般使用双缓冲区,就可以使用计数信号量管理。

5.1.3　互斥信号量

互斥信号量是一种特殊的二值信号量,通过其特有的优先级继承机制,它更适用于简单的互锁操作,即保护临界资源(关于优先级继承机制的详细讨论将在后续章节中进行)。

1. 互斥信号量的创建与使用

(1)创建互斥信号量。

当创建一个互斥信号量时,初始可用信号量的数量应为1,这表示临界资源当前未被占用。

(2)任务获取互斥信号量。

当任务需要使用临界资源(任何时刻只能被一个任务访问的资源)时,它首先尝试获取互斥信号量。

成功获取信号量后,信号量变为0,这表示临界资源正在被某个任务使用。

(3)阻塞其他任务。

当其他任务也尝试访问该临界资源时,由于无法获取信号量,它们会进入阻塞状态,直到信号量再次可用。这种机制保证了临界资源的安全访问。

(4)任务释放互斥信号量。

当任务完成对临界资源的访问后,它会释放互斥信号量,使信号量数量恢复到1。这表示临界资源现在可供其他任务使用,阻塞的任务可以继续尝试获取信号量。

2. 互斥信号量的重要性

在操作系统中,用户经常使用信号量来表示临界资源的占用情况。当一个任务需要访问临界资源时,它会首先查询信号量的状态。如果信号量显示资源已被占用,任务将等待或采取其他措施,直到资源可用。

这种机制确保了临界资源在多任务系统中得到有效的保护,避免了资源竞争和潜在的冲突,从而提高了系统的稳定性和性能。

互斥信号量通过有效管理对临界资源的访问,确保了资源的安全使用。它使任务在访问临界资源前能够了解资源状态,并在资源被占用时进行等待,从而防止资源冲突。与普通二值信号量相比,互斥信号量还具备优先级继承机制,使其更加适用于复杂的多任务应用场景。

5.1.4　递归互斥量

递归互斥量(recursive mutex)是一种特殊类型的互斥量,适用于需要递归调用的函数场景。

当一个任务获取一个互斥量后,它不能再次获取相同的互斥量,否则可能会导致死锁。

1. 递归互斥量的优势

递归互斥量在互斥量基础上增加了一些灵活性。

(1) 同一任务的多次获取:当一个任务获取递归互斥量后,它可以在不释放的情况下再次获取该互斥量。这对于一些需要嵌套调用的函数非常有用。

(2) 配对使用:尽管一个任务可以多次获取递归互斥量,但每次获取必须配对一次释放。这意味着获取和释放的次数必须相等,才能最终真正释放该互斥量。

2. 示例说明

(1) 递归调用的任务。

假设一个任务 A 获取了递归互斥量 M。

在该任务未释放互斥量的情况下,它再次调用并获取了相同的递归互斥量 M。

任务 A 必须两次释放 M(对应其两次获取),才能使其他任务访问该互斥量。

(2) 安全性。

递归互斥量同样不能在中断服务例程(ISR)中使用。

递归互斥量提供了一种在复杂函数调用中安全使用互斥机制的方式。它允许任务在递归调用中多次获取同一个互斥量,但每次获取必须与一次释放配对。这种机制确保了资源的同步访问安全,同时在设计递归函数时提供了更多的灵活性。

5.1.5　信号量应用场景

在嵌入式操作系统中,二值信号量是一种重要的同步手段,常用于任务间以及任务与中断间的同步。二值信号量和互斥信号量是最常用的信号量类型。

在多任务系统中,二值信号量经常被使用。例如,当一个任务需要等待某个事件的发生时,可以使用二值信号量来实现同步。以下是具体的操作流程。

(1) 避免轮询。

任务可以通过轮询的方式不断查询某个标记是否被置位,但这种方式会消耗大量的CPU 资源,并且妨碍其他任务的执行。

(2) 阻塞等待。

更好的做法是让任务在大部分时间处于阻塞状态,允许其他任务执行,直到某个事件发生时才唤醒该任务。使用二值信号量可以实现这种机制。当任务尝试获取信号量时,如果特定事件尚未发生,信号量为空,任务会进入阻塞状态。

(3) 事件触发。

当事件条件满足时,任务或中断服务程序会释放信号量,表示事件已发生。任务在获取到信号量后被唤醒,执行相应的操作。

(4) 无须归还信号量。

任务执行完毕后,无须归还信号量。这种机制可以大大提高 CPU 的效率,并且确保实时响应。

二值信号量通过简单的 0 和 1 状态,有效地实现了任务间以及任务与中断间的同步。它避免了轮询带来的 CPU 资源浪费,使任务能够在等待事件时进入阻塞状态,从而提高了系统的整体效率和实时响应能力。

在 FreeRTOS 中,信号量是一个非常重要的同步机制,用于任务间及任务和中断服务程序间的通信和协调。信号量主要分为二值信号量、计数信号量和互斥信号量三种类型,每种类型都有其特定的应用场景。

1. 二值信号量

二值信号量只有两个状态:有(1)和无(0)。它主要用于以下场景。

(1) 任务同步:一个任务在完成特定操作后,通过信号量通知另一个任务,例如传感器数据采集完成后通知处理任务进行数据处理。

(2) 中断与任务同步:在中断服务程序完成某个操作后,通过释放信号量通知任务执行相关操作。例如,串口接收完成后,中断服务程序释放信号量,通知任务处理接收到的数据。

(3) 事件触发:用于实现事件处理机制,例如当某个事件发生时,通过设置信号量通知等待该事件的任务。

```
SemaphoreHandle_t xBinarySemaphore;
void vISR_Handler(void) {
    BaseType_t xHigherPriorityTaskWoken = pdFALSE;
    xSemaphoreGiveFromISR(xBinarySemaphore, &xHigherPriorityTaskWoken);
    portYIELD_FROM_ISR(xHigherPriorityTaskWoken);
}

void vTask(void * pvParameters) {
    for (;;) {
        if (xSemaphoreTake(xBinarySemaphore, portMAX_DELAY) == pdTRUE) {
            // 处理事件
        }
    }
}
```

2. 计数信号量

计数信号量可以递增,代表可用资源或事件的数量。其应用场景包括:

(1) 资源管理:用于管理多个相同类型的资源,例如多个 ADC 通道、多个串口等。当某个资源可用时,信号量递增;任务使用资源前,先请求信号量,使用完后释放信号量。

(2) 事件计数:处理多个事件的场景,例如多个外部事件源,通过计数信号量跟踪事件发生的次数,每次事件发生时释放信号量,任务消费事件时请求信号量。

```
SemaphoreHandle_t xCountingSemaphore;
void vISR_Handler(void) {
    BaseType_t xHigherPriorityTaskWoken = pdFALSE;
    xSemaphoreGiveFromISR(xCountingSemaphore, &xHigherPriorityTaskWoken);
    portYIELD_FROM_ISR(xHigherPriorityTaskWoken);
}
```

```
void vTask(void * pvParameters) {
    for (;;) {
        if (xSemaphoreTake(xCountingSemaphore, portMAX_DELAY) == pdTRUE) {
            // 处理事件,例如读取多个传感器数据
        }
    }
}
```

3. 互斥信号量

互斥信号量主要用于保护临界区,确保多个任务互斥访问共享资源。它优于二值信号量的地方在于,互斥信号量支持优先级继承机制,防止优先级反转问题。其应用场景包括:

(1) 共享资源保护:用于保护对全局变量、硬件外设等共享资源的访问,确保同一时间只有一个任务可以访问这些资源。

(2) 数据一致性:确保在修改共享数据时,不会受到其他任务的干扰,防止数据竞争。

```
SemaphoreHandle_t xMutex;
void vTask1(void * pvParameters) {
    for (;;) {
        if (xSemaphoreTake(xMutex, portMAX_DELAY) == pdTRUE) {
            // 访问共享资源
            // 操作完成
            xSemaphoreGive(xMutex);
        }
    }
}

void vTask2(void * pvParameters) {
    for (;;) {
        if (xSemaphoreTake(xMutex, portMAX_DELAY) == pdTRUE) {
            // 访问共享资源
            // 操作完成
            xSemaphoreGive(xMutex);
        }
    }
}
```

在 FreeRTOS 中,信号量提供了一种有效的任务同步和资源管理机制,使得多个任务及 ISR 可以协作完成复杂的功能。通过合理地使用信号量,可以提高系统的可靠性、响应性和资源利用效率。

5.1.6　二值信号量运作机制

创建信号量时,系统会为创建的信号量对象分配内存,并把可用信号量初始化为用户自定义的个数。二值信号量的最大可用信号量个数为 1。

任何任务都可以从创建的二值信号量资源中获取一个二值信号量,获取成功则返回正确,否则任务会根据用户指定的阻塞超时时间来等待其他任务/中断释放信号量。在等待这段时间,系统将任务变成阻塞态,任务将被挂到该信号量的阻塞等待列表中。

在二值信号量无效时,假如此时有任务获取该信号量,那么任务将进入阻塞态,具体如图 5-4 所示。

假如某个时间中断/任务释放了信号量,其过程具体如图 5-5 所示,那么,由于获取无效信号量而进入阻塞态的任务将获得信号量并且恢复为就绪态,其过程具体如图 5-6 所示。

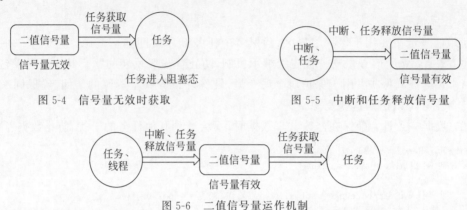

图 5-4 信号量无效时获取　　　　　图 5-5 中断和任务释放信号量

图 5-6 二值信号量运作机制

5.1.7 计数信号量运作机制

计数信号量是一种有效的资源管理工具,允许多个任务同时获取信号量以访问共享资源,但会限制同时访问该资源的任务数目。

计数信号量的运作机制:

(1) 允许多个任务访问。计数信号量允许多个任务同时访问共享资源。

(2) 限制最大任务数。计数信号量设置了可以同时访问资源的最大任务数。如果访问任务数达到这个最大值,其他试图获取该信号量的任务会被阻塞。

(3) 任务阻塞与唤醒。计数信号量可以允许多个任务获取信号量访问共享资源,但会限制任务的最大数目。访问的任务数达到可支持的最大数目时,会阻塞其他试图获取该信号量的任务,直到有任务释放了信号量。

这就是计数型信号量的运作机制,虽然计数信号量允许多个任务访问同一个资源,但是也有限定,比如某个资源限定只能有 3 个任务访问,那么第 4 个任务访问时,会因为获取不到信号量而进入阻塞,等到有任务(比如任务 1)释放掉该资源的时候,第 4 个任务才能获取到信号量从而进行资源的访问。其运作机制具体如图 5-7 所示。

5.1.8 信号量控制块

信号量 API 函数实际上都是宏,它使用现有的队列机制。这些宏定义在 semphr.h 文件中,如果使用信号量或者互斥量,需要包含 semphr.h 头文件。所以,FreeRTOS 的信号量控制块结构体与消息队列结构体是一模一样的,只不过结构体中某些成员变量代表的含义不一样。

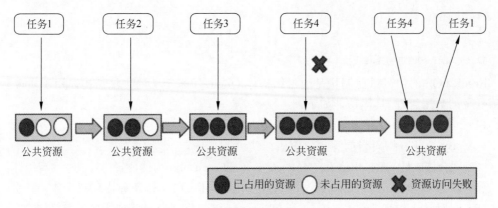

图 5-7　计数信号量运作机制

信号量控制块代码清单如下：

```
1   typedef struct QueueDefinition {
2   int8_t * pcHead;
3   int8_t * pcTail;
4   int8_t * pcWriteTo;
5
6   union {
7   int8_t * pcReadFrom;
8   UBaseType_t uxRecursiveCallCount;
9   } u;
10
11  List_t xTasksWaitingToSend;
12  List_t xTasksWaitingToReceive;
13
14  volatile UBaseType_t uxMessagesWaiting; (1)
15  UBaseType_t uxLength; (2)
16  UBaseType_t uxItemSize; (3)
17
18  volatile int8_t cRxLock;
19  volatile int8_t cTxLock;
20
21  # if((configSUPPORT_STATIC_ALLOCATION == 1)
22  && (configSUPPORT_DYNAMIC_ALLOCATION == 1))
23  uint8_t ucStaticallyAllocated;
24  # endif
25
26  # if (configUSE_QUEUE_SETS == 1)
27  struct QueueDefinition * pxQueueSetContainer;
28  # endif
29
30  # if (configUSE_TRACE_FACILITY == 1)
31  UBaseType_t uxQueueNumber;
32  uint8_t ucQueueType;
33  # endif
```

```
34
35 } xQUEUE;
36
37 typedef xQUEUE Queue_t;
```

FreeRTOS 的信号量控制块是通过结构体 Queue_t 来定义的。该结构体用于实现队列和信号量的数据管理,具体功能如下:

(1) pcHead 和 pcTail 指向队列的头和尾。

(2) pcWriteTo 指向当前写入位置。

(3) 联合体成员 pcReadFrom 或 uxRecursiveCallCount 可作为读位置指针或递归调用计数。

(4) xTasksWaitingToSend 和 xTasksWaitingToReceive 管理等待队列操作的任务。

(5) uxMessagesWaiting、uxLength 和 uxItemSize 分别表示队列中的消息数量、队列长度和单项大小。

(6) cRxLock 和 cTxLock 用于接收和发送操作的同步。

(7) 额外的成员如 ucStaticallyAllocated、pxQueueSetContainer、uxQueueNumber 和 ucQueueType 根据配置宏条件定义,为静态分配、队列集合和跟踪设施提供支持。

这些成员共同作用,实现 FreeRTOS 中信号量和队列的功能。

5.1.9 相关函数

信号量和互斥量相关的常量和函数定义都在头文件 semphr.h 中,函数都是宏函数,都是调用文件 queue.c 中的一些函数实现的。信号量和互斥量操作相关的函数如表 5-1 所示。

表 5-1 信号量和互斥量操作相关的函数

函 数 名	功 能 描 述
xSemaphoreCreateBinary	创建二值信号量
xSemaphoreCreateBinaryStatic	创建二值信号量,静态分配内存
xSemaphoreCreateCounting	创建计数型信号量
xSemaphoreCreateCountingStatic	创建计数型信号量,静态分配内存
xSemaphoreCreateMutex	创建互斥量
xSemaphoreCreateMutexStatic	创建互斥量,静态分配内存
xSemaphoreCreateRecursiveMutex	创建递归互斥量
xSemaphoreCreateRecursiveMutexStatic	创建递归互斥量,静态分配内存
vSemaphoreDelete	删除这 4 种信号量或互斥量
xSemaphoreGive	释放二值信号量、计数型信号量、互斥量
xSemaphoreGiveFromISR	xSemaphoreGive 的 ISR 版本,但不能用于互斥量
xSemaphoreGiveRecursive	释放递归互斥量
xSemaphore Take	获取二值信号量、计数型信号量、互斥量
xSemaphore TakeFromISR	xSemaphoreTake 的 ISR 版本,但不用于互斥量
xSemaphore TakeRecursive	获取递归互斥量

1. 创建信号量函数

1) 创建二值信号量

xSemaphoreCreateBinary 用于创建一个二值信号量,并返回一个句柄。其实二值信号量和互斥量都共同使用一个类型 SemaphoreHandle_t 的句柄(.h 文件 79 行),该句柄的原型是一个 void 型的指针。使用该函数创建的二值信号量是空的,在使用函数 xSemaphoreTake 获取之前必须先调用函数 xSemaphoreGive 释放后才可以获取。如果是使用老式的函数 vSemaphoreCreateBinary 创建的二值信号量,则为 1,在使用之前不用先释放。要想使用该函数必须在 FreeRTOSConfig.h 中把宏 configSUPPORT_DYNAMIC_ALLOCATION 定义为 1,即开启动态内存分配。其实该宏在 FreeRTOS.h 中默认定义为 1,即所有 FreeRTOS 的对象在创建的时候都默认使用动态内存分配方案。

xSemaphoreCreateBinary 函数原型如下:

```
#define xSemaphoreCreateBinary() xQueueGenericCreate((UBaseType_t) 1,
                            semSEMAPHORE_QUEUE_ITEM_LENGTH, \
                            queueQUEUE_TYPE_BINARY_SEMAPHORE)
```

xSemaphoreCreateBinary 是 FreeRTOS 中用于创建二值信号量的函数。二值信号量可以用于任务之间的同步或简单的资源管理。函数本质上是通过调用 xQueueGenericCreate 函数创建一个具有 1 个项目的队列,并指定队列类型为二值信号量。

(1) 功能说明。

① 创建一个初始状态为未获取的二值信号量。

② 信号量只能有两种状态:已获取(1)或未获取(0)。

③ 当信号量被获取(由任务调用 xSemaphoreTake),其状态变为已获取。

④ 当信号量被释放(由任务调用 xSemaphoreGive),其状态变为未获取。

该宏定义通过调用 xQueueGenericCreate 创建一个项目长度为 1、类型为二值信号量的队列。

(2) 应用实例。

以下是一个使用二值信号量进行任务同步的例子。一个任务 TaskA 负责给予信号量,另一个任务 TaskB 负责等待信号量执行相关操作。

```
#include "FreeRTOS.h"
#include "task.h"
#include "semphr.h"

// 二值信号量句柄
SemaphoreHandle_t xBinarySemaphore;

// Task A:释放信号量
void TaskA(void * pvParameters) {
    for(;;) {
        // 模拟某些工作
        vTaskDelay(pdMS_TO_TICKS(1000));
```

```
            // 释放信号量,通知 TaskB
            xSemaphoreGive(xBinarySemaphore);
        }
    }


    // Task B:等待信号量
    void TaskB(void * pvParameters) {
        for(;;) {
            // 等待信号量(最大等待时间为 portMAX_DELAY)
            if(xSemaphoreTake(xBinarySemaphore, portMAX_DELAY) == pdTRUE) {
                // 收到信号量后执行某些操作
                printf("Task B 收到信号量!\n");
            }
        }
    }


    int main(void) {
        // 创建二值信号量
        xBinarySemaphore = xSemaphoreCreateBinary();

        if (xBinarySemaphore != NULL) {
            // 创建 Task A 和 Task B
            xTaskCreate(TaskA, "TaskA", configMINIMAL_STACK_SIZE, NULL, 1, NULL);
            xTaskCreate(TaskB, "TaskB", configMINIMAL_STACK_SIZE, NULL, 1, NULL);

            // 启动调度器
            vTaskStartScheduler();
        }

        // 当调度器启动失败时,程序会一直运行以下代码
        for(;;);

        return 0;
    }
```

上面代码解释如下:

① 创建信号量:在 main 函数中使用 xSemaphoreCreateBinary 创建二值信号量,并存储在 xBinarySemaphore 句柄中。

② 创建任务:创建了两个任务 TaskA 和 TaskB,分别负责释放信号量和等待信号量。

③ Task A:每隔 1s 释放一次信号量,通知 TaskB。

④ Task B:无限期地等待信号量,收到信号量后执行某些操作。

这个实例展示了如何使用二值信号量在 FreeRTOS 中实现任务间的简单同步。

2) 创建计数信号量

xSemaphoreCreateCounting 用于创建一个计数信号量。要想使用该函数,必须在 FreeRTOSConfig.h 中把宏 configSUPPORT_DYNAMIC_ALLOCATION 定义为 1,即开启动态内存分配。其实该宏在 FreeRTOS.h 中默认定义为 1,即所有 FreeRTOS 的对象在

创建的时候都默认使用动态内存分配方案。

计数信号量跟二值信号量的创建过程相似,其实也是间接调用 xQueueGenericCreate 函数进行创建。

xSemaphoreCreateCounting 函数原型如下:

```
# define xSemaphoreCreateCounting(uxMaxCount, uxInitialCount) \
        xQueueCreateCountingSemaphore((uxMaxCount),(uxInitialCount))
```

删除信号量过程其实就是删除消息队列过程,因为信号量就是消息队列,只不过是无法存储消息的队列而已。

vSemaphoreDelete()函数原型如下:

```
# define vSemaphoreDelete(xSemaphore) \
        vQueueDelete((QueueHandle_t) (xSemaphore))
```

2. 信号量删除函数

vSemaphoreDelete 用于删除一个信号量,包括二值信号量、计数信号量、互斥量和递归互斥量。如果有任务阻塞在该信号量上,那么不要删除该信号量。

vSemaphoreDelete()函数原型如下:

```
void vSemaphoreDelete(SemaphoreHandle_t xSemaphore)
```

3. 信号量释放函数

与消息队列的操作一样,信号量的释放可以在任务、中断中使用,所以需要有不一样的API 函数在不一样的上下文环境中调用。

当信号量有效时,任务才能获取信号量,那么是什么函数使得信号量变得有效?在创建的时候进行初始化,将它可用的信号量个数设置一个初始值。在二值信号量中,该初始值的范围是 0~1(旧版本的 FreeRTOS 中创建二值信号量默认是有效的,而新版本则默认是无效的),假如初始值为 1 个可用的信号量,被申请一次就变得无效了,那就需要释放信号量。FreeRTOS 提供了信号量释放函数,每调用一次该函数就释放一个信号量。但是有个问题,能不能一直释放?很显然,这是不能的,无论信号量是二值信号量还是计数信号量,都要注意可用信号量的范围。当用作二值信号量时,必须确保其可用值在 0~1 范围内;用作计数信号量时,由用户在创建时指定 uxMaxCount,其最大可用信号量不允许超出uxMaxCount,这代表不能一直调用信号量释放函数来释放信号量,其实一直调用也是无法释放成功的。

(1) xSemaphoreGive(任务)。

xSemaphoreGive 是一个用于释放信号量的宏,真正的实现过程是调用消息队列通用发送函数。释放的信号量对象必须是已经被创建的,可以用于二值信号量、计数信号量、互斥量的释放,但不能释放由函数 xSemaphoreCreateRecursiveMutex 创建的递归互斥量。此外,该函数不能在中断中使用。

xSemaphoreGive 函数原型如下:

```
#define xSemaphoreGive(xSemaphore) \
        xQueueGenericSend((QueueHandle_t) (xSemaphore), \
                            NULL, \
                            semGIVE_BLOCK_TIME, \
                            queueSEND_TO_BACK)
```

从该宏定义可以看出,释放信号量实际上是一次入队操作,并且不允许入队阻塞,因为阻塞时间为 semGIVE_BLOCK_TIME,该宏的值为 0。

通过消息队列入队过程分析,可以将释放一个信号量的过程简化:如果信号量未满,控制块结构体成员 uxMessageWaiting 就会加 1,然后判断是否有阻塞的任务,如果有就会恢复阻塞的任务,然后返回成功信息(pdPASS);如果信号量已满,则返回错误代码(err_QUEUE_FULL)。

(2) xSemaphoreGiveFromISR(中断)。

xSemaphoreGiveFromISR 用于释放一个信号量,带中断保护。被释放的信号量可以是二进制信号量和计数信号量。和普通版本的释放信号量 API 函数有些许不同,它不能释放互斥量,这是因为互斥量不可以在中断中使用,互斥量的优先级继承机制只能在任务中起作用,而在中断中毫无意义。带中断保护的信号量释放其实也是一个宏,真正调用的函数是xQueueGiveFromISR。

SemaphoreGiveFromISR 函数原型如下:

```
#define xSemaphoreGiveFromISR(xSemaphore, pxHigherPriorityTaskWoken) \
        xQueueGiveFromISR((QueueHandle_t) \
                            (xSemaphore), \
                            (pxHigherPriorityTaskWoken))
```

如果可用信号量未满,控制块结构体成员 uxMessageWaiting 就会加 1,然后判断是否有阻塞的任务,如果有的话就会恢复阻塞的任务,然后返回成功信息(pdPASS)。如果恢复的任务优先级比当前任务优先级高,那么在退出中断前要进行任务切换一次;如果信号量满,则返回错误代码(err_QUEUE_FULL),表示信号量满。

4. 信号量获取函数

与消息队列的操作一样,信号量的获取可以在任务、中断(中断中使用并不常见)中使用,所以需要有不一样的 API 函数在不一样的上下文环境中调用。

与释放信号量对应的是获取信号量。当信号量有效时,任务才能获取信号量,当任务获取了某个信号量时,该信号量的可用个数就减 1,当它减到 0 时,任务就无法再获取了,并且获取的任务会进入阻塞态(假如用户指定了阻塞超时时间)。如果某个信号量中当前拥有 1 个可用的信号量,被获取一次就变得无效了,那么此时另外一个任务获取该信号量时,就会无法获取成功,该任务便会进入阻塞态,阻塞时间由用户指定。

(1) xSemaphoreTake(任务)。

xSemaphoreTake 函数用于获取信号量,可以是二值信号量、计数信号量、互斥量,不带中断保护。获取的信号量对象可以是二值信号量、计数信号量和互斥量,但是递归互斥量并不能使用这个 API 函数获取。其实获取信号量是一个宏,真正调用的函数是 xQueueGenericReceive。该宏不能在中断使用,而是必须由具体中断保护功能的 xQueueReceiveFromISR 版本代替。

xSemaphoreTake 函数原型如下:

```
#define xSemaphoreTake(xSemaphore, xBlockTime)
    xQueueGenericReceive((QueueHandle_t)(xSemaphorc),NULL,(xBlockTime),pdFALSE)
```

从该宏定义可以看出释放信号量实际上是一次消息出队操作,阻塞时间由用户指定xBlockTime,当有任务试图获取信号量时,当且仅当信号量有效时,任务才能读获取到信号量。如果信号量无效,在用户指定的阻塞超时时间中,该任务将保持阻塞状态以等待信号量有效。若其他任务或中断释放了有效的信号量,该任务将自动由阻塞态转移为就绪态。当任务等待的时间超过了指定的阻塞时间时,即使信号量中还是没有可用信号量,任务也会自动从阻塞态转移为就绪态。

通过前面消息队列出队过程分析,可以将获取一个信号量的过程简化:如果有可用信号量,控制块结构体成员 uxMessageWaiting 就会减 1,然后返回获取成功信息(pdPASS);如果信号量无效并且阻塞时间为 0,则返回错误代码(errQUEUE_EMPTY);如果信号量无效并且用户指定了阻塞时间,则任务会因为等待信号量而进入阻塞状态,任务会被挂接到延时列表中。

（2）xSemaphoreTakeFromISR（中断）。

xSemaphoreTakeFromISR 是函数 xSemaphoreTake 的中断版本,用于获取信号量,是一个不带阻塞机制获取信号量的函数,获取对象必须由是已经创建的信号量。信号量类型可以是二值信号量和计数信号量,它与 xSemaphoreTake 函数不同,不能用于获取互斥量,因为互斥量不可以在中断中使用,并且互斥量特有的优先级继承机制只能在任务中起作用,而在中断中毫无意义。

xSemaphoreTakeFromISR 函数原型如下:

```
xSemaphoreTakeFromISR(SemaphoreHandle_t xSemaphore,
                signed BaseType_t * pxHigherPriorityTaskWoken)
```

5.1.10　FreeRTOS 信号量应用实例

1. 二值信号量同步实例

信号量同步实验是在 FreeRTOS 中创建两个任务,一个是获取信号量任务,一个是释放互斥量任务,两个任务独立运行。获取信号量任务一直在等待信号量,其等待时间是portMAX_DELAY,等到获取到信号量之后,任务开始执行任务代码,如此反复等待其他任务释放的信号量。

释放信号量任务检测按键是否按下,如果按下则释放信号量,此时释放信号量会唤醒获取任务,获取任务开始运行,然后形成两个任务间的同步。因为如果没按下按键,那么信号量就不会释放,只有当信号量释放时,获取信号量的任务才会被唤醒,如此一来就实现了任务与任务的同步,同时程序的运行会在串口打印出相关信息。

二值信号量源代码如下:

```c
/*************************************************************
 * @file   main.c
 * @brief  FreeRTOS V9.0.0 + STM32 二值信号量同步
 * 实验平台:野火 STM32F407 霸天虎开发板
 *************************************************************/
/*************************************************************
 *                        包含的头文件
 *************************************************************/
/* FreeRTOS 头文件 */
#include "FreeRTOS.h"
#include "task.h"
#include "queue.h"
#include "semphr.h"
/* 开发板硬件 bsp 头文件 */
#include "bsp_led.h"
#include "bsp_debug_usart.h"
#include "bsp_key.h"
/*************************** 任务句柄 ****************************/
/*
 * 任务句柄是一个指针,用于指向一个任务,当任务创建好之后,它就具有了一个任务句柄
 * 以后要想操作这个任务都需要通过这个任务句柄,如果是自身的任务操作自己,那么
 * 这个句柄可以为 NULL
 */
static TaskHandle_t AppTaskCreate_Handle = NULL;       /* 创建任务句柄 */
static TaskHandle_t Receive_Task_Handle = NULL;        /* LED 任务句柄 */
static TaskHandle_t Send_Task_Handle = NULL;           /* KEY 任务句柄 */


/*************************** 内核对象句柄 ***************************/
/*
 * 信号量,消息队列,事件标志组,软件定时器这些都属于内核的对象,要想使用这些内核
 * 对象,必须先创建,创建成功之后会返回一个相应的句柄。实际上就是一个指针,后续
 * 就可以通过这个句柄操作这些内核对象
 *
 * 内核对象是一种全局的数据结构,通过这些数据结构可以实现任务间的通信,
 * 任务间的事件同步等各种功能。这些功能的实现是通过调用这些内核对象的函数
 * 来完成的
 *
 */
SemaphoreHandle_t BinarySem_Handle = NULL;


/*************************** 全局变量声明 ***************************/
/*
 * 在写应用程序时,可能需要用到一些全局变量
 */



/*************************** 宏定义 ****************************/
/*
```

```
 * 在写应用程序时,可能需要用到一些宏定义
 * /

/*
 ***************************************************************************
 *                                 函数声明
 ***************************************************************************
 * /
static void AppTaskCreate(void);                         /* 用于创建任务 */

static void Receive_Task(void * pvParameters);           /* Receive_Task 任务实现 */
static void Send_Task(void * pvParameters);              /* Send_Task 任务实现 */

static void BSP_Init(void);                              /* 用于初始化板载相关资源 */

/******************************************************************
 * @brief 主函数
 * @param 无
 * @retval 无
 * @note   第一步:开发板硬件初始化
 *         第二步:创建 App 任务
 *         第三步:启动 FreeRTOS,开始多任务调度
 ****************************************************************** /
int main(void)
{
  BaseType_t xReturn = pdPASS;      /* 定义一个创建信息返回值,默认为 pdPASS */

  /* 开发板硬件初始化 */
  BSP_Init();
printf("这是一个 FreeRTOS 二值信号量同步实例!\n");
  printf("按下 KEY1 或者 KEY2 进行任务与任务间的同步\n");
  /* 创建 AppTaskCreate 任务 */
  xReturn = xTaskCreate((TaskFunction_t)AppTaskCreate,         /* 任务入口函数 */
                        (const char *     )"AppTaskCreate",    /* 任务名字 */
                        (uint16_t         )512,                /* 任务栈大小 */
                        (void *           )NULL,               /* 任务入口函数参数 */
                        (UBaseType_t      )1,                  /* 任务的优先级 */
                        (TaskHandle_t *   )&AppTaskCreate_Handle); /* 任务控制块指针 */
  /* 启动任务调度 */
  if(pdPASS == xReturn)
    vTaskStartScheduler();           /* 启动任务,开启调度 */
  else
    return - 1;

  while(1);                          /* 正常不会执行到这里 */
}


/******************************************************************
 * @ 函数名    : AppTaskCreate
```

```c
    * @ 功能说明: 为了方便管理,所有的任务创建函数都放在这个函数里面
    * @ 参数    : 无
    * @ 返回值   : 无
    *********************************************************************/
static void AppTaskCreate(void)
{
    BaseType_t xReturn = pdPASS;            /* 定义一个创建信息返回值,默认为 pdPASS */

    taskENTER_CRITICAL();                   //进入临界区

    /* 创建 BinarySem */
    BinarySem_Handle = xSemaphoreCreateBinary();
    if(NULL != BinarySem_Handle)
      printf("BinarySem_Handle 二值信号量创建成功!\r\n");

    /* 创建 Receive_Task 任务 */
    xReturn = xTaskCreate((TaskFunction_t)Receive_Task,          /* 任务入口函数 */
                          (const char *     )"Receive_Task",     /* 任务名字 */
                          (uint16_t         )512,                /* 任务栈大小 */
                          (void *           )NULL,               /* 任务入口函数参数 */
                          (UBaseType_t      )2,                  /* 任务的优先级 */
                          (TaskHandle_t *   )&Receive_Task_Handle); /* 任务控制块指针 */
    if(pdPASS == xReturn)
      printf("创建 Receive_Task 任务成功!\r\n");

    /* 创建 Send_Task 任务 */
    xReturn = xTaskCreate((TaskFunction_t)Send_Task,             /* 任务入口函数 */
                          (const char *     )"Send_Task",        /* 任务名字 */
                          (uint16_t         )512,                /* 任务栈大小 */
                          (void *           )NULL,               /* 任务入口函数参数 */
                          (UBaseType_t      )3,                  /* 任务的优先级 */
                          (TaskHandle_t *   )&Send_Task_Handle);  /* 任务控制块指针 */
    if(pdPASS == xReturn)
      printf("创建 Send_Task 任务成功!\n\n");

    vTaskDelete(AppTaskCreate_Handle);      //删除 AppTaskCreate 任务

    taskEXIT_CRITICAL();                    //退出临界区
}
/*********************************************************************
**
    * @ 函数名  : Receive_Task
    * @ 功能说明: Receive_Task 任务主体
    * @ 参数    :
    * @ 返回值   : 无
    *********************************************************************/
static void Receive_Task(void * parameter)
{
    BaseType_t xReturn = pdPASS;        /* 定义一个创建信息返回值,默认为 pdPASS */
    while (1)
```

```
    {
        //获取二值信号量 xSemaphore,若没获取到则一直等待
        xReturn = xSemaphoreTake(BinarySem_Handle,          /* 二值信号量句柄 */
                                 portMAX_DELAY);             /* 等待时间 */
        if(pdTRUE == xReturn)
            printf("BinarySem_Handle 二值信号量获取成功!\n\n");
            LED1_TOGGLE;
    }
}


/*********************************************************************
 * @ 函数名   : Send_Task
 * @ 功能说明 : Send_Task 任务主体
 * @ 参数
 * @ 返回值   : 无
 *********************************************************************/
static void Send_Task(void * parameter)
{
    BaseType_t xReturn = pdPASS;          /* 定义一个创建信息返回值,默认为 pdPASS */
    while (1)
    {
        /* KEY1 被按下 */
        if(Key_Scan(KEY1_GPIO_PORT,KEY1_PIN) == KEY_ON)
        {
            xReturn = xSemaphoreGive(BinarySem_Handle);        //给出二值信号量
            if(xReturn == pdTRUE)
                printf("BinarySem_Handle 二值信号量释放成功!\r\n");
            else
                printf("BinarySem_Handle 二值信号量释放失败!\r\n");
        }
        /* KEY2 被按下 */
        if(Key_Scan(KEY2_GPIO_PORT,KEY2_PIN) == KEY_ON)
        {
            xReturn = xSemaphoreGive(BinarySem_Handle);        //给出二值信号量
            if(xReturn == pdTRUE)
                printf("BinarySem_Handle 二值信号量释放成功!\r\n");
            else
                printf("BinarySem_Handle 二值信号量释放失败!\r\n");
        }
        vTaskDelay(20);
    }
}
/*********************************************************************
 * @ 函数名   : BSP_Init
 * @ 功能说明 : 板级外设初始化,所有板子上的初始化均可放在这个函数里面
 * @ 参数     : 无
 * @ 返回值   : 无
 *********************************************************************/
static void BSP_Init(void)
{
```

```
    /*
     * STM32 中断优先级分组为 4,即 4bit 都用来表示抢占优先级,范围为 0～15
     * 优先级分组只需要分组一次即可,以后如果有其他的任务需要用到中断,
     * 都统一用这个优先级分组,千万不要再分组
     */
    NVIC_PriorityGroupConfig(NVIC_PriorityGroup_4);

    /* LED 初始化 */
    LED_GPIO_Config();

    /* 串口初始化 */
    Debug_USART_Config();

    /* 按键初始化 */
    Key_GPIO_Config();

}


/****************************** END OF FILE ****************************** /
```

上述代码是一个 FreeRTOS 应用实例,在野火 STM32 开发板上使用二值信号量来进行任务间的同步。主要功能包括以下部分:

(1)初始化硬件:在 main 函数中调用 BSP_Init,初始化板载 LED、USART 和按键等硬件资源。

(2)创建任务:调用 xTaskCreate 函数创建三个任务。

AppTaskCreate:用于创建其他任务和信号量。

Receive_Task:等待二值信号量,获取到信号量后切换 LED 的状态。

Send_Task:检测按键状态,按下按键时,释放二值信号量。

(3)二值信号量:在 AppTaskCreate 任务中,调用 xSemaphoreCreateBinary 函数创建一个二值信号量,并保存在 BinarySem_Handle 中。任务之间通过该信号量进行同步。

Send_Task 任务在检测到按键按下后,通过 xSemaphoreGive 函数释放信号量,表示一个事件发生。

Receive_Task 任务通过 xSemaphoreTake 函数等待获取信号量,获取到信号量后执行相应操作(切换 LED 状态)。

(4)任务调度:创建任务后,通过 vTaskStartScheduler 启动 FreeRTOS 任务调度,使得各个任务并发运行。

代码整体演示了如何利用二值信号量在 FreeRTOS 中实现任务间的事件同步,并展示了基本的硬件操作和任务创建流程。

将程序编译好,用 USB 线连接计算机和 STM32 开发板的 USB 接口(对应丝印为 USB 转串口),用 DAP 仿真器把配套程序下载到野火 STM32 开发板(这里为野火霸天虎 STM32F407 开发板),二值信号量程序下载界面如图 5-8 所示。

图 5-8　二值信号量程序下载界面

在计算机上打开野火串口调试助手 FireTools,然后复位开发板就可以在调试助手中看到串口的打印信息,它里面输出了信息表明任务正在运行中。按下开发板的按键,串口打印任务运行的信息,表明两个任务同步成功。

二值信号量实例运行结果如图 5-9 所示。

2. 计数信号量实例

计数型信号量实验模拟停车场工作运行。在创建信号量时初始化 5 个可用的信号量,并且创建了两个任务:一个是获取信号量任务,一个是释放信号量任务,两个任务独立运行。获取信号量任务通过按下 KEY1 按键进行信号量的获取,模拟停车场停车操作,其等待时间是 0,在串口调试助手输出相应信息。释放信号量任务通过按下 KEY2 按键进行信号量的释放,模拟停车场取车操作,在串口调试助手输出相应信息。

(1) 计数信号量源代码。

计数信号量源代码从略,请参考本书的数字资源。

(2) 计数信号量实例运行结果。

将程序编译好,用 USB 线连接计算机和 STM32 开发板的 USB 接口(对应丝印为 USB 转串口),用 DAP 仿真器把配套程序下载到野火 STM32 开发板(这里为野火霸天虎 STM32F407 开发板),计数信号量程序下载界面如图 5-10 所示。

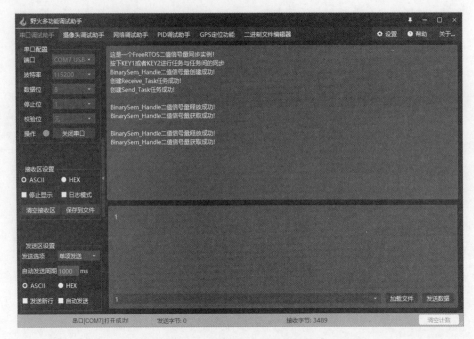

图 5-9　二值信号量实例运行结果

图 5-10　数信号量程序下载界面

在计算机上打开野火串口调试助手 FireTools,然后复位开发板就可以在调试助手中看到串口的打印信息。按下开发板的 KEY1 按键获取信号量模拟停车,按下 KEY2 按键释放信号量模拟取车,在串口调试助手中可以看到运行结果,具体如图 5-11 所示。

图 5-11　计数信号量实例运行结果

5.2　FreeRTOS 互斥量

使用信号量进行互斥型资源访问控制时,容易出现优先级翻转(priority inversion)问题。互斥量是对信号量的一种改进,增加了优先级继承机制,虽不能完全消除优先级翻转问题,但是可以缓减该问题。在本节中,先介绍出现优先级翻转问题的原因,再介绍引入优先级继承机制后,互斥量解决优先级翻转问题的工作原理。

5.2.1　优先级翻转问题

二值信号量适用于进程间同步,但是二值信号量也可以用于互斥型资源访问控制,只是在这种应用场景下,容易出现优先级翻转问题。使用图 5-12 所示的 3 个任务的运行过程时序图,可以比较直观地说明优先级翻转问题的原理。

在图 5-12 中,有 3 个任务,分别是低优先级的 TaskLP、中等优先级的 TaskMP 和高优先级的 TaskHP,它们的运行过程可描述如下。

(1) 在 t_1 时刻,低优先级任务 TaskLP 处于运行状态,并且获取了一个二值信号量

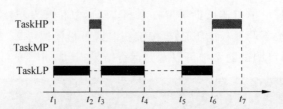

图 5-12 使用二值信号量时 3 个任务的运行过程时序图

semp。

（2）在 t_2 时刻，高优先级任务 TaskHP 进入运行状态，它申请二值信号量 semp，但是二值信号量被任务 TaskLP 占用，所以 TaskHP 在 t_3 时刻进入阻塞等待状态，TaskLP 进入运行状态。

（3）在 t_4 时刻，中等优先级任务 TaskMP 抢占了 TaskLP 的 CPU 使用权，TaskMP 不使用二值信号量，所以它一直运行到 t_5 时刻才进入阻塞状态。

（4）从 t_5 时刻开始，TaskLP 又进入运行状态，直到 t_6 时刻释放二值信号量 semp，TaskHP 才能进入运行状态。

高优先级的任务 TaskHP 需要等待低优先级的任务 TaskLP 释放二值信号量之后才可以运行，这也是期望的运行效果。但是在 t_4 时刻，虽然任务 TaskMP 的优先级比 TaskHP 低，但是它先于 TaskHP 抢占了 CPU 的使用权，这破坏了基于优先级抢占式执行的原则，对系统的实时性是有不利影响的。

5.2.2 互斥量的工作原理

在图 5-12 所示的运行过程中，不希望在 TaskHP 等待 TaskLP 释放信号量的过程中，被一个比 TaskHP 优先级低的任务抢占 CPU 的使用权。也就是说，在图 5-12 中，不希望在 t_4 时刻出现 TaskMP 抢占 CPU 使用权的情况。

为此，FreeRTOS 在二值信号量的功能基础 TaskLP 上引入了优先级继承（priority inheritance）机制，这就是互斥量。使用了互斥量后，图 5-12 的 3 个任务运行过程变为图 5-13 所示的时序图。

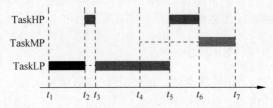

图 5-13 使用互斥量时 3 个任务的运行过程时序图

（1）在 t_1 时刻，低优先级任务 TaskLP 处于运行状态，并且获取了一个互斥量 mutex。

（2）在 t_2 时刻，高优先级任务 TaskHP 进入运行状态，它申请互斥量 mutex，但是互斥量被任务 TaskLP 占用，所以 TaskHP 在 t_3 时刻进入阻塞等待状态，TaskLP 进入运行状态。

（3）在 t_3 时刻，FreeRTOS 将 TaskLP 的优先级临时提高到与 TaskHP 相同的级别，这就是优先级继承。

（4）在 t_4 时刻，中等优先级任务 TaskMP 进入就绪状态，发生任务调度，但是因为 TaskLP 的临时优先级高于 TaskMP，所以 TaskMP 无法获得 CPU 的使用权，只能继续处于就绪状态。

（5）在 t_5 时刻，任务 TaskLP 释放互斥量，任务 TaskHP 立刻抢占 CPU 的使用权，并恢复 TaskLP 原来的优先级。

（6）在 t_6 时刻，TaskHP 进入阻塞状态后，TaskMP 才进入运行状态。

从图 5-13 的运行过程可以看到，互斥量引入了优先级继承机制，临时提升了占用互斥量的低优先级任务 TaskLP 的优先级，与申请互斥量的高优先级任务 TaskHP 的优先级相同，这样就避免了被中间优先级的任务 TaskMP 抢占 CPU 的使用权，保证了高优先级任务运行的实时性。

互斥量特别适用于互斥型资源访问控制。

使用互斥量可以减缓优先级翻转的影响，但是不能完全消除优先级翻转的问题。例如，在图 5-13 中，若 TaskMP 在 t_2 时刻之前抢占了 CPU，在 TaskMP 运行期间 TaskHP 可以抢占 CPU，但是因为要等待 TaskLP 释放占用的互斥量，要进入阻塞状态等待，还是会让 TaskMP 占用 CPU 运行。

5.2.3　互斥量应用场景

互斥量的适用情况比较单一，因为它是信号量的一种，并且以锁的形式存在。在初始化时，互斥量处于开锁状态，而被任务持有时则立刻转为闭锁状态。互斥量更适用于可能引起优先级翻转的情况。递归互斥量更适用于任务可能多次获取互斥量的情况，这样可以避免同一任务多次递归持有而造成死锁的问题。

多任务环境下往往存在多个任务竞争同一临界资源的应用场景，互斥量可用于对临界资源的保护从而实现独占式访问。另外，互斥量可以降低信号量中存在的优先级翻转问题带来的影响。

比如，有两个任务需要对串口发送数据，其硬件资源只有一个，那么两个任务不能同时发送，否则会导致数据错误。此时就可以用互斥量对串口资源进行保护，当一个任务正在使用串口时，另一个任务无法使用串口，等到一个任务使用串口完毕之后，另一个任务才能获得串口的使用权。

需要注意的是，互斥量不能在中断服务函数中使用，因为其特有的优先级继承机制只在任务中起作用，在中断的上下文环境中毫无意义。

在 FreeRTOS 中，互斥量是一种用于管理资源访问的同步原语，特别是为了保护共享资源在多任务环境中的一致性，从而避免资源竞争和数据不一致的问题。互斥量不仅仅是一个简单的二值信号量，它还支持优先级继承机制，用以解决优先级反转问题。以下是互斥量的典型应用场景。

1. 保护共享资源

当多个任务需要访问同一个共享资源（如全局变量、数据结构、硬件外设等）时，使用互斥量可以确保同一时间只有一个任务能够访问该资源，从而避免资源竞争和数据不一致。

```
SemaphoreHandle_t xMutex;
int sharedResource = 0;

void Task1(void * pvParameters) {
    for (;;) {
        if (xSemaphoreTake(xMutex, portMAX_DELAY) == pdTRUE) {
            // 访问和操作共享资源
            sharedResource++;
            xSemaphoreGive(xMutex);
        }
    }
}

void Task2(void * pvParameters) {
    for (;;) {
        if (xSemaphoreTake(xMutex, portMAX_DELAY) == pdTRUE) {
            // 访问和操作共享资源
            sharedResource--;
            xSemaphoreGive(xMutex);
        }
    }
}
```

2. 串行设备访问

在多个任务访问同一个串行设备（如 UART、SPI、I2C 等）的场景下，互斥量可以确保只有一个任务在同一时间内进行数据传输，避免数据冲突和通信错误。

```
SemaphoreHandle_t xUartMutex;
void UartTask1(void * pvParameters) {
    for (;;) {
        if (xSemaphoreTake(xUartMutex, portMAX_DELAY) == pdTRUE) {
            // 发送数据到 UART
            uart_send("Message from Task1");
            xSemaphoreGive(xUartMutex);
        }
    }
}

void UartTask2(void * pvParameters) {
    for (;;) {
        if (xSemaphoreTake(xUartMutex, portMAX_DELAY) == pdTRUE) {
            // 发送数据到 UART
            uart_send("Message from Task2");
            xSemaphoreGive(xUartMutex);
```

```
        }
    }
}
```

3. 文件系统访问

在嵌入式系统中,多个任务可能需要访问文件系统、读写文件。使用互斥量可以保护文件系统操作,确保同一时间只有一个任务进行文件系统的读写操作,防止文件系统损坏。

```
SemaphoreHandle_t xFileMutex;
void FileTask1(void * pvParameters) {
    for (;;) {
        if (xSemaphoreTake(xFileMutex, portMAX_DELAY) == pdTRUE) {
            // 读写文件操作
            file_write("file.txt", "Data from Task1");
            xSemaphoreGive(xFileMutex);
        }
    }
}

void FileTask2(void * pvParameters) {
    for (;;) {
        if (xSemaphoreTake(xFileMutex, portMAX_DELAY) == pdTRUE) {
            // 读写文件操作
            file_write("file.txt", "Data from Task2");
            xSemaphoreGive(xFileMutex);
        }
    }
}
```

4. 优先级反转问题的解决

在高优先级任务等待低优先级任务释放资源的场景下,可能会发生优先级反转问题。FreeRTOS 中的互斥量具有自动的优先级继承机制,当高优先级任务等待互斥量时,持有互斥量的低优先级任务会自动提升到高优先级,从而减少高优先级任务的等待时间。

```
SemaphoreHandle_t xSharedResourceMutex;
void HighPriorityTask(void * pvParameters) {
    for (;;) {
        if (xSemaphoreTake(xSharedResourceMutex, portMAX_DELAY) == pdTRUE) {
            // 访问共享资源
            xSemaphoreGive(xSharedResourceMutex);
        }
    }
}

void LowPriorityTask(void * pvParameters) {
    for (;;) {
        if (xSemaphoreTake(xSharedResourceMutex, portMAX_DELAY) == pdTRUE) {
            // 模拟长时间的资源占用
            vTaskDelay(pdMS_TO_TICKS(1000));
            xSemaphoreGive(xSharedResourceMutex);
```

```
        }
      }
    }
```

互斥量在 FreeRTOS 中具有非常广泛的应用场景,包括但不限于保护共享数据、串行设备访问、文件系统操作以及解决优先级反转问题。合理使用互斥量可以显著提高系统的可靠性和响应性。

5.2.4 互斥量的运作机制

在多任务环境下,多个任务可能需要访问同一个临界资源。为了防止资源冲突,FreeRTOS 提供了互斥量来进行资源保护。互斥量如何避免这种冲突呢?

互斥量的工作机制如下(见图 5-14):

(1) 获取互斥量。当任务需要访问临界资源时,首先需要获取互斥量。一旦任务成功获取了互斥量,互斥量立即变为闭锁状态(锁定)。

(2) 阻塞其他任务。在互斥量被锁定的情况下,其他任务将无法获取互斥量,因此也无法访问该临界资源。这些任务会根据用户自定义的等待时间进行等待,直到互斥量被释放。

(3) 释放互斥量。当持有互斥量的任务完成对资源的访问后,会释放互斥量。此时,其他等待中的任务可以尝试获取互斥量。

(4) 确保单一访问。通过这种机制,互斥量确保在任何时刻只有一个任务可以访问临界资源,从而保证了资源操作的安全性。

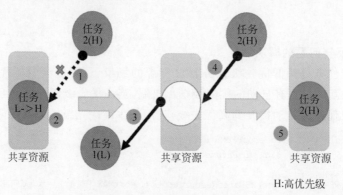

图 5-14　互斥量的运作机制

图 5-14①:因为互斥量具有优先级继承机制,一般选择使用互斥量对资源进行保护,如果资源被占用,无论是什么优先级的任务想要使用该资源都会被阻塞。

图 5-14②:假如正在使用该资源的任务 1 比阻塞中的任务 2 的优先级还低,那么任务 1 将被系统临时提升到与高优先级任务 2 相等的优先级(任务 1 的优先级从 L 变成 H)。

图 5-14③:当任务 1 使用完资源之后,释放互斥量,此时任务 1 的优先级会从 H 变回原来的 L。

图 5-14④和⑤:任务 2 此时可以获得互斥量,然后进行资源的访问,当任务 2 访问资源

时,该互斥量的状态又为闭锁状态,其他任务无法获取互斥量。

5.2.5 互斥量控制块

互斥量的 API 函数实际上都是宏,它使用现有的队列机制,这些宏定义在 semphr. h 文件中,如果使用互斥量,需要包含 semphr. h 头文件。所以,FreeRTOS 的互斥量控制块结构体与消息队列结构体是一模一样的,只不过结构体中某些成员变量代表的含义不一样。

互斥量控制块代码清单如下:

```
1  typedef struct QueueDefinition {
2  int8_t * pcHead;
3  int8_t * pcTail;
4  int8_t * pcWriteTo;
5
6  union {
7  int8_t * pcReadFrom;
8  UBaseType_t uxRecursiveCallCount;
9  } u;
10
11 List_t xTasksWaitingToSend;
12 List_t xTasksWaitingToReceive;
13
14 volatile UBaseType_t uxMessagesWaiting;
15 UBaseType_t uxLength;
16 UBaseType_t uxItemSize;
17
18 volatile int8_t cRxLock;
19 volatile int8_t cTxLock;
20
21 #if((configSUPPORT_STATIC_ALLOCATION == 1)
22 && (configSUPPORT_DYNAMIC_ALLOCATION == 1))
23 uint8_t ucStaticallyAllocated;
24 #endif
25
26 #if (configUSE_QUEUE_SETS == 1)
27 struct QueueDefinition * pxQueueSetContainer;
28 #endif
29
30 #if (configUSE_TRACE_FACILITY == 1)
31 UBaseType_t uxQueueNumber;
32 uint8_t ucQueueType;
33 #endif
34
35 } xQUEUE;
36
37 typedef xQUEUE Queue_t;
```

代码清单展示了 FreeRTOS 中用于实现互斥量的控制块结构体 Queue_t。这个控制块也用于实现队列和信号量,是 FreeRTOS 中的通用数据结构。

(1) 功能说明。

① 基本指针。

pcHead 和 pcTail:指向队列的头和尾,主要用于队列结构。

pcWriteTo:指向当前写入位置。

② 联合体。

u. pcReadFrom:指示当前读取位置,队列使用。

u. uxRecursiveCallCount:递归调用计数,仅用于互斥量。

③ 任务等待列表。

xTasksWaitingToSend:等待发送的任务列表。

xTasksWaitingToReceive:等待接收的任务列表。

④ 队列属性。

uxMessagesWaiting:当前队列中消息的数量,互斥锁中未使用。

uxLength 和 uxItemSize:队列的长度和单个项目的大小。

⑤ 锁。

cRxLock 和 cTxLock:接收和发送锁,用于同步操作。

⑥ 配置依赖部分。

ucStaticallyAllocated:指示队列是否是静态分配,仅在支持静态和动态分配时定义。

pxQueueSetContainer:指向包含该队列的队列集合,仅在启用队列集合时定义。

uxQueueNumber 和 ucQueueType:队列编号和类型,仅在启用跟踪功能时定义。

(2) 互斥量特有部分。

uxRecursiveCallCount:跟踪同一任务多次获取互斥量的次数,支持递归互斥量。

互斥量使用时,其他成员如队列长度和消息等待等属性未被利用。

这个结构体是 FreeRTOS 实现队列、信号量和互斥量的基础数据结构,通过不同成员和配置的结合,能灵活应用于不同的同步机制。互斥量特别利用了递归调用计数来支持递归锁的功能。

5.2.6 互斥量函数接口

1. 互斥量创建函数 xSemaphoreCreateMutex

xSemaphoreCreateMutex 用于创建一个互斥量,并返回一个互斥量句柄。该句柄的原型是一个 void 型的指针,在使用之前必须先由用户定义一个互斥量句柄。要想使用该函数,必须在 FreeRTOSConfig. h 中把宏 configSUPPORT_DYNAMIC_ALLOCATION 定义为 1,即开启动态内存分配。其实该宏在 FreeRTOS. h 中默认定义为 1,即所有 FreeRTOS 的对象在创建时都默认使用动态内存分配方案,同时还需在 FreeRTOSConfig. h 中把 configUSE_MUTEXES 宏定义打开,表示使用互斥量。

xSemaphoreCreateMutex 函数原型如下:

```
# define xSemaphoreCreateMutex( ) xQueueCreateMutex(queueQUEUE_TYPE_MUTEX)
```

xSemaphoreCreateMutex 是 FreeRTOS 提供的一个宏,用于创建一个互斥量。互斥量是一种用于管理对共享资源访问的同步工具,确保在同一时刻只有一个任务可以访问共享资源。这对于避免数据竞争和确保数据一致性非常关键。

(1) 功能说明。

xSemaphoreCreateMutex 用于创建一个标准的互斥量。该宏实际上是调用 xQueueCreateMutex(queueQUEUE_TYPE_MUTEX)函数,生成一个作为互斥量管理结构的队列。

互斥量具有以下特点。

① 互斥:确保同时只有一个任务可以持有资源访问权。

② 递归特性:同一个任务可以多次"获得"同一个互斥量,但在每次操作之前都必须对应一个"释放"操作。

③ 优先级继承:当一个高优先级的任务被阻塞时,如果持有互斥量的是一个低优先级任务,则低优先级任务将暂时"继承"高优先级任务的优先级,以避免优先级反转问题。

(2) 示例代码。

下面是一个简单的应用示例,展示如何使用 xSemaphoreCreateMutex 来创建和使用一个互斥量。

```c
# include "FreeRTOS. h"
# include "task. h"
# include "semphr. h"

// 全局互斥量句柄
SemaphoreHandle_t xMutex;

// 共享资源
int sharedResource = 0;

// 任务 1:修改共享资源
void vTask1(void * pvParameters)
{
    for(;;)
    {
        // 尝试获得互斥量
        if(xSemaphoreTake(xMutex, (TickType_t) 10) == pdTRUE)
        {
            // 获得互斥量,安全地访问共享资源
            sharedResource++;
            printf("Task1 modified sharedResource to % d\n", sharedResource);

            // 释放互斥量
            xSemaphoreGive(xMutex);
```

```
        }

        // 模拟任务处理时间
        vTaskDelay(pdMS_TO_TICKS(100));
    }
}


// 任务 2:修改共享资源
void vTask2(void * pvParameters)
{
    for(;;)
    {
        // 尝试获得互斥量
        if(xSemaphoreTake(xMutex, (TickType_t) 10) == pdTRUE)
        {
            // 获得互斥量,安全地访问共享资源
            sharedResource++;
            printf("Task2 modified sharedResource to % d\n", sharedResource);

            // 释放互斥量
            xSemaphoreGive(xMutex);
        }

        // 模拟任务处理时间
        vTaskDelay(pdMS_TO_TICKS(150));
    }
}


int main(void)
{
    // 创建互斥量
    xMutex = xSemaphoreCreateMutex();

    if (xMutex != NULL)
    {
        // 创建任务
        xTaskCreate(vTask1, "Task1", configMINIMAL_STACK_SIZE, NULL, 1, NULL);
        xTaskCreate(vTask2, "Task2", configMINIMAL_STACK_SIZE, NULL, 1, NULL);

        // 启动调度程序
        vTaskStartScheduler();
    }

    // 如果创建互斥量失败,不会执行这里
    for(;;);

    return 0;
}
```

(3) 代码说明。

① 创建互斥量 xMutex。

```
xMutex = xSemaphoreCreateMutex();
```

如果 xMutex 创建成功,将返回一个有效的互斥量句柄,否则返回 NULL。

② 任务 vTask1 和 vTask2。

任务 vTask1 和任务 vTask2 尝试获得互斥量 xMutex。如果成功,它们分别增加共享资源 sharedResource,然后释放互斥量。

xSemaphoreTake 尝试获得互斥量,等待时间为 10 个系统 tick。

xSemaphoreGive 释放互斥量,使其他任务可以访问共享资源。

③ 启动调度程序。

创建任务之后,通过 vTaskStartScheduler 启动 FreeRTOS 调度程序,开始任务调度。

这个简单的例子展示了如何使用 xSemaphoreCreateMutex 创建一个互斥量,并在多个任务之间保护对共享资源的访问,从而避免竞态条件和数据不一致问题。

2. 递归互斥量创建函数 xSemaphoreCreateRecursiveMutex

xSemaphoreCreateRecursiveMutex 用于创建一个递归互斥量,不是递归的互斥量由函数 xSemaphoreCreateMutex 或 xSemaphoreCreateMutexStatic 创建,且只能被同一个任务获取一次,如果同一个任务想再次获取则会失败。递归信号量则相反,它可以被同一个任务获取很多次,获取多少次就需要释放多少次。递归信号量与互斥量一样,都实现了优先级继承机制,可以降低优先级反转的危害。

要想使用该函数,必须在 FreeRTOSConfig. h 中把宏 configSUPPORT_DYNAMIC_ALLOCATION 和 configUSE_RECURSIVE_MUTEXES 均定义为 1。宏 configSUPPORT_DYNAMIC_ALLOCATION 定义为 1,即表示开启动态内存分配。其实该宏在 FreeRTOS. h 中默认定义为 1,即所有 FreeRTOS 的对象在创建时都默认使用动态内存分配方案。

xSemaphoreCreateRecursiveMutex 函数原型如下:

```
#define xSemaphoreCreateRecursiveMutex()
        xQueueCreateMutex(queueQUEUE_TYPE_RECURSIVE_MUTEX)
```

3. 互斥量删除函数 vSemaphoreDelete

互斥量的本质是信号量,直接调用 vSemaphoreDelete 函数进行删除即可。

在 FreeRTOS 中,vSemaphoreDelete 是用于删除互斥量或信号量的函数。互斥量和信号量在 FreeRTOS 中用于任务间的同步和资源访问控制,而当这些同步对象不再需要时,通过 vSemaphoreDelete 可以释放它们占用的资源。

(1) 功能简介。

① 释放资源:vSemaphoreDelete 函数会释放与互斥量或信号量相关的所有资源,其中包括在 FreeRTOS 内存堆(heap)中为其分配的内存。

② 防止内存泄漏:通过及时删除不再需要的互斥量或信号量,可以有效防止内存泄漏,保持系统的稳定性和运行效率。

(2) 使用示例。

以下是如何创建、使用和删除互斥量的一个示例代码。

```
// 创建一个互斥量
SemaphoreHandle_t xMutex = xSemaphoreCreateMutex();

if (xMutex != NULL) {
    // 使用互斥量进行资源访问控制
    if (xSemaphoreTake(xMutex, portMAX_DELAY) == pdTRUE) {
        // 访问临界资源
        xSemaphoreGive(xMutex);
    }

    // 当互斥量不再需要时,删除它
    vSemaphoreDelete(xMutex);
}
```

（3）注意事项。

① 任务知晓：在删除互斥量或信号量前，应确保没有任务在等待或试图使用被删除的同步对象，否则会导致不确定的行为。

② 系统安全性：恰当使用删除函数有助于提升系统的安全性，确保资源合理分配和释放。

通过及时删除不再需要的互斥量和信号量，vSemaphoreDelete 函数在资源管理和操作系统的稳定性方面扮演着重要角色。

4. 互斥量获取函数 xSemaphoreTake

当互斥量处于开锁的状态时，任务才能获取互斥量成功，当任务持有了某个互斥量时，其他任务就无法获取这个互斥量，需要等到持有互斥量的任务进行释放后，其他任务才能获取成功，任务通过互斥量获取函数来获取互斥量的所有权。任务对互斥量的所有权是独占的，任意时刻互斥量只能被一个任务持有，如果互斥量处于开锁状态，那么获取该互斥量的任务将成功获得该互斥量，并拥有互斥量的使用权；如果互斥量处于闭锁状态，获取该互斥量的任务将无法获得互斥量，任务将被挂起。在任务被挂起之前，会进行优先级继承，如果当前任务优先级比持有互斥量的任务优先级高，那么将会临时提升持有互斥量任务的优先级。互斥量的获取函数是一个宏定义，实际调用的函数就是 xQueueGenericReceive。

xSemaphoreTake 函数原型如下：

```
#define xSemaphoreTake(xSemaphore, xBlockTime) \
        xQueueGenericReceive((QueueHandle_t) (xSemaphore), NULL, (xBlockTime), pdFALSE)
```

xQueueGenericReceive 函数其实就是消息队列获取函数，只不过如果使用了互斥量，这个函数会稍微有点不一样。因为互斥量本身有优先级继承机制，所以在这个函数里面会使用宏定义进行编译。如果获取的对象是互斥量，那么这个函数就拥有优先级继承算法；如果获取对象不是互斥量，就没有优先级继承机制。

5. 递归互斥量获取函数 xSemaphoreTakeRecursive

xSemaphoreTakeRecursive 是一个用于获取递归互斥量的宏，与互斥量的获取函数一样，xSemaphoreTakeRecursive 也是一个宏定义，它最终使用现有的队列机制，实际执行的函数是 xQueueTakeMutexRecursive。

互斥量之前必须由 xSemaphoreCreateRecursiveMutex 这个函数创建。要注意的是，该函数不能用于获取由函数 xSemaphoreCreateMutex 创建的互斥量。要想使用该函数，必须在头文件 FreeRTOSConfig. h 中把宏 configUSE_RECURSIVE_MUTEXES 定义为 1。

xSemaphoreTakeRecursive 函数原型如下：

```
#define xSemaphoreTakeRecursive(xMutex, xBlockTime)
        xQueueTakeMutexRecursive((xMutex), (xBlockTime))
```

6. 互斥量释放函数 xSemaphoreGive

任务想要访问某个资源时，需要先获取互斥量，然后进行资源访问，在任务使用完该资源时，必须及时归还互斥量，这样其他任务才能对资源进行访问。在前面的讲解中，当互斥量有效时，任务才能获取互斥量，那么，是什么函数使得信号量变得有效呢？FreeRTOS 提供了互斥量释放函数 xSemaphoreGive，任务可以调用 xSemaphoreGive 函数进行释放互斥量，表示已经用完了。互斥量的释放函数与信号量的释放函数一致，都是调用 xSemaphoreGive 函数。需要注意的是，互斥量的释放只能在任务中，不允许在中断中释放互斥量。

使用该函数接口时，只有已持有互斥量所有权的任务才能释放它，当任务调用 xSemaphoreGive 函数时会将互斥量变为开锁状态，等待获取该互斥量的任务将被唤醒。

如果任务的优先级被互斥量的优先级翻转机制临时提升，那么当互斥量被释放后，任务的优先级将恢复为原本设定的优先级。

xSemaphoreGive 函数原型如下：

```
#define xSemaphoreGive(xSemaphore) \
        xQueueGenericSend((QueueHandle_t) (xSemaphore), NULL, semGIVE_BLOCK_TIME, queueSEND
_TO_BACK)
```

互斥量、信号量的释放就是调用 xQueueGenericSend 函数，但是互斥量的处理还是有一些不一样的地方，因为它有优先级继承机制，在释放互斥量的时候需要恢复任务的初始优先级。

7. 递归互斥量释放函数 xSemaphoreGiveRecursive

xSemaphoreGiveRecursive 是一个用于释放递归互斥量的宏。要想使用该函数，必须在头文件 FreeRTOSConfig. h 把宏 configUSE_RECURSIVE_MUTEXES 定义为 1。

xSemaphoreGiveRecursive 函数原型如下：

```
#define xSemaphoreGiveRecursive(xMutex) \
        xQueueGiveMutexRecursive((xMutex))
```

xSemaphoreGiveRecursive 函数用于释放一个递归互斥量。已经获取递归互斥量的任务可以重复获取该递归互斥量。使用 xSemaphoreTakeRecursive 函数成功获取几次递归互斥量，就要使用 xSemaphoreGiveRecursive 函数返还几次，在此之前递归互斥量都处于无效状态,其他任务就无法获取该递归互斥量。使用该函数接口时,只有已持有互斥量所有权的任务才能释放它,每释放一次该递归互斥量,它的计数值就减1。当该互斥量的计数值为0时(持有任务已经释放所有的持有操作),互斥量则变为开锁状态,等待在该互斥量上的任务将被唤醒。如果任务的优先级被互斥量的优先级翻转机制临时提升,那么当互斥量被释放后,任务的优先级将恢复为原本设定的优先级。

5.2.7　FreeRTOS 互斥量应用实例

互斥量实例是基于优先级翻转实验进行修改的,目的是测试互斥量的优先级继承机制是否有效。

互斥量实例是在 FreeRTOS 中创建了三个任务与一个二值信号量,任务分别是高优先级任务、中优先级任务、低优先级任务,用于模拟产生优先级翻转。低优先级任务在获取信号量时,被中优先级打断,中优先级的任务执行时间较长,因为低优先级还未释放信号量,所以高优先级任务就无法取得信号量继续运行,此时就发生了优先级翻转。任务在运行中,使用串口打印出相关信息。

1. 互斥量源代码

```
/***************************************************************
 * @file   main.c
 * @brief  FreeRTOS V9.0.0 + STM32 互斥量
 ***************************************************************
 * 实验平台:野火 STM32F407 霸天虎开发板


 ***************************************************************/
/***************************************************************
 *                          包含的头文件
 ***************************************************************/
/* FreeRTOS 头文件 */
# include "FreeRTOS.h"
# include "task.h"
# include "queue.h"
# include "semphr.h"
/* 开发板硬件 bsp 头文件 */
# include "bsp_led.h"
# include "bsp_debug_usart.h"
# include "bsp_key.h"
/*********************** 任务句柄 ***********************/
/*
 * 任务句柄是一个指针,用于指向一个任务,当任务创建好之后,它就具有了一个任务句柄
 * 以后要想操作这个任务都需要通过这个任务句柄,如果是自身的任务操作自己,那么
 * 这个句柄可以为 NULL
 */
static TaskHandle_t AppTaskCreate_Handle = NULL;        /* 创建任务句柄 */
static TaskHandle_t LowPriority_Task_Handle = NULL;     /* LowPriority_Task 任务句柄 */
```

```
static TaskHandle_t MidPriority_Task_Handle = NULL;        /* MidPriority_Task 任务句柄 */
static TaskHandle_t HighPriority_Task_Handle = NULL;       /* HighPriority_Task 任务句柄 */
/******************************* 内核对象句柄 *******************************/
/*
 * 信号量、消息队列、事件标志组、软件定时器都属于内核的对象,要想使用这些内核
 * 对象,必须先创建,创建成功之后会返回一个相应的句柄。实际上就是一个指针,后续
 * 就可以通过这个句柄操作这些内核对象
 *
 * 内核对象其实就是一种全局的数据结构,通过这些数据结构可以实现任务间的通信、
 * 任务间的事件同步等各种功能。这些功能的实现是通过调用这些内核对象的函数
 * 来完成的
 */
SemaphoreHandle_t MuxSem_Handle = NULL;

/************************** 全局变量声明 **************************/
/*
 * 在写应用程序时,可能需要用到一些全局变量
 */
/************************** 宏定义 **************************/
/*
 * 在写应用程序时,可能需要用到一些宏定义
 */
/**************************************************************
 *                          函数声明
 **************************************************************/
static void AppTaskCreate(void);                    /* 用于创建任务 */

static void LowPriority_Task(void * pvParameters);   /* LowPriority_Task 任务实现 */
static void MidPriority_Task(void * pvParameters);   /* MidPriority_Task 任务实现 */
static void HighPriority_Task(void * pvParameters);  /* MidPriority_Task 任务实现 */

static void BSP_Init(void);                         /* 用于初始化板载相关资源 */
/**************************************************************
 * @brief   主函数
 * @param 无
 * @retval 无
 * @note 第一步:开发板硬件初始化
          第二步:创建 App 任务
          第三步:启动 FreeRTOS,开始多任务调度
 **************************************************************/
int main(void)
{
  BaseType_t xReturn = pdPASS;     /* 定义一个创建信息返回值,默认为 pdPASS */

  /* 开发板硬件初始化 */
  BSP_Init();
printf("这是一个[野火]-STM32 全系列开发板-FreeRTOS 互斥量实例!\n");
```

```
    /* 创建 AppTaskCreate 任务 */
  xReturn = xTaskCreate((TaskFunction_t)AppTaskCreate,          /* 任务入口函数 */
                        (const char *        )"AppTaskCreate",  ./* 任务名字 */
                        (uint16_t            )512,              /* 任务栈大小 */
                        (void *              )NULL,             /* 任务入口函数参数 */
                        (UBaseType_t         )1,                /* 任务的优先级 */
                        (TaskHandle_t *      )&AppTaskCreate_Handle);  /* 任务控制块指针 */
  /* 启动任务调度 */
  if(pdPASS == xReturn)
   vTaskStartScheduler();                        /* 启动任务,开启调度 */
   else
   return -1;

   while(1);                                     /* 正常不会执行到这里 */
}
/*****************************************************************************
**
  * @ 函数名   : AppTaskCreate
  * @ 功能说明: 为了方便管理,所有的任务创建函数都放在这个函数里面
  * @ 参数     : 无
  * @ 返回值   : 无
  *****************************************************************************
**/
static void AppTaskCreate(void)
{
  BaseType_t xReturn = pdPASS;              /* 定义一个创建信息返回值,默认为 pdPASS */

  taskENTER_CRITICAL();                     //进入临界区

  /* 创建 MuxSem */
  MuxSem_Handle = xSemaphoreCreateMutex();
  if(NULL != MuxSem_Handle)
    printf("MuxSem_Handle 互斥量创建成功!\r\n");

  xReturn = xSemaphoreGive(MuxSem_Handle);       //给出互斥量
// if(xReturn == pdTRUE)
//   printf("释放信号量!\r\n");

  /* 创建 LowPriority_Task 任务 */
  xReturn = xTaskCreate((TaskFunction_t)LowPriority_Task,       /* 任务入口函数 */
                        (const char *    )"LowPriority_Task",   /* 任务名字 */
                        (uint16_t        )512,                  /* 任务栈大小 */
                        (void *          )NULL,                 /* 任务入口函数参数 */
                        (UBaseType_t     )2,                    /* 任务的优先级 */
                        (TaskHandle_t *  )&LowPriority_Task_Handle); /* 任务控制块指针 */
  if(pdPASS == xReturn)
    printf("创建 LowPriority_Task 任务成功!\r\n");
```

```
    /* 创建 MidPriority_Task 任务 */
    xReturn = xTaskCreate((TaskFunction_t)MidPriority_Task,       /* 任务入口函数 */
                          (const char *    )"MidPriority_Task",   /* 任务名字 */
                          (uint16_t        )512,                  /* 任务栈大小 */
                          (void *          )NULL,                 /* 任务入口函数参数 */
                          (UBaseType_t     )3,                    /* 任务的优先级 */
                          (TaskHandle_t *  )&MidPriority_Task_Handle); /* 任务控制块指针 */
    if(pdPASS == xReturn)
      printf("创建 MidPriority_Task 任务成功!\n");

    /* 创建 HighPriority_Task 任务 */
    xReturn = xTaskCreate((TaskFunction_t)HighPriority_Task,      /* 任务入口函数 */
                          (const char *    )"HighPriority_Task",  /* 任务名字 */
                          (uint16_t        )512,                  /* 任务栈大小 */
                          (void *          )NULL,                 /* 任务入口函数参数 */
                          (UBaseType_t     )4,                    /* 任务的优先级 */
                          (TaskHandle_t *  )&HighPriority_Task_Handle); /* 任务控制块指针 */
    if(pdPASS == xReturn)
      printf("创建 HighPriority_Task 任务成功!\n\n");

    vTaskDelete(AppTaskCreate_Handle);              //删除 AppTaskCreate 任务

    taskEXIT_CRITICAL();                            //退出临界区
}
/* *********************************************************************
 * @ 函数名   : LowPriority_Task
 * @ 功能说明 : LowPriority_Task 任务主体
 * @ 参数     :
 * @ 返回值   : 无
 ********************************************************************* /
static void LowPriority_Task(void * parameter)
{
    static uint32_t i;
    BaseType_t xReturn = pdPASS;        /* 定义一个创建信息返回值,默认为 pdPASS */
    while (1)
    {
        printf("LowPriority_Task 获取互斥量\n");
        //获取互斥量 MuxSem,若没获取到则一直等待
        xReturn = xSemaphoreTake(MuxSem_Handle,       /* 互斥量句柄 */
                                 portMAX_DELAY);       /* 等待时间 */
        if(pdTRUE == xReturn)
        printf("LowPriority_Task Runing\n\n");

        for(i = 0;i < 4000000;i++)                     //模拟低优先级任务占用互斥量
            {
                taskYIELD();                           //发起任务调度
```

```
      }

    printf("LowPriority_Task 释放互斥量!\r\n");
    xReturn = xSemaphoreGive(MuxSem_Handle);        //给出互斥量

      LED1_TOGGLE;

    vTaskDelay(1000);
  }
}
/*********************************************************************
 * @ 函数名    : MidPriority_Task
 * @ 功能说明 : MidPriority_Task 任务主体
 * @ 参数      :
 * @ 返回值    : 无
 *********************************************************************/
static void MidPriority_Task(void * parameter)
{
  while (1)
  {
    printf("MidPriority_Task Runing\n");
    vTaskDelay(1000);
  }
}
/*********************************************************************
 * @ 函数名    : HighPriority_Task
 * @ 功能说明 : HighPriority_Task 任务主体
 * @ 参数      :
 * @ 返回值    : 无
 *********************************************************************/
static void HighPriority_Task(void * parameter)
{
  BaseType_t xReturn = pdTRUE;           /* 定义一个创建信息返回值,默认为 pdPASS */
  while (1)
  {
    printf("HighPriority_Task 获取互斥量\n");
    //获取互斥量 MuxSem,若没获取到则一直等待
      xReturn = xSemaphoreTake(MuxSem_Handle,      /* 互斥量句柄 */
                             portMAX_DELAY);       /* 等待时间 */
    if(pdTRUE == xReturn)
      printf("HighPriority_Task Runing\n");
        LED1_TOGGLE;

      printf("HighPriority_Task 释放互斥量!\r\n");
      xReturn = xSemaphoreGive(MuxSem_Handle);        //给出互斥量

      vTaskDelay(1000);
```

```
    }
}
/ **********************************************************************
   * @ 函数名    : BSP_Init
   * @ 功能说明 : 板级外设初始化,所有板子上的初始化均可放在这个函数里面
   * @ 参数      : 无
   * @ 返回值    : 无
   ********************************************************************** /
static void BSP_Init(void)
{
/ *
   * STM32 中断优先级分组为 4,即 4bit 都用来表示抢占优先级,范围为 0~15
   * 优先级分组只需要分组一次即可,以后如果有其他的任务需要用到中断,
   * 都统一用这个优先级分组,千万不要再分组
   * /
NVIC_PriorityGroupConfig(NVIC_PriorityGroup_4);

/ * LED 初始化 * /
LED_GPIO_Config();

/ * 串口初始化 * /
Debug_USART_Config();

 / * 按键初始化 * /
 Key_GPIO_Config();

}

/ ***************************** END OF FILE ***************************** /
```

本代码展示了如何在 FreeRTOS 中使用互斥量来实现任务间对共享资源的安全访问。使用互斥量,避免了多个任务同时访问共享资源导致的数据竞争问题。互斥量也实现了优先级继承功能,当一个高优先级任务被阻塞等待互斥量时,拥有互斥量的低优先级任务会临时提升其优先级,避免优先级反转。

示例说明如下:

(1) 任务创建。

主任务 AppTaskCreate 创建三个不同优先级的任务(低、中、高)以及互斥量 MuxSem_Handle。

(2) 低优先级任务。

低优先级任务 LowPriority_Task 尝试获取互斥量,获取后模拟占用一定的时间,完成后释放互斥量。

任务在每次迭代后等待 1s。

(3) 中优先级任务。

中优先级任务 MidPriority_Task 每秒打印一次运行状态,但不涉及互斥量的获取。

（4）高优先级任务。

高优先级任务 HighPriority_Task 同样尝试获取互斥量，获取后打印运行状态并释放互斥量。

任务在每次迭代后等待 1s。

（5）系统资源初始化。

在 BSP_Init 中完成开发板上的初始化工作，如 LED、串口和按键的配置。

此代码示例通过互斥量确保高优先级任务仍能在低优先级任务占用资源时适当地调度，演示了互斥量在任务同步中扮演的重要角色。

在 FreeRTOS 中创建和管理互斥量来保护共享资源，确保多个任务对资源的安全访问，同时保障系统的实时响应和数据一致性。

2. 互斥量实例下载与运行结果

将程序编译好，用 USB 线连接计算机和 STM32 开发板的 USB 接口（对应丝印为 USB 转串口），用 DAP 仿真器把配套程序下载到野火 STM32 开发板（这里为野火霸天虎 STM32F407 开发板），互斥量程序下载界面如图 5-15 所示。

图 5-15　互斥量程序下载界面

在计算机上打开野火串口调试助手 FireTools，然后复位开发板就可以在调试助手中看到串口的打印信息，它里面输出了信息表明任务正在运行中。按下开发板的按键，串口打印任务运行的信息，表明两个任务同步成功。

互斥量实例运行结果如图 5-16 所示。

图 5-16　互斥量实例运行结果

5.3　FreeRTOS 事件组

事件组（event group）是 FreeRTOS 中另一种进程间通信技术。与前面介绍的队列、信号量等进程间通信技术相比，它具有不同的特点。事件组适用于多个事件触发一个或多个任务运行，可以实现事件的广播，还可以实现多个任务的同步运行。

在 FreeRTOS 中，事件组是一种数据结构和同步机制，用于任务之间的事件通知和同步。事件组由一组位（bit）组成，每一位可以表示系统中的某个事件状态。当事件发生时，相关位可以被设置，在满足特定条件时，其他任务可以被唤醒或做出相应的处理。

（1）主要特性和功能。

① 事件位（event bits）。

事件组由一组位组成，通常为 32 位（对于 32 位系统），每一位代表一个独立的事件。事件位可以被独立设置或清除。

② 同步和通知。

一个或多个任务可以等待一个或多个事件位的设置，通过这种方式实现任务间的同步。等待方式可以是"任意一个"位（逻辑或）被设置，也可以是"所有"位（逻辑与）被设置。

③ 任务唤醒。

当一个或多个事件位设置后,等待这些事件的任务可以被唤醒继续执行。

④ 超时机制。

任务可以指定等待某些事件位的时间,如果在指定时间内事件未发生,任务将超时并继续执行其他操作。

(2) 核心 API 函数。

① 创建事件组:xEventGroupCreate 用于创建一个新的事件组。

② 设置/清除事件位。

xEventGroupSetBits:设置一个或多个事件位。

xEventGroupClearBits:清除一个或多个事件位。

③ 等待事件位。

xEventGroupWaitBits:等待一个或多个事件位被设置,可选择逻辑与或逻辑或方式等待。

④ 获取事件位状态。

xEventGroupGetBits:获取当前事件组的事件位状态。

5.3.1 事件组的原理和功能

事件组是 FreeRTOS 中的一种进程间通信技术,允许任务等待一个或多个事件的组合,并在事件发生时解除所有等待该事件的任务的阻塞状态,适用于多任务之间的同步和事件广播。下面介绍事件组的功能特点和工作原理。

1. 事件组的功能特点

事件组有如下特点。

(1) 一次进程间通信通常只处理一个事件,例如等待一个按键的按下,而不能等待多个事件的发生,例如等待 Key1 键和 Key2 键先后按下。如果需要处理多个事件,可能需要分解为多个任务,设置多个信号量。

(2) 可以有多个任务等待一个事件的发生,但是在事件发生时,只能解除最高优先级任务的阻塞状态,而不能同时解除多个任务的阻塞状态。也就是说,队列或信号量具有排他性,不能解决某些特定的问题。例如当某个事件发生时,需要两个或多个任务同时解除阻塞状态作出响应。

事件组是 FreeRTOS 中另一种进程间通信技术,与队列和信号量不同,它有自己的特点,具体如下。

(1) 事件组允许任务等待一个或多个事件的组合。例如,先后按下 Key1 键和 Key2 键,或只按下其中一个键。

(2) 事件组会解除所有等待同一事件的任务的阻塞状态。例如,TaskA 使用 LED1 闪烁报警,TaskB 使用蜂鸣器报警,当报警事件发生时,两个任务同时解除阻塞状态,两个任务都开始运行。

事件组的这些特性使其适用于以下场景：任务等待一组事件中的某个事件发生后作出响应(或运算关系)，或一组事件都发生后作出响应(与运算关系)；将事件广播给多个任务；多个任务之间的同步。

2. 事件组的工作原理

事件组是 FreeRTOS 中的一种对象，FreeRTOS 中默认是可以使用事件组的，无须设置参数。使用之前需要用函数 xEventGroupCreate 或 xEventGroupCreateStatic 创建事件组对象。

一个事件组对象有一个内部变量存储事件标志，变量的位数与参数 configUSE_16_BIT_TICKS 有关，当 configUSE_16_BIT_TICKS 为 0 时，这个变量是 32 位的，否则，是 16 位的。STM32 MCU 是 32 位的，所以事件组内部变量是 32 位的。

事件标志只能是 0 或 1，用单独的一个位存储。一个事件组中的所有事件标志保存在一个 EventBits_t 类型的变量里，所以一个事件又称为一个"事件位"。在一个事件组变量中，如果一个事件位被置为 1，就表示这个事件发生了；如果被置为 0，就表示这个事件还未发生。

32 位的事件组变量存储结构如图 5-17 所示。其中的 31～24 位是保留的，23～0 位是事件位。每一位是一个事件标志(event flag)，事件发生时，相应的位会置为 1。所以，32 位的事件组最多可以处理 24 个事件。

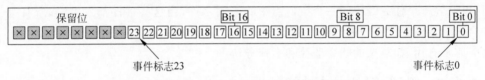

图 5-17　EventBits_t 类型事件组变量存储结构(32 位)

事件组基本工作原理示意图如图 5-18 所示。各部分的功能和工作流程如下。

(1) 设置事件组中的位与某个事件对应，如 EventA 对应 Bit2，EventB 对应 Bit0。在检测到事件发生时，通过函数 xEventGroupSetBits 将相应的位置为 1，表示事件发生了。

(2) 可以有 1 个或多个任务等待事件组中的事件发生，可以是各个事件都发生(事件位的与运算)，也可以是某个事件发生(事件位的或运算)。

(3) 假设图 5-18 中的 Task1 和 Task2 都在阻塞状态等待各自的事件发生，当 Bit2 和 Bit0 都被置为 1 后(不分先后顺序)，两个任务都会被解除阻塞状态。所以，事件组具有广播功能，可以使多个任务同时解除阻塞后运行。

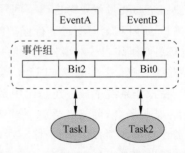

图 5-18　事件组基本工作原理示意图

事件组是 FreeRTOS 中的一种进程间通信技术，用于管理和同步多个任务。图 5-18 中展示了事件组的基本工作原理，具体如下：

(1) 事件组：事件组包含多个事件位，每个位用于表示一个事件的状态。图 5-18 中展示了一个事件组,其中包含两个事件位:Bit2 和 Bit0。

(2) 事件 A 和事件 B:事件 A 和事件 B 分别对应事件组中的 Bit2 和 Bit0。当事件 A 发生时,Bit2 位被置为 1;当事件 B 发生时,Bit0 位被置为 1。

(3) 任务 Task1 和 Task2:任务 Task1 和 Task2 分别等待事件 A 和事件 B 的发生。Task1 等待 Bit2 位被置为 1,Task2 等待 Bit0 位被置为 1。

(4) 事件触发与任务解除阻塞。

当事件 A 发生时,通过函数 xEventGroupSetBits 将事件组中的 Bit2 位置为 1,表示事件 A 发生了。此时,Task1 被解除阻塞状态,开始运行。

同样,当事件 B 发生时,通过函数 xEventGroupSetBits 将事件组中的 Bit0 位置为 1,表示事件 B 发生了。此时,Task2 被解除阻塞状态,开始运行。

(5) 同步与广播功能:事件组允许多个任务同时等待不同的事件,并在事件发生时同步解除阻塞状态。例如,当 Bit2 和 Bit0 都被置为 1 时,Task1 和 Task2 都会被解除阻塞状态,开始运行。这种特性使事件组适用于多任务之间的同步和事件广播。

通过事件组,FreeRTOS 能够有效地管理和同步多个任务,确保系统在处理复杂事件时的实时性和效率。

除了图 5-18 中的基本功能,事件组还可以使多个任务同步运行。事件组允许任务等待多个事件的组合,并在所有指定事件都发生时同时解除阻塞状态,实现多任务的同步。例如,可以设置多个任务等待同一个事件组中的不同事件,当这些事件都发生时,所有等待的任务会同时从阻塞状态中被解除,从而同步执行。这种特性在需要多个任务同时响应某些条件时非常有用,如复杂的状态监控和多任务协调。

5.3.2 事件组的应用场景

FreeRTOS 的事件组用于事件类型的通信,无数据传输,也就是说,可以用事件来做标志位,判断某些事件是否发生了,然后根据结果进行处理。为什么不直接用变量做标志呢?那样岂不是更有效率?若是在裸机编程中,用全局变量是最有效的方法,但是在操作系统中,使用全局变量就要考虑以下问题了。

(1) 如何对全局变量进行保护?如何处理多任务同时对它进行访问的情况?

(2) 如何让内核对事件进行有效管理?如果使用全局变量,就需要在任务中轮询查看事件是否发送,这会造成 CPU 资源的浪费。此外,用户还需要自己去实现等待超时机制。所以,在操作系统中最好还是使用系统提供的通信机制。

在某些场合,可能需要多个事件发生后才能进行下一步操作,比如一些危险机器的启动,需要检查各项指标,当指标不达标时就无法启动。但是检查各个指标时,不会立刻检测完毕,所以需要事件来做统一的等待。当所有的事件都完成时,机器才允许启动,这只是事件的应用之一。

事件可用于多种场合,能够在一定程度上替代信号量,用于任务与任务间、中断与任务间的同步。一个任务或中断服务例程发送一个事件给事件对象,而后等待的任务被唤醒并对相应的事件进行处理。但是事件与信号量不同的是,事件的发送操作是不可累计的,而信号量的释放动作是可累计的。事件的另一个特性是,接收任务可等待多个事件,即多个事件对应一个任务或多个任务。同时按照任务等待的参数,可选择是"逻辑或"触发还是"逻辑与"触发。这个特性也是信号量等所不具备的,信号量只能识别单一同步动作,而不能同时等待多个事件的同步。

各个事件可分别发送或一起发送给事件对象,而任务可以等待多个事件,任务仅对感兴趣的事件进行关注。当有它们感兴趣的事件发生并且符合条件时,任务将被唤醒并进行后续的处理动作。

在 FreeRTOS 中,事件组是一种强大的同步机制,用于任务之间的通信和协调。与信号量(semaphore)不同,事件组允许多个任务同步到多个事件标志上,可以同时等待多个事件的发生,并支持位操作,以实现复杂的同步逻辑。以下是事件组的典型应用场景。

1. 任务同步

多个任务可能需要在某一特定时刻同步执行,通过事件组中的事件标志,可以实现这一功能。例如,有两个任务分别在处理不同的数据,当这两个任务都完成时,可以设置事件标志,通知协调任务进行下一步操作。

```c
EventGroupHandle_t xEventGroup;
#define TASK1_COMPLETE_BIT (1 << 0)
#define TASK2_COMPLETE_BIT (1 << 1)

void Task1(void * pvParameters) {
    for (;;) {
        // 任务 1 的处理逻辑
        // ...
        xEventGroupSetBits(xEventGroup, TASK1_COMPLETE_BIT);
        vTaskDelay(pdMS_TO_TICKS(1000));
    }
}

void Task2(void * pvParameters) {
    for (;;) {
        // 任务 2 的处理逻辑
        // ...
        xEventGroupSetBits(xEventGroup, TASK2_COMPLETE_BIT);
        vTaskDelay(pdMS_TO_TICKS(1000));
    }
}

void CoordinatorTask(void * pvParameters) {
    const EventBits_t xBitsToWaitFor = (TASK1_COMPLETE_BIT | TASK2_COMPLETE_BIT);
    for (;;) {
        EventBits_t xEventGroupValue = xEventGroupWaitBits(
            xEventGroup,
            xBitsToWaitFor,
            pdTRUE,                // 清除已设置的事件位
```

```
        pdTRUE,              // 等待所有事件位被设置
        portMAX_DELAY
    );

    if ((xEventGroupValue & xBitsToWaitFor) == xBitsToWaitFor) {
        // 两个任务都完成,进行协调操作
        // ...
    }
  }
}
```

2. 多事件触发

一个任务可能需要等待多个独立事件的发生,使用事件组可以实现这一功能。例如,在一个传感器网络中,一个任务需要等待不同传感器的数据到达,然后进行统一处理。

```
EventGroupHandle_t xEventGroup;

#define SENSOR1_DATA_BIT (1 << 0)
#define SENSOR2_DATA_BIT (1 << 1)

void Sensor1Task(void * pvParameters) {
    for (;;) {
        // 读取传感器 1 的数据
        // ...
        xEventGroupSetBits(xEventGroup, SENSOR1_DATA_BIT);
        vTaskDelay(pdMS_TO_TICKS(500));
    }
}

void Sensor2Task(void * pvParameters) {
    for (;;) {
        // 读取传感器 2 的数据
        // ...
        xEventGroupSetBits(xEventGroup, SENSOR2_DATA_BIT);
        vTaskDelay(pdMS_TO_TICKS(700));
    }
}

void DataProcessingTask(void * pvParameters) {
    for (;;) {
        EventBits_t xEventGroupValue = xEventGroupWaitBits(
            xEventGroup,
            SENSOR1_DATA_BIT | SENSOR2_DATA_BIT,
            pdTRUE, // 清除已设置的事件位
            pdFALSE, // 任一事件位被设置即可退出等待
            portMAX_DELAY
        );

        if (xEventGroupValue & SENSOR1_DATA_BIT) {
            // 处理传感器 1 的数据
```

```
        // ...
    }

    if (xEventGroupValue & SENSOR2_DATA_BIT) {
        // 处理传感器 2 的数据
        // ...
    }
}
}
```

3. 任务与中断同步

中断服务程序可以通过事件组通知任务处理特定事件，例如当数据到达时，中断服务程序设置某个事件标志，通知任务去处理数据。

```
EventGroupHandle_t xEventGroup;

#define DATA_READY_BIT (1 << 0)

void ISR_Handler(void) {
    BaseType_t xHigherPriorityTaskWoken = pdFALSE;
    xEventGroupSetBitsFromISR(xEventGroup, DATA_READY_BIT, &xHigherPriorityTaskWoken);
    portYIELD_FROM_ISR(xHigherPriorityTaskWoken);
}

void DataHandlerTask(void * pvParameters) {
    for (;;) {
        xEventGroupWaitBits(xEventGroup, DATA_READY_BIT, pdTRUE, pdFALSE, portMAX_DELAY);
        // 处理数据
        // ...
    }
}
```

4. 状态监控

事件组可以用于监控系统的各种状态，例如任务执行状态、硬件状态等，汇总这些状态信息以便于任务进行决策。

```
EventGroupHandle_t xEventGroup;

#define TASK_RUNNING_BIT (1 << 0)
#define HARDWARE_READY_BIT (1 << 1)

void MonitoringTask(void * pvParameters) {
    for (;;) {
        EventBits_t xEventGroupValue = xEventGroupGetBits(xEventGroup);

        if ((xEventGroupValue & TASK_RUNNING_BIT) != 0) {
            // 任务正在运行
        }

        if ((xEventGroupValue & HARDWARE_READY_BIT) != 0) {
```

```
        // 硬件准备就绪
    }

    vTaskDelay(pdMS_TO_TICKS(500));
  }
}
```

事件组在 FreeRTOS 中提供了一种强大而灵活的方式来处理多任务同步、事件触发和状态监控等复杂场景。通过使用事件组,开发者可以更有效地管理任务之间、任务与中断之间的通信和协调,从而提高系统的效率和可靠性。

5.3.3　事件组运作机制

在嵌入式系统中,事件组允许任务接收和处理一个或多个事件,用户可以根据需要选择接收单个或多个事件。

接收事件的过程如下:

(1) 选择事件类型。

当任务接收事件时,可以根据感兴趣的事件类型选择接收单个或多个事件。

(2) 清除事件选项。

接收事件成功后,任务需要决定是否清除已接收的事件类型。这可以通过 xClearOnExit 选项来实现:

① 如果设置了 xClearOnExit,则在成功接收事件后,相关的事件位会被自动清除。

② 如果未设置 xClearOnExit,则接收到的事件位不会被清除,需要用户显式地清除。

(3) 读取模式。

用户可以自定义读取模式,通过传入参数 xWaitForAllBits 来选择。

① 等待所有感兴趣的事件:如果设置了 xWaitForAllBits,任务将等待所有设置的事件位都被置位。

② 等待任意一个感兴趣的事件:如果未设置 xWaitForAllBits,任务只需等待任意一个设置的事件位被置位。

设置事件时,对指定事件写入指定的事件类型,设置事件集合的对应事件位为 1,可以一次同时写多个事件类型,设置事件成功可能会触发任务调度。

清除事件时,根据写入的参数事件句柄和待清除的事件类型,对事件对应位进行清零操作。事件不与任务相关联,事件相互独立,一个 32 位的变量用于标识该任务发生的事件类型,其中每一位表示一种事件类型(0 表示该事件类型未发生,1 表示该事件类型已经发生),共有 24 种事件类型,具体如图 5-19 所示。

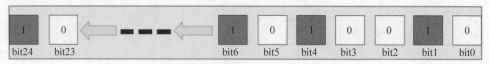

图 5-19　事件集合 set(一个 32 位的变量)

事件唤醒机制,即任务因为等待某个或者多个事件发生而进入阻塞态,当事件发生时会被唤醒,其过程具体如图 5-20 所示。

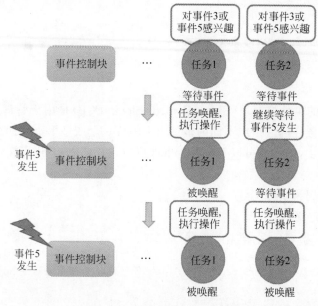

图 5-20　事件唤醒任务示意图

任务 1 对事件 3 或事件 5 感兴趣(逻辑或),当发生其中某一个事件时都会被唤醒,并且执行相应操作。任务 2 对事件 3 与事件 5 感兴趣(逻辑与),当且仅当事件 3 与事件 5 都发生时,任务 2 才会被唤醒,如果只有其中一个事件发生,那么任务还是会继续等待另一个事件发生。如果在接收事件函数中设置了清除事件位 xClearOnExit,那么当任务唤醒后将把事件 3 和事件 5 的事件标志清零,否则事件标志将依然存在。

5.3.4　事件组控制块

事件标志组存储在一个 EventBitst 类型的变量中,该变量在事件组结构体中定义。

如果宏 configUSE16BIT T ICKS 定义为 1,那么变量 uxEventBits 就是 16 位的,其中有 8 个位用来存储事件组;如果宏 configUSE16BIT TICKS 定义为 0,那么变量 uxEventBits 就是 32 位的,其中有 24 个位用来存储事件组,每一位代表一个事件的发生与否,利用逻辑或、逻辑与等实现不同事件的不同唤醒处理。在 STM32 中,uxEventBits 是 32 位的,所以有 24 个位用来实现事件组。除了事件标志组变量之外,FreeRTOS 还使用一个链表来记录等待事件的任务,所有在等待此事件的任务均会被挂载到等待事件列表 xTasksWaitingForBits 中。

事件控制块代码清单如下:

```
1   typedef struct xEventGroupDefinition {
2   EventBits_t uxEventBits;
3   List_t xTasksWaitingForBits;
4
```

```
5   # if(configUSE_TRACE_FACILITY == 1)
6   UBaseType_t uxEventGroupNumber;
7   # endif
8
9   # if((configSUPPORT_STATIC_ALLOCATION == 1) \
10  && (configSUPPORT_DYNAMIC_ALLOCATION == 1))
11  uint8_t ucStaticallyAllocated;
12  # endif
13  } EventGroup_t;
```

FreeRTOS 中的事件控制块(Event Control Block,ECB)是用于管理事件组的结构体。事件组允许多个任务在同一个或不同的事件组上等待一个或多个事件标志。任务创建的事件组用于事件的同步,即任务可以等待某个事件位被设置或清除,进而实现任务之间的通信和同步。

事件控制块代码说明如下:

(1) 数据结构定义。

```
typedef struct xEventGroupDefinition {
    EventBits_t uxEventBits;              // 事件位,用于存储各个事件标志的状态
    List_t xTasksWaitingForBits;          // 任务列表,存储等待这些事件位的任务

    # if(configUSE_TRACE_FACILITY == 1)
    UBaseType_t uxEventGroupNumber;       // 用于跟踪调试的事件组编号
    # endif

    # if((configSUPPORT_STATIC_ALLOCATION == 1) && \
        (configSUPPORT_DYNAMIC_ALLOCATION == 1))
    uint8_t ucStaticallyAllocated;        // 标识事件组是静态分配还是动态分配
    # endif
} EventGroup_t;
```

(2) 字段说明。

① uxEventBits。

类型:EventBits_t。

描述:用于存储各事件位的状态,每一位代表一个独立的事件。

② xTasksWaitingForBits。

类型:List_t。

描述:等待一个或多个事件位改变的任务列表。

③ uxEventGroupNumber (可选)。

类型:UBaseType_t。

描述:事件组编号,用于跟踪和调试(启用跟踪功能时)。

④ ucStaticallyAllocated (可选)。

类型:uint8_t。

描述:标明事件组是静态分配(由用户提供内存)还是动态分配(由内存管理器分配)。

事件控制块使用说明如下。

事件控制块通过 FreeRTOS 提供的 API 函数进行操作和管理。

① 创建事件组。

xEventGroupCreate：返回一个事件组句柄，并初始化事件控制块。

② 设置/清除事件位。

xEventGroupSetBits：设置一个或多个事件位。

xEventGroupClearBits：清除一个或多个事件位。

③ 等待事件位。

xEventGroupWaitBits：使任务等待一个或多个事件位的变化。

通过使用事件组和事件控制块，FreeRTOS 实现了任务间同步和通信的高级机能，确保多任务操作的协调性和实时性。事件组可以简化复杂的同步问题，提高系统的可靠性和响应速度。

5.3.5 事件组相关函数

事件组相关的函数在文件 event_groups.h 中定义，在文件 event_groups.c 中实现。事件组相关的函数在 FreeRTOS 中总是可以使用的，无须设置参数。

事件组相关的函数清单如表 5-2 所示，这些函数可分为 3 组。

表 5-2 事件组相关的函数

分 组	函 数	功 能
事件组操作	xEventGroupCreate	以动态分配内存方式创建事件组
	xEventGroupCreateStatic	以静态分配内存方式创建事件组
	vEventGroupDelete	删除已经创建的事件组
	vEventGroupSetNumber	给事件组设置编号，编号的作用由用户定义
	uxEventGroupGetNumber	读取事件组编号
事件位操作	xEventGroupSetBits	将 1 个或多个事件位设置为 1，设置的事件位用掩码表示
	xEventGroupSetBitsFromISR	xEventGroupSetBits 的 ISR 版本
	xEventGroupClearBits	清零某些事件位，清零的事件位用掩码表示
	xEventGroupClearBitsFromISR	xEventGroupClearBits 的 ISR 版本
	xEventGroupGetBits	返回事件组当前的值
	xEventGroupGetBitsFromISR	xEventGroupGetBits 的 ISR 版本
等待事件	xEventGroupWaitBits	进入阻塞状态，等待事件组条件成立后解除阻塞状态
	xEventGroupSync	用于多任务同步

1. 事件创建函数 xEventGroupCreate

xEventGroupCreate 用于创建一个事件组，并返回对应的句柄。要想使用该函数，必须在头文件 FreeRTOSConfig.h 定义宏 configSUPPORT_DYNAMIC_ALLOCATION 为 1（在 FreeRTOS.h 中默认定义为 1）且需要把 FreeRTOS/source/event_groups.c 这个 C 文件添加到工程中。

　　每个事件组只需要很少的 RAM 空间来保存事件的发生状态。如果使用函数 xEventGroupCreate 来创建一个事件,那么需要的 RAM 是动态分配的。如果使用函数 xEventGroupCreateStatic 来创建一个事件,那么需要的 RAM 是静态分配的。

　　事件创建函数,顾名思义,就是创建一个事件,与其他内核对象一样,都是需要先创建才能使用的资源。FreeRTOS 给用户提供了一个创建事件的函数 xEventGroupCreate,当创建一个事件时,系统会首先给用户分配事件控制块的内存空间,然后对该事件控制块进行基本的初始化,创建成功返回事件句柄;创建失败返回 NULL。

　　xEventGroupCreate()源码如下:

```
#if(configSUPPORT_DYNAMIC_ALLOCATION == 1)
EventGroupHandle_t xEventGroupCreate(void)
{
    EventGroup_t * pxEventBits;
    /* 分配事件控制块的内存 */
    pxEventBits = (EventGroup_t *) pvPortMalloc(sizeof(EventGroup_t)); //

    if (pxEventBits != NULL) { //
        pxEventBits -> uxEventBits = 0;          // 初始化事件位为 0
        vListInitialise(&(pxEventBits -> xTasksWaitingForBits));    // 初始化等待任务列表

        #if(configSUPPORT_STATIC_ALLOCATION == 1)
        {
            /*
            如果同时支持静态和动态分配内存,标志该事件组为动态分配
            */
            pxEventBits -> ucStaticallyAllocated = pdFALSE; // (3)
        }
        #endif

        traceEVENT_GROUP_CREATE(pxEventBits);          // 跟踪调试信息
    } else {
        traceEVENT_GROUP_CREATE_FAILED();              // 内存分配失败时的调试信息
    }

    return (EventGroupHandle_t) pxEventBits;          // 返回事件组句柄
}
#endif
```

　　xEventGroupCreate 是 FreeRTOS 中用于创建事件组的函数。事件组是一个用于任务间同步的机制,通过事件标志管理多个任务的执行。该函数分配并初始化事件控制块,使得后续的任务能够使用该事件组进行同步和通信。

　　字段和代码行说明如下:

　　(1) 内存分配。

　　"pxEventBits＝(EventGroup_t ＊) pvPortMalloc(sizeof(EventGroup_t));":使用动态内存分配功能事件控制块分配内存。

（2）内存分配成功检查。

if(pxEventBits != NULL)：检查内存分配是否成功。

（3）初始化事件控制块。

"pxEventBits-> uxEventBits=0;"：初始化事件位为 0。

"vListInitialise(&(pxEventBits-> xTasksWaitingForBits));"：初始化等待任务列表。

（4）静态分配标识。

"pxEventBits-> ucStaticallyAllocated=pdFALSE;"：如果同时支持静态和动态分配，标记此事件组为动态分配。

（5）跟踪调试信息。

"traceEVENT_GROUP_CREATE(pxEventBits);"：记录创建事件组的调试信息。

"traceEVENT_GROUP_CREATE_FAILED();"：记录创建事件组失败的调试信息。

（6）返回值。

"return (EventGroupHandle_t) pxEventBits;"：返回事件组的句柄，即指向新创建的事件控制块的指针。

xEventGroupCreate 函数通过动态内存分配为事件组创建和初始化事件控制块。当分配成功时，该事件控制块包含一个初始化的事件位和任务等待列表，可用于任务间的同步和通信。如果内存分配失败，函数会记录失败情况并返回 NULL。该函数为 FreeRTOS 提供了动态创建事件组的能力，使得事件组的使用更加灵活和高效。

2. 事件删除函数 vEventGroupDelete

在很多场合，某些事件是只用一次的，就好比事件应用场景中的危险机器的启动，假如各项指标都达到了，并且机器启动成功了，这个事件之后可能就没用了，就可以进行销毁了。想要删除事件怎么办？FreeRTOS 给用户提供了一个删除事件的函数——vEventGroupDelete，使用它就能将事件进行删除。当系统不再使用事件对象时，可以通过删除事件对象控制块来释放系统资源。

vEventGroupDelete()函数原型如下：

```
void vEventGroupDelete(EventGroupHandle_t xEventGroup)
```

3. 事件组置位函数 xEventGroupSetBits

xEventGroupSetBits 用于置位事件组中指定的位，当位被置位之后，阻塞在该位上的任务将会被解锁。使用该函数接口时，通过参数指定的事件标志来设定事件的标志位，然后遍历等待在事件对象上的事件等待列表，判断是否有任务的事件激活要求与当前事件对象标志值匹配，如果有，则唤醒该任务。简单来说，就是设置用户自己定义的事件标志位为 1，并且看有没有任务在等待这个事件，有的话就唤醒它。

EventGroupSetBits()函数原型如下：

```
EventBits_t xEventGroupSetBits(EventGroupHandle_t xEventGroup,const EventBits_t uxBitsToSet)
```

4. 事件组置位函数 xEventGroupSetBitsFromISR

xEventGroupSetBitsFromISR 是 xEventGroupSetBits 的中断版本，用于置位事件组中

定的位。置位事件组中的标志位是一个不确定的操作,因为阻塞在事件组的标志位上的任务的个数是不确定的。FreeRTOS 是不允许不确定的操作在中断和临界段中发生的,所以 EventGroupSetBitsFromISR 给 FreeRTOS 的守护任务发送一个消息,让置位事件组的操作在守护任务里面完成,守护任务是基于调度锁而非临界段的机制来实现的。

需要注意的是,正如上文提到的那样,在中断中事件标志的置位是在守护任务(也叫软件定时器服务任务)中完成的,因此 FreeRTOS 的守护任务与其他任务一样,都是系统调度器根据其优先级进行任务调度的,但守护任务的优先级必须比任何任务的优先级都要高,保证在需要的时候能立即切换任务从而达到快速处理的目的。因为这是在中断中让事件标志位置位,其优先级由 FreeRTOSConfig.h 中的宏 configTIMER_TASK_PRIORITY 来定义。

其实 xEventGroupSetBitsFromISR 函数真正调用的也是 xEventGroupSetBits 函数,只不过是在守护任务中进行调用的,所以它实际上执行的上下文环境依旧是在任务中。

要想使用该函数,必须把 configUSE_TIMERS 和 INCLUDE_xTimerPendFunctionCall 这些宏在 FreeRTOSConfig.h 中都定义为 1,并且把 FreeRTOS/source/event_groups.c 这个 C 文件添加到工程中编译。

xEventGroupSetBitsFromISR 函数原型如下:

```
BaseType_t xEventGroupSetBitsFromISR(EventGroupHandle_t xEventGroup,
                          const EventBits_t uxBitsToSet,
                          BaseType_t * pxHigherPriorityTaskWoken)
```

5. 等待事件函数 xEventGroupWaitBits

既然标记了事件的发生,那么怎么知道到底有没有发生,这也需要一个函数来获取事件是否已经发生。FreeRTOS 提供了一个等待指定事件的函数——EventGroupWaitBits,通过这个函数,任务可以知道事件标志组中有哪些位,有什么事件发生了,然后通过"逻辑与""逻辑或"等操作对感兴趣的事件进行获取,并且这个函数实现了等待超时机制,当且仅当任务等待的事件发生时,任务才能获取到事件信息。

在这段时间中,如果事件一直没发生,该任务将保持阻塞状态以等待事件发生。当其他任务或中断服务程序往其等待的事件设置对应的标志位时,该任务将自动由阻塞态转为就绪态。

当任务等待的时间超过了指定的阻塞时间时,即使事件还未发生,任务也会自动从阻塞态转移为就绪态。这体现了操作系统的实时性。如果事件正确获取(等待到)则返回对应的事件标志位,由用户判断再做处理,因为在事件超时的时候也会返回一个不能确定的事件值,所以需要判断任务所等待的事件是否真的发生。

EventGroupWaitBits 用于获取事件组中的一个或多个事件发生标志,当要读取的事件标志位没有被置位时,任务将进入阻塞等待状态。要想使用该函数,必须把 reeRTOS/source/event_groups.c 这个 C 文件添加到工程中。

xEventGroupWaitBits()函数原型如下:

```
EventBits_t xEventGroupWaitBits(const EventGroupHandle_t xEventGroup,
                      const EventBits_t uxBitsToWaitFor,
                      const BaseType_t xClearOnExit,
```

```
                         const BaseType_t xWaitForAllBits,
                         TickType_t xTicksToWait)
```

5.3.6　FreeRTOS 事件组应用实例

事件组实例在 FreeRTOS 中创建了两个任务,一个是设置事件任务,一个是等待事件任务,两个任务独立运行。设置事件任务通过检测按键的按下情况设置不同的事件标志位,等待事件任务则获取这两个事件标志位,并且判断两个事件是否都发生,如果是则输出相应信息,LED 进行翻转。等待事件任务的等待时间是 portMAX_DELAY,一直在等待事件的发生,等待到事件之后清除对应的事件标记位。

1. 事件源代码

```c
/* *********************************************************************
 *  @file   main.c
 *  @brief  FreeRTOS V9.0.0 + STM32 事件
 *  实验平台:野火 STM32F407 霸天虎开发板
 ********************************************************************* /

/* *********************************************************************
 *                        包含的头文件
 ********************************************************************* /
/* FreeRTOS 头文件 */
# include "FreeRTOS. h"
# include "task. h"
# include "event_groups. h"
/* 开发板硬件 bsp 头文件 */
# include "bsp_led. h"
# include "bsp_debug_usart. h"
# include "bsp_key. h"
/* ************************** 任务句柄 ************************** /
/*
 * 任务句柄是一个指针,用于指向一个任务,当任务创建好之后,它就具有了一个任务句柄
 * 以后要想操作这个任务都需要通过这个任务句柄,如果是自身的任务操作自己,那么
 * 这个句柄可以为 NULL
 */
static TaskHandle_t AppTaskCreate_Handle = NULL;      /* 创建任务句柄 */
static TaskHandle_t LED_Task_Handle = NULL;           /* LED_Task 任务句柄 */
static TaskHandle_t KEY_Task_Handle = NULL;           /* KEY_Task 任务句柄 */

/* ************************** 内核对象句柄 ************************** /
/*
 * 信号量、消息队列、事件标志组、软件定时器这些都属于内核的对象,要想使用这些内核
 * 对象,必须先创建,创建成功之后会返回一个相应的句柄。实际上就是一个指针,后续
 * 就可以通过这个句柄操作这些内核对象
 *
 * 内核对象其实就是一种全局的数据结构,通过这些数据结构可以实现任务间的通信、
 * 任务间的事件同步等各种功能。这些功能的实现是通过调用这些内核对象的函数
 * 来完成的
```

```
    *
    * /
static EventGroupHandle_t Event_Handle = NULL;

/ ********************* 全局变量声明 ***************************** /
/ *
    * 当写应用程序时,可能需要用到一些全局变量
* /
/ *********************** 宏定义 ******************************** /
/ *
    * 在写应用程序时,可能需要用到一些宏定义
    * /
# define KEY1_EVENT (0x01 << 0)              //设置事件掩码的位 0
# define KEY2_EVENT (0x01 << 1)              //设置事件掩码的位 1


/ *
    ************************************************************
    *                         函数声明
    ************************************************************
    * /
static void AppTaskCreate(void);            / * 用于创建任务 * /

static void LED_Task(void * pvParameters);  / * LED_Task 任务实现 * /
static void KEY_Task(void * pvParameters);  / * KEY_Task 任务实现 * /

static void BSP_Init(void);                 / * 用于初始化板载相关资源 * /

/ *************************************************************
    * @brief   主函数
    * @param 无
    * @retval 无
    * @note    第 1 步:开发板硬件初始化
                第 2 步:创建 App 任务
                第 3 步:启动 FreeRTOS,开始多任务调度
    ************************************************************* /
int main(void)
{
    BaseType_t xReturn = pdPASS;       / * 定义一个创建信息返回值,默认为 pdPASS * /

    / * 开发板硬件初始化 * /
    BSP_Init();
        printf("这是一个 FreeRTOS 事件标志组实例!\n");
    / * 创建 AppTaskCreate 任务 * /
    xReturn = xTaskCreate((TaskFunction_t)AppTaskCreate,          / * 任务入口函数 * /
                          (const char *      )"AppTaskCreate",    / * 任务名字 * /
                          (uint16_t          )512,                / * 任务栈大小 * /
                          (void *            )NULL,               / * 任务入口函数参数 * /
                          (UBaseType_t       )1,                  / * 任务的优先级 * /
                          (TaskHandle_t *    )&AppTaskCreate_Handle);  / * 任务控制块指针 * /
    / * 启动任务调度 * /
```

```
    if(pdPASS == xReturn)
      vTaskStartScheduler();              /* 启动任务,开启调度 */
    else
      return -1;

    while(1);                             /* 正常不会执行到这里 */
}
/* ********************************************************************
 * @ 函数名   : AppTaskCreate
 * @ 功能说明 : 为了方便管理,所有的任务创建函数都放在这个函数里面
 * @ 参数     : 无
 * @ 返回值   : 无
 ******************************************************************** */
static void AppTaskCreate(void)
{
    BaseType_t xReturn = pdPASS;          /* 定义一个创建信息返回值,默认为 pdPASS */

    taskENTER_CRITICAL();                 //进入临界区

    /* 创建 Event_Handle */
    Event_Handle = xEventGroupCreate();
    if(NULL != Event_Handle)
      printf("Event_Handle 事件创建成功!\r\n");

    /* 创建 LED_Task 任务 */
    xReturn = xTaskCreate((TaskFunction_t)LED_Task,          /* 任务入口函数 */
                          (const char *   )"LED_Task",       /* 任务名字 */
                          (uint16_t       )512,              /* 任务栈大小 */
                          (void *         )NULL,             /* 任务入口函数参数 */
                          (UBaseType_t    )2,                /* 任务的优先级 */
                          (TaskHandle_t * )&LED_Task_Handle); /* 任务控制块指针 */
    if(pdPASS == xReturn)
      printf("创建 LED_Task 任务成功!\r\n");

    /* 创建 KEY_Task 任务 */
    xReturn = xTaskCreate((TaskFunction_t)KEY_Task,          /* 任务入口函数 */
                          (const char *   )"KEY_Task",       /* 任务名字 */
                          (uint16_t       )512,              /* 任务栈大小 */
                          (void *         )NULL,             /* 任务入口函数参数 */
                          (UBaseType_t    )3,                /* 任务的优先级 */
                          (TaskHandle_t * )&KEY_Task_Handle); /* 任务控制块指针 */
    if(pdPASS == xReturn)
      printf("创建 KEY_Task 任务成功!\n");

    vTaskDelete(AppTaskCreate_Handle);    //删除 AppTaskCreate 任务

    taskEXIT_CRITICAL();                  //退出临界区
}

/* ******************************************************************** */
```

```c
 * @ 函数名   : LED_Task
 * @ 功能说明: LED_Task 任务主体
 * @ 参数    :
 * @ 返回值  : 无
 ****************************************************************************/
static void LED_Task(void * parameter)
{
  EventBits_t r_event; /* 定义一个事件接收变量 */
  /* 任务都是一个无限循环,不能返回 */
  while (1)
    {
    /******************************************************************
      * 等待接收事件标志
      *
      * 如果 xClearOnExit 设置为 pdTRUE,那么在 xEventGroupWaitBits 返回之前,
      * 如果满足等待条件(如果函数返回的原因不是超时),那么在事件组中设置
      * 的 uxBitsToWaitFor 中的任何位都将被清除
      * 如果 xClearOnExit 设置为 pdFALSE,
      * 则在调用 xEventGroupWaitBits 时,不会更改事件组中设置的位
      *
      * xWaitForAllBits 如果 xWaitForAllBits 设置为 pdTRUE,则当 uxBitsToWaitFor 中
      * 的所有位都设置或指定的块时间到期时,xEventGroupWaitBits 才返回
      * 如果 xWaitForAllBits 设置为 pdFALSE,则当 uxBitsToWaitFor 中设置的任何
      * 一个位置 1 或指定的块时间到期时,xEventGroupWaitBits 都会返回
      * 阻塞时间由 xTicksToWait 参数指定
      ****************************************************************/
    r_event = xEventGroupWaitBits(Event_Handle,           /* 事件对象句柄 */
                                  KEY1_EVENT|KEY2_EVENT,  /* 接收线程感兴趣的事件 */
                                  pdTRUE,                 /* 退出时清除事件位 */
                                  pdTRUE,                 /* 满足感兴趣的所有事件 */
                                  portMAX_DELAY);         /* 指定超时事件,一直等 */

    if((r_event & (KEY1_EVENT|KEY2_EVENT)) == (KEY1_EVENT|KEY2_EVENT))
      {
      /* 如果接收完成并且正确 */
      printf ("KEY1 与 KEY2 都按下\n");
      LED1_TOGGLE;                                        //LED1 反转
      }
    else
      printf ("事件错误!\n");
    }
}


/******************************************************************
 * @ 函数名   : KEY_Task
 * @ 功能说明: KEY_Task 任务主体
 * @ 参数    : 无
 * @ 返回值  : 无
 ****************************************************************************/
static void KEY_Task(void * parameter)
```

```
{
    /* 任务都是一个无限循环,不能返回 */
    while (1)
    {
        if(Key_Scan(KEY1_GPIO_PORT,KEY1_PIN) == KEY_ON)        //如果 KEY2 被单击
        {
        printf ("KEY1 被按下\n");
            /* 触发一个事件 1 */
            xEventGroupSetBits(Event_Handle,KEY1_EVENT);
        }

        if(Key_Scan(KEY2_GPIO_PORT,KEY2_PIN) == KEY_ON)        //如果 KEY2 被单击
        {
        printf ("KEY2 被按下\n");
            /* 触发一个事件 2 */
            xEventGroupSetBits(Event_Handle,KEY2_EVENT);
        }
            vTaskDelay(20);                                    //每 20ms 扫描一次
    }
}


/********************************************************************
  * @ 函数名   : BSP_Init
  * @ 功能说明 : 板级外设初始化,所有板子上的初始化均可放在这个函数里面
  * @ 参数    :
  * @ 返回值   : 无
  ******************************************************************* /
static void BSP_Init(void)
{
    /*
     * STM32 中断优先级分组为 4,即 4bit 都用来表示抢占优先级,范围为 0～15
     * 优先级分组只需要分组一次即可,以后如果有其他的任务需要用到中断,
     * 都统一用这个优先级分组,千万不要再分组
     */
    NVIC_PriorityGroupConfig(NVIC_PriorityGroup_4);

    /* LED 初始化 */
    LED_GPIO_Config();

    /* 串口初始化 */
    Debug_USART_Config();

    /* 按键初始化 */
    Key_GPIO_Config();

}
/*************************** END OF FILE ************************* /
```

该代码展示了如何在 FreeRTOS 中使用事件标志组来实现任务间的同步与通信,其运行平台为野火 STM32 全系列开发板。主要功能是通过按键触发事件,当两个按键都被按

下时,LED 状态变化。

(1) 功能。

① 硬件初始化:初始化开发板上的 LED、串口、按键。

② 创建任务:包含创建设备初始化任务、LED 任务、按键任务。

③ 事件标志组:使用 FreeRTOS 的事件标志组功能,在按键按下时设置事件标志组的位,LED 任务通过等待事件标志组的位变化来同步控制 LED 的状态。

(2) 任务分工。

① AppTaskCreate:创建并管理其他任务及事件标志组,任务创建成功后自删除。

② LED_Task:等待事件标志组,当检测到两个按键事件都发生时,打印信息并反转 LED 状态。

③ KEY_Task:扫描按键状态,若按下则设置相应的事件标志组位。

这段代码可以实现按键控制 LED 的功能,并展示了如何利用 FreeRTOS 的事件标志组来进行任务间的同步与通信。LED 任务等待事件标志组的变化,按键任务设置事件标志组。通过这种方式实现高效的任务间通信。

2. 事件实例下载与运行结果

将程序编译好,用 USB 线连接计算机和 STM32 开发板的 USB 接口(对应丝印为 USB 转串口),用 DAP 仿真器把配套程序下载到野火 STM32 开发板(这里为野火霸天虎 STM32F407 开发板),事件程序下载界面如图 5-21 所示。

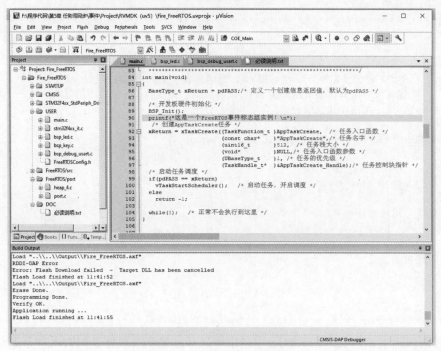

图 5-21　事件程序下载界面

在计算机上打开野火串口调试助手 FireTools,然后复位开发板就可以在调试助手中看到串口的打印信息,它里面输出了信息表明任务正在运行中,按下开发板的 KEY1 按键发送事件 1,按下 KEY2 按键发送事件 2;按下 KEY1 与 KEY2,在串口调试助手中可以看到运行结果,并且当事件 1 与事件 2 都发生时,开发板的 LED 会进行翻转。

事件实例运行结果如图 5-22 所示。

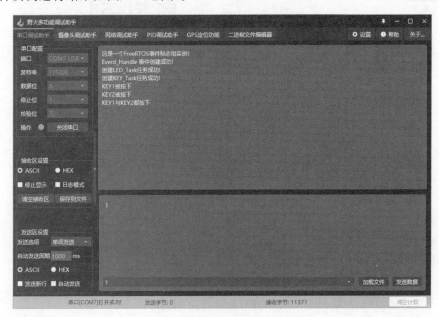

图 5-22 事件实例运行结果

第 6 章　FreeRTOS 进程间通信与消息队列

本章集中讲述 FreeRTOS 中的进程间通信机制,重点讲述消息队列的特点、操作及其运作和阻塞机制。本章详细描述消息队列的应用场景,包括任务间消息交换、中断与任务间消息传递、日志系统和事件监控。本章介绍了消息队列的控制块和相关操作函数,并通过实例展示消息队列在 FreeRTOS 中的具体应用。

重点内容:

(1) 进程间通信: 概述 FreeRTOS 中的进程间通信方法及其重要性。

(2) 队列的特点和操作。

① 队列的特点: 介绍队列的基本特性和优势。

② 队列的基本操作: 描述队列的基本操作方法。

③ 队列的创建和存储: 讲解如何创建和管理队列。

④ 向队列写入数据: 解释如何向队列中写入数据。

⑤ 从队列读取数据: 介绍如何从队列中读取数据。

(3) 消息队列的运作机制: 详细描述消息队列内部的运作原理。

(4) 消息队列的阻塞机制: 讨论消息队列在不同情况下的阻塞处理方法。

(5) 消息队列的应用场景。

① 任务间的消息交换: 讲解如何在任务间通过消息队列进行消息交换。

② 中断与任务间的消息传递: 解释消息队列在中断与任务间消息传递中的应用。

③ 日志系统和事件监控: 介绍消息队列在日志系统和事件监控中的使用。

(6) 消息队列控制块: 讲解消息队列的控制结构和作用。

(7) 消息队列操作相关函数。

① 消息队列创建函数 xQueueCreate: 详细介绍创建消息队列的函数。

② 消息队列静态创建函数 xQueueCreateStatic: 说明静态创建消息队列的函数。

③ 消息队列删除函数 vQueueDelete: 介绍删除消息队列的函数。

④ 向消息队列发送消息函数: 解释发送消息到队列的相关函数。

⑤ 从消息队列读取消息函数: 介绍从队列读取消息的相关函数。

(8) FreeRTOS 消息队列应用实例: 通过具体实例演示如何在实际应用中利用消息队

列进行任务间通信。

6.1 进程间通信

在使用RTOS的系统中,有多个任务,还可以有多个中断的ISR,任务和ISR可以统称为进程(process)。任务与任务之间,或任务与ISR之间,有时需要进行通信或同步,这称为进程间通信(Inter-Process Communication,IPC)。例如,图6-1所示的是使用RTOS和进程间通信时,ADC连续数据采集与处理的一种工作方式示意图。

图6-1 进程间通信的作用示意图

图6-1中各个数据缓冲区部分的功能解释如下。

(1) ADC中断ISR负责在ADC完成一次转换触发中断时,读取转换结果,然后写入数据缓冲区。数据处理任务负责读取数据缓冲区里的ADC转换结果数据,然后进行处理,例如,滤波、频谱计算、保存到SD卡上。

(2) 数据缓冲区负责临时保存ADC转换结果数据。在实际的ADC连续数据采集中,一般使用双缓冲区,一个缓冲区存满之后,用于读取和处理,另一个缓冲区继续用于保存ADC转换结果数据。两个缓冲区交替使用,以保证采集和处理的连续性。

(3) 进程间通信就是ADC中断ISR与数据处理任务之间的通信。在ADC中断ISR向缓冲区写入数据后,如果发现缓冲区满了,就可以发出一个标志信号,通知数据处理任务。一直在阻塞状态下等待这个信号的数据处理任务就可以退出阻塞状态,被调度为运行状态后,就可以及时读取缓冲区的数据并处理。

进程间通信是操作系统的一个基本功能,不管是小型的嵌入式操作系统,还是Linux、Windows等大型操作系统。当然,各种操作系统的进程间通信的技术和实现方式可能不一样。

FreeRTOS提供了完善的进程间通信技术,包括队列、信号量、互斥量等。如果读者学过C++语言编程中的多线程同步的编程,对于FreeRTOS中这些进程间通信技术,就很容易理解和掌握了。

FreeRTOS提供了多种进程间通信技术,各种技术有各自的特点和用途。

(1) 队列(queue)。队列就是一个缓冲区,用于在进程间传递少量的数据,所以也称为消息队列。队列可以存储多个数据项,一般采用先进先出(FIFO)的方式,也可以采用后进先出(LIFO)的方式。

(2) 信号量(semaphore)。信号量分为二值信号量(binary semaphore)和计数信号量(counting semaphore)。二值信号量用于进程间同步,计数信号量一般用于共享资源的管理。二值信号量没有优先级继承机制，可能出现优先级翻转问题。

（3）互斥量（mutex）。互斥量可用于互斥性共享资源的访问。互斥量具有优先级继承机制，可以减轻优先级翻转的问题。

（4）事件组（event group）。事件组适用于多个事件触发一个或多个任务的运行，可以实现事件的广播，还可以实现多个任务的同步运行。

（5）任务通知（task notification）。使用任务通知不需要创建任何中间对象，可以直接从任务向任务，或从 ISR 向任务发送通知，传递一个通知值。任务通知可以模拟二值信号量、计数信号量，或长度为 1 的消息队列。使用任务通知，通常效率更高，消耗内存更少。

（6）流缓冲区（stream buffer）和消息缓冲区（message buffer）。流缓冲区和消息缓冲区是 FreeRTOS V10.0.0 版本新增的功能，是一种优化的进程间通信机制，专门应用于只有一个写入者（writer）和一个读取者（reader）的场景，还可用于多核 CPU 的两个内核之间的高效数据传输。

6.2　队列的特点和基本操作

在 FreeRTOS 中，队列是一种常用的数据结构和同步机制，用于在任务之间或 ISR 和任务之间传递数据。队列在嵌入式系统中广泛用于任务间通信和数据缓冲。

6.2.1　队列的特点

队列的特点如下：

（1）先进先出：队列按照先进先出的原则进行数据存取，先进入队列的数据先被读取。

（2）多任务访问：允许多个任务或 ISR 进行访问，队列可以安全地在任务之间或任务与 ISR 之间传递数据。

（3）同步机制：队列提供了一种简单有效的任务间同步机制，任务可以阻塞等待，直到有数据可读。

（4）不同类型：队列可以存储不同类型的数据，包括基本类型（如 int 和 char）以及结构体等复合类型。

（5）超时机制：任务在读写队列时可以指定超时时间，避免无限等待。

6.2.2　队列的基本操作

队列的基本操作如下：

（1）创建队列：使用 xQueueCreate 函数创建一个队列。

```
QueueHandle_t xQueue = xQueueCreate(UBaseType_t uxQueueLength, UBaseType_t uxItemSize);
```

（2）发送数据到队列。

任务级别：xQueueSend 和 xQueueSendToBack 将数据发送到队列末尾，xQueueSendToFront 将数据发送到队列开头。

ISR 级别：xQueueSendFromISR 在中断服务例程中使用。

```
xQueueSendToBack(xQueue, &data, portMAX_DELAY);
```

（3）从队列接收数据。

任务级别：xQueueReceive 从队列中接收数据，如果队列为空则阻塞等待。

ISR 级别：xQueueReceiveFromISR 在中断服务例程中使用。

```
xQueueReceive(xQueue, &data, portMAX_DELAY);
```

（4）探测队列。

不移除数据的情况下，检查队列中是否有数据存在。

xQueuePeek 检查队列的第一个元素。

```
xQueuePeek(xQueue, &data, portMAX_DELAY);
```

（5）删除队列。

使用 vQueueDelete 释放队列资源。

```
vQueueDelete(xQueue);
```

1. 队列的创建和存储

队列是 FreeRTOS 中的一种对象，可以使用函数 xQueueCreate 或 xQueueCreateStatic 创建。

创建队列时，会给队列分配固定个数的存储单元，每个存储单元可以存储固定大小的数据项，进程间需要传递的数据就保存在队列的存储单元里。

函数 xQueueCreate 以动态分配内存方式创建队列，队列需要用的存储空间由 FreeRTOS 自动从堆空间分配。函数 xQueueCreateStatic 以静态分配内存方式创建队列，静态分配内存时，需要为队列创建存储用的数组，以及存储队列信息的结构体变量。在 FreeRTOS 中创建对象，如任务、队列、信号量等，都有静态分配内存和动态分配内存两种方式。在创建任务时介绍过这两种方式的区别，在本书后面介绍创建这些对象时，一般就只介绍动态分配内存方式，不再介绍静态分配内存方式。

函数 xQueueCreate 实际上是一个宏函数，其原型定义如下：

```
# define xQueueCreate(uxQueueLength, uxItemSize) xQueueGenericCreate((uxQueueLength),
(uxItemSize),(queueQUEUE_TYPE_BASE))
```

xQueueCreate 调用了函数 xQueueGenericCreate，这个是创建队列、信号量、互斥量等对象的通用函数。xQueueGenericCreate 的原型定义如下：

```
QueueHandle_t xQueueGenericCreate(const UBaseType_t uxQueueLength, const
UBaseType_t uxItemSize, const uint8_t ucQueueType)
```

其中，参数 uxQueueLength 表示队列的长度，也就是存储单元的个数；参数 uxItemSize 是每个存储单元的字节数；参数 ucQueueType 表示创建的对象的类型，有以下几种常数取值。

```
#define queueQUEUE_TYPE_BASE                    ((uint8_t)0U)      //队列
```

```
# define queueQUEUE_TYPE_SET                ((uint8_t)0U)      //队列集合
# define queueQUEUE_TYPE_MUTEX              ((uint8_t)1U)      //互斥量
# define queueQUEUE_TYPE_COUNTING_SEMAPHORE ((uint8_t)2U)      //计数信号量
# define queueQUEUE_TYPE_BINARY_SEMAPHORE   ((uint8_t)3U)      //二值信号量
# define queueQUEUE_TYPE_RECURSIVE_MUTEX    ((uint8_t)4U)      //递归互斥量
```

函数 xQueueGenericCreate 的返回值是 QueueHandle_t 类型，是所创建队列的句柄，这个类型实际上是一个指针类型，定义如下：

```
typedef void * QueueHandle_t;
```

函数 xQueueCreate 调用 xQueueGenericCreate 时，传递了类型常数 queueQUEUE_TYPE_BASE，所以创建的是一个基本的队列。调用函数 xQueueCreate 的示例如下：

```
Queue_KeysHandle = xQueueCreate(5, sizeof(uint16_t));
```

这行代码创建了一个具有 5 个存储单元的队列，每个单元占用 sizeof(uint16_t)字节，也就是 2 字节。这个队列的存储结构如图 6-2 所示。

图 6-2　队列的存储结构

队列的存储单元可以设置为任意大小，因而可以存储任意数据类型。例如，可以存储一个复杂结构体的数据。队列存储数据采用数据复制的方式，如果数据项比较大，复制数据会占用较大的存储空间。因此，如果传递的是比较大的数据，例如比较长的字符串或大的结构体，可以在队列的存储单元里存储需要传递数据的指针，通过指针再去读取原始数据。

2. 向队列写入数据

一个任务或 ISR 向队列写入数据称为发送消息，可以 FIFO 方式写入，也可以 LIFO 方式写入。

队列是一个共享的存储区域，可以被多个进程写入，也可以被多个进程读取。图 6-3 所示的是多个进程以 FIFO 方式向队列写入消息的示意图，先写入的靠前，后写入的靠后。

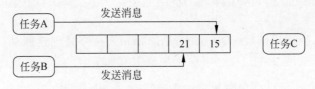

图 6-3　两个任务以 FIFO 方式发送消息

向队列后端写入数据（FIFO 模式）的函数是 xQueueSendToBack，它是一个宏函数，其原型定义如下：

```
# define xQueueSendToBack(xQueue, pvItemToQueue, xTicksToWait)
xQueueGenericSend((xQueue),(pvItemToQueue),xTicksTowait), queueSEND_TO_BACK)
```

宏函数 xQueueSendToBack 调用了函数 xQueueGenericSend，这是向队列写入数据的通用读函数，其原型定义如下：

```
BaseType_t xQueueGenericSend(QueueHandle_t xQueue, const void * const pvItemToQueue,
TickType_t xTicksToWait,const BaseType_t xCopyPosition)
```

其中，参数 xQueue 是所操作队列的句柄；参数 pvItemToQueue 是需要向队列写入的一个项的数据；参数 xTicksToWait 是阻塞方式等待队列出现空闲单元的节拍数，为 0 时，表示不等待，为常数 portMAX_DELAY 时，表示一直等待，为其他数时，表示等待的节拍数；参数 xCopyPosition 表示写入队列的位置，有 3 种常数定义。

```
#define queueSEND_TO_BACK        ((BaseType_t)0)    //写入后端,FIFO 方式
#define queueSEND_TO_FRONT       ((BaseType_t)1)    //写入前段,LIFO 方式
#define queueOVERWRITE           ((BaseType_t)2)    //尾端覆盖,在队列满时
```

要向队列前端写入数据（LIFO 方式），就使用函数 xQueueSendToFront，它也是一个宏函数，在调用函数 xQueueGenericSend 时，为参数 xCopyPosition 传递值 queueSEND_TO_FRONT。

```
#define xQueueSendToFront(xQueue, pvItemToQueue, xTicksToWait)
xQueueGenericSend((xQueue), (pvItemToQueue), (xTicksToWait), queueSEND_TO_FRONT)
```

在队列未满时，函数 xQueueSendToBack 和 xQueueSendToFront 能正常向队列写入数据，函数返回值为 pdTRUE；在队列已满时，这两个函数不能再向队列写入数据，函数返回值为 errQUEUE_FULL。

还有一个函数 xQueueOverwrite 也可以向队列写入数据，但是这个函数只用于队列长度为 1 的队列，在队列已满时，它会覆盖队列原来的数据。xQueueOverwrite 是一个宏函数，也是调用函数 xQueueGenericSend，其原型定义如下：

```
#define xQueueOverwrite(xQueue, pvItemToQueue) xQueueGenericSend((xQueue),
(pvItemToQueue), 0, queueOVERWRITE)
```

3. 从队列读取数据

可以在任务或 ISR 里读取队列的数据，称为接收消息。图 6-4 所示的是一个任务从队列读取数据的示意图。读取数据总是从队列首端读取，读出后删除这个单元的数据，如果后面还有未读取的数据，就依次向队列首端移动。

| | | | 21 | 15 | ○ | 接收消息 → | 任务C |

图 6-4　任务 C 接收消息

从队列读取数据的函数是 xQueueReceive，其原型定义如下：

```
BaseType_t xQueueReceive(QueueHandle_t xQueue, void * const pvBuffer, TickType_t
xTicksToWait);
```

其中，xQueue 是所操作的队列句柄；pvBuffer 是缓冲区，用于保存从队列读出的数据；xTicksToWait 是阻塞方式等待节拍数，为 0 时，表示不等待，为常数 portMAX_DELAY

时,表示一直等待,为其他数时,表示等待的节拍数。

函数的返回值为 pdTRUE 时,表示从队列成功读取了数据,返回值为 pdFALSE 时,表示读取不成功。

在一个任务里执行函数 xQueueReceive 时,如果设置了等待节拍数并且队列里没有数据,任务就会转入阻塞状态并等待指定的时间。如果在此等待时间内,队列里有了数据,这个任务就会退出阻塞状态,进入就绪状态,再被调度进入运行状态后,就可以从队列里读取数据了。如果超过了等待时间,队列里还是没有数据,函数 xQueueReceive 会返回 pdFALSE,任务退出阻塞状态,进入就绪状态。

函数 xQueuePeek 也是从队列里读取数据,其功能与 xQueueReceive 类似,只是读出数据后,并不删除队列中的数据。

FreeRTOS 中使用队列数据结构实现任务异步通信工作,具有如下特性:

(1) 消息支持先进先出方式排队,支持异步读写工作方式。

(2) 读写队列均支持超时机制。

(3) 消息支持后进先出方式排队,往队首发送消息(LIFO)。

(4) 允许不同长度(不超过队列节点最大值)的任意类型消息。

(5) 一个任务能够从任意一个消息队列接收和发送消息。

(6) 多个任务能够从同一个消息队列接收和发送消息。

(7) 当队列使用结束后,可以通过删除队列函数进行删除。

6.3 消息队列的运作机制

在 FreeRTOS 中,消息队列是一种用于任务间通信的机制。创建消息队列时,系统会分配一块内存空间,并初始化消息队列。以下是消息队列的详细运作机制。

1. 消息队列的创建

(1) 内存分配。

创建消息队列时,FreeRTOS 会先分配一块内存空间。这块内存的大小等于消息队列控制块的大小,加上(单个消息的大小乘以消息队列的长度)。

(2) 初始化。

消息队列初始化后,队列为空。

FreeRTOS 的消息队列控制块包含多个元素,如消息的存储位置、头指针 pcHead、尾指针 pcTail、消息大小 uxItemSize 以及队列长度 uxLength 等。

(3) 内存占用。

每个消息队列与其消息空间在同一段连续的内存空间中。

创建成功后,这些内存就被占用了,直到消息队列被删除时才会释放。

消息队列的容量和每个消息空间的大小在创建时已经确定,无法更改。

（4）消息存储。

每个消息空间可以存放不大于 uxItemSize 的任意类型的数据。

消息队列的长度即为消息空间的总数，这个长度在创建时指定。

2. 消息的发送与接收

（1）发送消息。

任务或中断服务程序可以向消息队列发送消息。

如果队列未满或允许覆盖入队，FreeRTOS 会将消息复制到消息队列的队尾。

如果队列已满，任务会根据用户指定的阻塞超时时间进行阻塞等待。

（2）阻塞与超时。

在阻塞等待期间，如果队列允许入队，任务会从阻塞态转为就绪态。

如果等待时间超过了指定的阻塞时间，任务会从阻塞态转为就绪态，并收到一个错误码 errQUEUE_FULL，表示队列已满。

（3）发送紧急消息。

发送紧急消息的过程与普通消息类似，唯一的不同是紧急消息会发送到队列的队头。这样，接收者可以优先处理紧急消息。

FreeRTOS 的消息队列通过内存分配和初始化，为任务间通信提供了高效的机制。消息队列的容量和每个消息空间的大小在创建时已经确定，确保了系统的稳定性。任务或中断服务程序可以发送普通消息或紧急消息，确保重要信息能够及时处理。这种机制有效地管理了任务间的通信，提高了系统的实时性和可靠性。

当某个任务试图读一个队列时，其可以指定一个阻塞超时时间。在这段时间中，如果队列为空，该任务将保持阻塞状态以等待队列数据有效。若其他任务或中断服务程序往其等待的队列中写入了数据，该任务将自动由阻塞态转移为就绪态。若等待的时间超过了指定的阻塞时间，即使队列中尚无有效数据，任务也会自动从阻塞态转移为就绪态。

当消息队列不再被使用时，应该删除它以释放系统资源，一旦操作完成，消息队列将被永久性删除。

消息队列运作过程如图 6-5 所示。

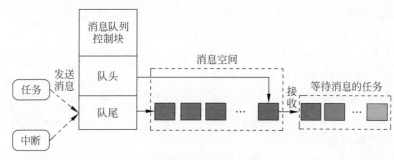

图 6-5　消息队列运作过程

6.4 消息队列的阻塞机制

FreeRTOS 为用户提供了简便的消息队列阻塞机制，用户只需直接使用相关函数即可。每个对消息队列进行读写操作的函数都支持这种机制，称为阻塞机制。以下内容将详细介绍这种机制的工作原理。

1. 消息队列读取的阻塞机制

假设有一个任务 A 要从某个队列读取消息（出队），但发现队列中没有消息。此时任务 A 有三种选择：

（1）选择 1：立即返回。

任务 A 发现队列中没有消息后，立即返回执行其他任务，不进入阻塞状态。

（2）选择 2：等待一段时间。

任务 A 决定等待一段时间，希望队列中会有消息到来。

用户可以定义任务 A 的等待时间，例如设置为 1000 个系统时钟节拍。

在等待期间（1000 个 tick 之内），任务 A 会进入阻塞状态。

如果在等待时间内，队列中有消息到来，任务 A 会从阻塞状态恢复为就绪状态。

如果任务 A 的优先级高于当前运行的任务，任务 A 将处理消息并运行。

如果等待时间（1000 个 tick）结束，仍然没有消息，任务 A 会从阻塞状态恢复，返回一个未收到消息的错误代码，然后执行其他代码。

（3）选择 3：无限等待。

任务 A 决定死等消息到来，不设定超时时间。

任务 A 会进入阻塞状态，直到队列中有消息到来为止。

2. 消息发送的阻塞机制

在发送消息操作时，为了保护数据，只有当队列允许入队时，发送操作才能成功。

（1）队列未满。

发送者可以将消息成功入队。

（2）队列已满。

① 如果队列中无可用消息空间，说明队列已满。

② 任务会按照用户指定的阻塞超时时间进入阻塞状态，等待队列有空间可以入队。

③ 如果在指定的超时时间内队列仍未能完成入队操作，发送消息的任务会收到一个错误码 errQUEUE_FULL，然后解除阻塞状态。

注意：只有任务中发送消息时才允许阻塞。在中断中发送消息时不允许阻塞，需调用特定的 API，因为中断环境下不能有阻塞情况。

3. 多任务阻塞策略

如果有多个任务阻塞在同一个消息队列中，这些任务将按照任务的优先级进行排序，优先级高的任务将优先获取队列的访问权。

　　FreeRTOS 的消息队列阻塞机制提供了灵活的任务间通信方式。任务可以选择立即返回、等待一段时间或无限等待消息。发送消息时,只有在队列允许入队时才能成功进行。如果队列已满,任务会根据设定的超时时间阻塞,等待空间释放。此外,同一队列上的多个阻塞任务将按照优先级顺序获取访问权,确保系统的高效运行。

6.5　消息队列的应用场景

　　消息队列是 FreeRTOS 主要的任务间通信方式,可以在任务与任务间、中断和任务间传送信息。发送到队列的消息是通过复制方式实现的,这意味着队列存储的数据是原数据,而不是原数据的引用。

6.5.1　任务间的消息交换

1. 传感器数据采集和处理

　　在嵌入式系统中经常需要从传感器采集数据并进行处理。例如,一个任务负责采集温度传感器的数据,另一个任务负责对这些数据进行处理和分析。使用消息队列可以有效地在这两个任务之间传递数据。

```
/* 传感器数据读取任务 */
void SensorTask(void* pvParameters) {
    uint32_t sensorData;                        // 存储传感器数据的变量

    while (1) {
        sensorData = ReadTemperatureSensor();      // 读取温度传感器的数据
        xQueueSend(sensorDataQueue, &sensorData, 0);    // 发送数据到消息队列
        vTaskDelay(SENSOR_READ_INTERVAL);        // 延迟一段时间后再读取(节省处理器资源,避
免忙等待)
    }
}

/* 传感器数据处理任务 */
void ProcessingTask(void* pvParameters) {
    uint32_t receivedData;                        // 存储从队列接收的数据的变量

    while (1) {
        // 从消息队列接收数据,若队列中无数据则阻塞任务,直到有数据为止
        if (xQueueReceive(sensorDataQueue, &receivedData, portMAX_DELAY) == pdPASS) {
            // 处理接收到的数据
            ProcessTemperatureData(receivedData);
        }
    }
}
```

　　(1) SensorTask 任务。

　　int32_t sensorData:声明一个 32 位变量,用于存储传感器数据。

while (1):任务的主循环,确保任务无限循环执行,除非系统关闭。

ReadTemperatureSensor:假设这是一个读取温度传感器数据的函数,结果存储在 sensorData 中。

xQueueSend(sensorDataQueue, &sensorData, 0):将读取到的传感器数据发送到消息队列 sensorDataQueue。参数解释:第一个参数是队列句柄;第二个参数是发送的数据地址;第三个参数是发送数据的等待时间,这里设置为 0 表示不等待。

vTaskDelay(SENSOR_READ_INTERVAL):任务延迟一段时间(SENSOR_READ_INTERVAL),然后再次读取传感器数据。这个机制用于节省处理器资源,避免忙等待。

(2) ProcessingTask 任务。

uint32_t receivedData:声明一个 32 位变量,用于存储从队列中接收到的数据。

while (1):任务的主循环,确保任务无限循环执行,除非系统关闭。

xQueueReceive(sensorDataQueue, &receivedData, portMAX_DELAY):从消息队列 sensorDataQueue 接收数据。如果队列为空,任务将阻塞,直到新的数据可用。参数解释:第一个参数是队列句柄;第二个参数是接收的数据地址;第三个参数是等待数据的时间,这里设置为 portMAX_DELAY 表示永久等待。

if (xQueueReceive(…) == pdPASS):检查接收是否成功,pdPASS 表示成功接收数据。

ProcessTemperatureData(receivedData):假设这是一个处理温度数据的函数,传入接收的数据进行处理。

2. 用户界面更新

采用消息队列,可以将用户输入的信息传递给界面任务,从而更新界面。例如,用户通过按键输入数据,按钮按下的状态通过消息队列传递给显示任务,显示任务根据状态更新显示内容。

```
* 按钮任务 */
void ButtonTask(void* pvParameters)
{
    uint32_t btnState;                          // 存储按钮状态的变量

    while (1)
    {
        btnState = ReadButton();                // 读取按钮状态
        xQueueSend(buttonQueue, &btnState, 0);  // 将按钮状态发送到消息队列
        vTaskDelay(BUTTON_READ_INTERVAL);       // 延迟一段时间后再次读取按钮状态,避免忙等待
    }
}

/* 显示任务 */
void DisplayTask(void* pvParameters)
{
```

```
uint32_t receivedBtnState;                    // 存储从队列接收的按钮状态的变量

while (1) {
    // 从消息队列接收按钮状态数据,若队列中无数据则阻塞任务,直到有数据为止
    if (xQueueReceive(buttonQueue, &receivedBtnState, portMAX_DELAY) == pdPASS) {
        // 更新显示内容,根据接收到的按钮状态更新显示
        UpdateDisplay(receivedBtnState);
    }
}
}
```

（1）ButtonTask 任务。

uint32_t btnState：声明一个 32 位变量,用于存储按钮的状态。

while（1）：任务的主循环,确保任务无限循环执行,除非系统关闭。

ReadButton（）：假设这是一个读取按钮状态的函数,结果存储在 btnState 中。

xQueueSend（buttonQueue，&btnState，0）：将读取到的按钮状态发送到消息队列 buttonQueue。参数解释：第一个参数是队列句柄；第二个参数是发送的数据地址；第三个参数是发送数据的等待时间,这里设置为 0 表示不等待。

vTaskDelay（BUTTON_READ_INTERVAL）：任务延迟一段时间（BUTTON_READ_INTERVAL）,然后再次读取按钮状态。这个机制用于节省处理器资源,避免忙等待。

（2）DisplayTask 任务。

uint32_t receivedBtnState：声明一个 32 位变量,用于存储从队列中接收到的按钮状态。

while（1）：任务的主循环,确保任务无限循环执行,除非系统关闭。

xQueueReceive（buttonQueue，&receivedBtnState，portMAX_DELAY）：从消息队列 buttonQueue 接收数据。如果队列为空,任务将阻塞,直到新的数据可用。参数解释：第一个参数是队列句柄；第二个参数是接收的数据地址；第三个参数是等待数据的时间,这里设置为 portMAX_DELAY 表示永久等待。

if（xQueueReceive（…）＝＝pdPASS）：检查接收是否成功,pdPASS 表示成功接收数据。

UpdateDisplay（receivedBtnState）：假设这是一个更新显示内容的函数,传入接收的按钮状态来更新显示。

6.5.2　中断与任务间的消息传递

1. 按键事件处理

在不希望中断服务程序中执行复杂逻辑时,可以通过队列将中断事件传递给相应任务处理。例如,当按键按下时,由按键中断服务例程将事件传递给任务进行处理。

```
/* 按钮中断处理程序 */
void EXTI0_IRQHandler(void)
{
    BaseType_t xHigherPriorityTaskWoken = pdFALSE;      // 记录是否有更高优先级任务需要唤
```

醒的变量

```
    uint32_t event = BUTTON_PRESS_EVENT;                 // 定义一个事件,表示按钮按下

    // 检查中断状态,确认是由 EXTI_Line0 引起的
    if (EXTI_GetITStatus(EXTI_Line0) != RESET)
    {
        // 从 ISR 中发送事件到队列
        xQueueSendFromISR(eventQueue, &event, &xHigherPriorityTaskWoken);
        // 清除中断挂起位
        EXTI_ClearITPendingBit(EXTI_Line0);
    }

    // 如果在队列发送过程中唤醒了高优先级任务,切换到高优先级任务
    portYIELD_FROM_ISR(xHigherPriorityTaskWoken);
}

/* 按钮事件任务 */
void ButtonEventTask(void * pvParameters)
{
    uint32_t receivedEvent;                              // 存储从队列接收的事件的变量

    while (1)
    {
        // 从消息队列接收事件数据,若队列中无数据则阻塞任务,直到有数据为止
        if (xQueueReceive(eventQueue, &receivedEvent, portMAX_DELAY) == pdPASS) {
            // 处理接收到的事件
            HandleButtonEvent(receivedEvent);
        }
    }
}
```

（1）EXTI0_IRQHandler 中断处理程序。

BaseType_t xHigherPriorityTaskWoken＝pdFALSE：声明并初始化变量,用于指示是否有更高优先级的任务在发送事件时被唤醒。

uint32_t event＝BUTTON_PRESS_EVENT：声明并初始化变量,用于表示按钮按下事件。

if（EXTI_GetITStatus（EXTI_Line0）！＝RESET）：检查中断状态,确认中断是由 EXTI_Line0 引起的。

xQueueSendFromISR（eventQueue，＆event，＆xHigherPriorityTaskWoken）：从 ISR 中发送按钮按下事件到消息队列 eventQueue。参数解释：第一个参数是队列句柄；第二个参数是发送的数据地址；第三个参数用来指示是否有更高优先级任务被唤醒的变量。

EXTI_ClearITPendingBit(EXTI_Line0)：清除 EXTI_Line0 的中断挂起位。

portYIELD_FROM_ISR(xHigherPriorityTaskWoken)：如果在发送事件时唤醒了更高优先级任务,执行上下文切换到高优先级任务。

（2）ButtonEventTask 任务。

uint32_t receivedEvent：声明一个 32 位变量，用于存储从队列中接收的按钮事件。

while（1）：任务的主循环，确保任务无限循环执行，除非系统关闭。

xQueueReceive（eventQueue，&receivedEvent，portMAX_DELAY）：从消息队列 eventQueue 接收事件数据。如果队列为空，任务将阻塞，直到新的事件可用。参数解释：第一个参数是队列句柄；第二个参数是接收的数据地址；第三个参数是等待数据的时间，这里设置为 portMAX_DELAY 表示永久等待。

if（xQueueReceive（…）== pdPASS）：检查接收是否成功，pdPASS 表示成功接收数据。

HandleButtonEvent(receivedEvent)：处理接收到的事件，例如执行相应的动作或更新状态机。

2. 定时触发任务

硬件定时器的中断可以通过队列将触发任务的消息传递该任务，以实现定时任务。例如，当一个定时器到期时，通过中断将触发事件发送到队列，从而触发时间相关任务的执行。

```c
/* 定时器中断处理程序 */
void TIM2_IRQHandler(void) {
    BaseType_t xHigherPriorityTaskWoken = pdFALSE; // 记录是否有更高优先级任务需要唤醒的变量
    uint32_t timerEvent = TIMER_EXPIRE_EVENT;   // 定义一个事件,表示定时器到期

    // 检查中断状态,确认是由 TIM2 更新事件引起的
    if (TIM_GetITStatus(TIM2, TIM_IT_Update) != RESET) {
        // 从 ISR 中发送事件到队列
        xQueueSendFromISR(timerQueue, &timerEvent, &xHigherPriorityTaskWoken);
        // 清除定时器更新中断挂起位
        TIM_ClearITPendingBit(TIM2, TIM_IT_Update);
    }

    // 如果在队列发送过程中唤醒了更高优先级任务,切换到高优先级任务
    portYIELD_FROM_ISR(xHigherPriorityTaskWoken);
}

/* 定时器事件任务 */
void TimerTask(void* pvParameters) {
    uint32_t receivedEvent;                    // 存储从队列接收的定时器事件的变量

    while (1) {
        // 从消息队列接收事件数据,若队列中无数据则阻塞任务,直到有数据为止
        if (xQueueReceive(timerQueue, &receivedEvent, portMAX_DELAY) == pdPASS) {
            // 处理接收到的定时器事件
            HandleTimerEvent(receivedEvent);
        }
    }
}
```

（1）TIM2_IRQHandler 中断处理程序。

BaseType_t xHigherPriorityTaskWoken = pdFALSE：声明并初始化变量，用于指示是否有更高优先级的任务在发送事件时被唤醒。

uint32_t timerEvent = TIMER_EXPIRE_EVENT：声明并初始化变量，用于表示定时器到期事件。

if（TIM_GetITStatus(TIM2，TIM_IT_Update) != RESET）：检查定时器的中断状态，确认中断是由 TIM2 更新事件引起的。

xQueueSendFromISR（timerQueue，&timerEvent，&xHigherPriorityTaskWoken）：从 ISR 中发送定时器到期事件到消息队列 timerQueue。参数解释：第一个参数是队列句柄；第二个参数是发送的数据地址；第三个参数用来指示是否有更高优先级任务被唤醒的变量。

TIM_ClearITPendingBit(TIM2，TIM_IT_Update)：清除 TIM2 更新事件的中断挂起位。

portYIELD_FROM_ISR(xHigherPriorityTaskWoken)：如果在发送事件时唤醒了更高优先级任务，执行上下文切换到高优先级任务。

（2）TimerTask 任务。

uint32_t receivedEvent：声明一个 32 位变量，用于存储从队列中接收的定时器事件。

while（1）：任务的主循环，确保任务无限循环执行，除非系统关闭。

xQueueReceive（timerQueue，&receivedEvent，portMAX_DELAY）：从消息队列 timerQueue 接收事件数据。如果队列为空，任务将阻塞，直到新的事件可用。参数解释：第一个参数是队列句柄；第二个参数是接收的数据地址；第三个参数是等待数据的时间，这里设置为 portMAX_DELAY 表示永久等待。

if（xQueueReceive(…)==pdPASS）：检查接收是否成功，pdPASS 表示成功接收数据。

HandleTimerEvent(receivedEvent)：处理接收到的定时器事件，例如执行相应的动作或更新状态。

6.5.3　日志系统和事件监控

在嵌入式系统开发中，日志系统和事件监控非常重要。通过队列，可以记录系统重要事件并传递给日志任务记录在存储器或通过串口输出。

```
void EventLogger(void * pvParameters)
{
    EventMsg logMsg;
    while (1)
    {
        if (xQueueReceive(loggerQueue, &logMsg, portMAX_DELAY) == pdPASS)
        {
            LogEvent(logMsg);
        }
```

```
        }
    }

    void SomeTask(void* pvParameters)
    {
        EventMsg msg = { .eventID = START_EVENT, .timestamp = GetCurrentTime() };
        xQueueSend(loggerQueue, &msg, 0);
        // Perform task operations...
    }
    /* 事件日志记录任务 */
    void EventLogger(void* pvParameters)
    {
        EventMsg logMsg;          // 存储从队列接收的事件消息的变量

        while (1)
        {
            // 从消息队列接收事件消息,若队列中无数据则阻塞任务,直到有数据为止
            if (xQueueReceive(loggerQueue, &logMsg, portMAX_DELAY) == pdPASS)
            {
                // 记录接收的事件消息
                LogEvent(logMsg);
            }
        }
    }

    /* 某个任务 */
    void SomeTask(void* pvParameters)
    {
        // 创建一个事件消息,包含事件 ID 和时间戳
        EventMsg msg = { .eventID = START_EVENT, .timestamp = GetCurrentTime() };

        // 将事件消息发送到日志记录队列
        xQueueSend(loggerQueue, &msg, 0);

        // 执行任务的其他操作
    }
```

（1）EventLogger 任务。

EventMsg logMsg：声明一个变量,用于存储从队列中接收到的事件消息。EventMsg 是一个结构体,假设包含事件相关的信息。

while（1）：任务的主循环,确保任务无限循环执行。

xQueueReceive（loggerQueue, &logMsg, portMAX_DELAY）：从消息队列 loggerQueue 接收事件消息。如果队列为空,任务将阻塞,直到新的消息可用。参数解释：第一个参数是队列句柄；第二个参数是接收的数据地址；第三个参数是等待数据的时间,这里设置为 portMAX_DELAY 表示永久等待。

if（xQueueReceive(...) == pdPASS）：检查接收是否成功,pdPASS 表示成功接收数据。

LogEvent(logMsg)：记录接收到的事件消息，例如将其写入日志文件或显示在控制台。

（2）SomeTask 任务。

EventMsg msg＝｛.eventID＝START_EVENT,.timestamp＝GetCurrentTime（）｝：创建并初始化一个事件消息。假设 EventMsg 是一个结构体，包含 eventID 和 timestamp 两个字段：

eventID 表示事件的标识符，这里设置为 START_EVENT；

timestamp 表示事件的时间戳，通过调用 GetCurrentTime（）函数获取当前时间。

xQueueSend(loggerQueue, &msg, 0)：将事件消息发送到日志记录队列 loggerQueue。参数解释：第一个参数是队列句柄；第二个参数是发送的数据地址；第三个参数是发送数据的等待时间，这里设置为 0 表示不等待。

// Perform task operations…：执行任务的其他操作。这是一个占位符，表示任务的其他逻辑。

FreeRTOS 消息队列提供了一种线程安全、灵活的数据传输机制，广泛应用于任务间通信以及任务与中断间通信。通过消息队列，不同的任务可以互相协作，提高系统的并发处理能力和整体效率。无论是在传感器数据采集和处理、用户界面更新还是中断事件处理和日志系统中，消息队列都扮演着重要的角色。在实际开发中，根据需求合理布局和使用消息队列，可以有效提升系统的稳定性与响应性。

6.6　消息队列控制块

FreeRTOS 的消息队列控制块由多个元素组成，当消息队列被创建时，系统会为控制块分配对应的内存空间，用于保存消息队列的一些信息如消息的存储位置、头指针 pcHead、尾指针 pcTail、消息大小 uxItemSize、队列长度 uxLength，以及当前队列消息个数 uxMessagesWaiting 等，具体见代码清单。

消息队列控制块代码清单如下：

```
1   typedef struct QueueDefinition {
2   int8_t  * pcHead;
3   int8_t  * pcTail;
4   int8_t  * pcWriteTo;
5
6   union {
7   int8_t  * pcReadFrom;
8   UBaseType_t uxRecursiveCallCount;
9   } u;
10
11  List_t xTasksWaitingToSend;
12  List_t xTasksWaitingToReceive;
13
```

```
14 volatile UBaseType_t uxMessagesWaiting;
15 UBaseType_t uxLength;
16 UBaseType_t uxItemSize; (
17
18 volatile int8_t cRxLock;
19 volatile int8_t cTxLock;
20
21 # if((configSUPPORT_STATIC_ALLOCATION == 1)
22 && (configSUPPORT_DYNAMIC_ALLOCATION == 1))
23 uint8_t ucStaticallyAllocated;
24 # endif
25
26 # if (configUSE_QUEUE_SETS == 1)
27 struct QueueDefinition * pxQueueSetContainer;
28 # endif
29
30 # if (configUSE_TRACE_FACILITY == 1)
31 UBaseType_t uxQueueNumber;
32 uint8_t ucQueueType;
33 # endif
34
35 } xQUEUE;
36
37 typedef xQUEUE Queue_t;
```

上述代码定义了 FreeRTOS 的消息队列控制块（Queue_t）。该结构体包括了管理队列数据和队列状态的各种成员。

（1）pcHead，pcTail，pcWriteTo：指向队列头、尾和写入位置的指针。

（2）u：联合体，包含指向当前读取位置的指针 pcReadFrom 或递归调用计数 uxRecursiveCallCount。

（3）xTasksWaitingToSend，xTasksWaitingToReceive：列表，用于管理等待发送和接收的任务。

（4）uxMessagesWaiting：当前队列中的消息数量。

（5）uxLength，uxItemSize：队列长度和每条消息的大小。

（6）cRxLock，cTxLock：接收锁和发送锁。

（7）可选成员根据配置启用，如静态分配标记 ucStaticallyAllocated、队列集合容器指针 pxQueueSetContainer、队列编号和类型。

这些成员用于实现消息队列的基本操作和管理。

6.7　消息队列操作相关函数

除了在任务函数里操作队列，用户在 ISR 里也可以操作队列，但是在 ISR 里操作队列，必须使用相应的中断级函数，即带有后缀 FromISR 的函数。

FreeRTOS 中消息队列操作的相关函数如表 6-1 所示,表中仅列出了函数名。要了解这些函数的原型定义,可查看其源代码,也可以查看 FreeRTOS 参考手册中关于每个函数的详细说明。

使用消息队列模块的典型流程如下:

(1) 创建消息队列。

(2) 写队列操作。

(3) 读队列操作。

(4) 队列。

表 6-1　FreeRTOS 中消息队列操作的相关函数

功能分组	函 数 名	功能描述
队列管理	xQueueCreate	动态分配内存方式创建一个队列
	xQueueCreateStatic	静态分配内存方式创建一个队列
	xQueueReset	将队列复位为空的状态,丢弃队列内的所有数据
	vQueueDelete	删除一个队列,也可用于删除一个信号量
获取队列信息	pcQueueGetName	获取队列的名称,也就是创建队列时设置的队列名称字符串
	vQueueSetQueueNumber	为队列设置一个编号,这个编号由用户设置并使用
	uxQueueGetQueueNumber	获取队列的编号
	uxQueueSpacesAvailable	获取队列剩余空间个数,也就是还可以写入的消息个数
	uxQueueMessages Waiting	获取队列中等待被读取的消息个数
	uxQueueMessages WaitingFromISR	uxQueueMessages Waiting 的 ISR 版本
	xQueueIsQueueEmptyFromISR	查询队列是否为空,返回值为 pdTRUE 表示队列为空
	xQueueIsQueueFullFromISR	查询队列是否已满,返回值为 pdTRUE 表示队列已满
写入消息	xQueueSend	将一个消息写到队列的后端(FIFO 方式),这个函数是早期版本
	xQueueSendFromISR	xQueueSend 的 ISR 版本
	xQueueSendToBack	与 xQueueSend 功能完全相同,建议使用这个函数
	xQueueSendToBackFromISR	xQueueSendToBack 的 ISR 版本
	xQueueSendToFront	将一个消息写到队列的前端(LIFO 方式)
	xQueueSendToFrontFromISR	xQueueSendToFront 的 ISR 版本
	xQueueOverwrite	只用于长度为 1 的队列,如果队列已满,会覆盖原来的数据
	xQueueOverwriteFromISR	xQueueOverwrite 的 ISR 版本
读取消息	xQueueReceive	从队列中读取一个消息,读出后删除队列中的这个消息
	xQueueReceiveFromISR	xQueueReceive 的 ISR 版本
	xQueuePeek	从队列中读取一个消息,读出后不删除队列中的这个消息
	xQueuePeekFromISR	xQueuePeek 的 ISR 版本

6.7.1　消息队列创建函数

xQueueCreate 用于创建一个新的队列并返回可用于访问这个队列的队列句柄。队列句柄其实就是一个指向队列数据结构类型的指针。

队列就是一个数据结构，用于任务间的数据的传递。每创建一个新的队列都需要为其分配 RAM，一部分用于存储队列的状态，剩下的作为队列消息的存储区域。使用 xQueueCreate 创建队列时，使用的是动态内存分配，所以要想使用该函数必须在 FreeRTOSConfig.h 中把 configSUPPORT_DYNAMIC_ALLOCATION 定义为 1 来使能，这是个用于使能动态内存分配的宏。通常情况下，在 FreeRTOS 中，凡是创建任务、队列、信号量和互斥量等内核对象都需要使用动态内存分配，所以这个宏默认在 FreeRTOS.h 头文件中已经使能（定义为 1）。如果想使用静态内存，则可以使用 xQueueCreateStatic 函数来创建一个队列。使用静态创建消息队列函数创建队列时需要的形参更多，需要的内存由编译的时候预先分配好，一般很少使用这种方法。

xQueueCreate()函数原型如下：

```
#define xQueueCreate(uxQueueLength, uxItemSize) \
        xQueueGenericCreate((uxQueueLength), (uxItemSize), (queueQUEUE_TYPE_BASE))
```

xQueueCreate 是 FreeRTOS 中用于创建消息队列的宏函数，它调用 xQueueGenericCreate 实际完成队列的创建工作。其功能如下：

（1）创建一个消息队列，并返回一个队列句柄。该队列可以用于任务间或 ISR 间的数据传递。

（2）uxQueueLength：队列中的最大元素数量。

（3）uxItemSize：每个元素的大小（字节）。

应用实例：假设有两个任务，一个用来发送队列信息，另一个任务用来接收这些信息。下面是完整的示例代码：

```
#include "FreeRTOS.h"
#include "task.h"
#include "queue.h"

// 队列句柄
QueueHandle_t xQueue;

// 任务原型
void vSenderTask(void* pvParameters);
void vReceiverTask(void* pvParameters);

int main(void)
{
    // 创建一个长度为10,元素大小为 sizeof(int)的队列
    xQueue = xQueueCreate(10, sizeof(int));
```

```
        // 创建发送任务和接收任务
        xTaskCreate(vSenderTask, "Sender", 1000, NULL, 1, NULL);
        xTaskCreate(vReceiverTask, "Receiver", 1000, NULL, 1, NULL);

        // 启动任务调度
        vTaskStartScheduler();

        // 如果运行到这里,说明任务调度启动失败
        for (;;);
    }

// 发送任务
void vSenderTask(void * pvParameters)
{
    int iValueToSend = 0;                          // 要发送的值
    while (1)
    {
        // 将数据发送到队列
        if (xQueueSend(xQueue, &iValueToSend, portMAX_DELAY) != pdPASS)
        {
            // 错误处理:发送失败
        }

        // 增加待发送的值
        iValueToSend++;

        // 通过 vTaskDelay 让出 CPU 一段时间
        vTaskDelay(pdMS_TO_TICKS(1000));          // 1s 间隔
    }
}


// 接收任务
void vReceiverTask(void * pvParameters)
{
    int iReceivedValue;
    while (1)
    {
        // 从队列接收数据
        if (xQueueReceive(xQueue, &iReceivedValue, portMAX_DELAY) == pdPASS)
        {
            // 成功接收数据,进行处理
            printf("Received Value: % d\n", iReceivedValue);
        }
        else
        {
            // 错误处理:接收失败
        }
    }
}
```

（1）队列创建。

"xQueue＝xQueueCreate(10，sizeof(int));"：创建一个长度为 10、元素大小为 int 的队列。

（2）任务创建。

"xTaskCreate(vSenderTask，"Sender"，1000，NULL，1，NULL);"：创建发送任务。

"xTaskCreate(vReceiverTask，"Receiver"，1000，NULL，1，NULL);"：创建接收任务。

（3）任务调度。

"TaskStartScheduler();"：启动任务调度，使得 FreeRTOS 开始调度任务。

（4）发送任务(vSenderTask)。

不断地将 iValueToSend 值发送到队列，每发送一次值后，增加 iValueToSend 的值，并等待 1s。

xQueueSend 用于向队列发送数据。portMAX_DELAY 表示无限期等待，直到发送成功。

（5）接收任务(vReceiverTask)。

不断地从队列接收数据，并将接收到的数据打印输出。

xQueueReceive 用于从队列接收数据。portMAX_DELAY 表示无限期等待，直到接收到数据。

这段代码展示了如何使用 FreeRTOS 的消息队列在两个任务之间传递数据。发送任务将数据发送到队列，接收任务则从队列中接收数据并进行处理。

6.7.2 消息队列静态创建函数

xQueueCreateStatic 用于创建一个新的队列并返回可用于访问这个队列的队列句柄。队列句柄其实就是一个指向队列数据结构类型的指针。

使用 xQueueCreateStatic 创建队列时，使用的是静态内存分配，所以要想使用该函数必须在 FreeRTOSConfig.h 中把 configSUPPORT_STATIC_ALLOCATION 定义为 1 来使能。这是个用于使能静态内存分配的宏，需要的内存在程序编译的时候分配好，由用户自己定义，其实创建过程与 xQueueCreate 都是差不多的，暂不深入讲解。

xQueueCreateStatic()函数原型如下：

```
QueueHandle_t xQueueCreateStatic(UBaseType_t uxQueueLength,
                                 UBaseType_t uxItemSize,
                                 uint8_t * pucQueueStorageBuffer,
                                 StaticQueue_t * pxQueueBuffer)
```

6.7.3 消息队列删除函数

队列删除函数是根据消息队列句柄直接删除的，删除之后这个消息队列的所有信息都会被系统回收清空,而且不能再次使用这个消息队列。但是需要注意的是,如果某个消息队列没有被创建,那也是无法被删除的。xQueue 是 vQueueDelete 函数的形参,是消息队列句柄,表示的是要删除哪个想队列。

6.7.4　向消息队列发送消息函数

任务或者中断服务程序都可以给消息队列发送消息。当发送消息时,如果队列未满或者允许覆盖入队,FreeRTOS 会将消息复制到消息队列队尾,否则,会根据用户指定的阻塞超时时间进行阻塞。在这段时间中,如果队列一直不允许入队,该任务将保持阻塞状态以等待队列允许入队。若其他任务从其等待的队列中读取入了数据(队列未满),该任务将自动由阻塞态转为就绪态。若任务等待的时间超过了指定的阻塞时间,即使队列中还不允许入队,任务也会自动从阻塞态转移为就绪态,此时发送消息的任务或者中断程序会收到一个错误码 errQUEUE_FULL。

发送紧急消息的过程与发送消息几乎一样,唯一的不同是,当发送紧急消息时,发送的位置是消息队列队头而非队尾,这样,接收者就能够优先接收到紧急消息,从而及时进行消息处理。

其实消息队列发送函数有多个,都是使用宏定义进行展开的,有些只能在任务中调用,有些只能在中断中调用,具体见下面讲解。

1. xQueueSend 与 xQueueSendToBack

xQueueSend 函数原型如下:

```
#define xQueueSend(xQueue, pvItemToQueue, xTicksToWait) \
        xQueueGenericSend((xQueue), (pvItemToQueue), \
                    (xTicksToWait), queueSEND_TO_BACK)
```

xQueueSendToBack 函数原型如下:

```
define xQueueSendToBack(xQueue, pvItemToQueue, xTicksToWait) \
        xQueueGenericSend((xQueue), (pvItemToQueue), \
                    (xTicksToWait), queueSEND_TO_BACK)
```

xQueueSend 是一个宏,宏展开是调用函数 xQueueGenericSend。该宏是为了向后兼容没有包含 xQueueSendToFront 和 QueueSendToBack( )这两个宏的 FreeRTOS 版本。xQueueSend 等同于 xQueueSendToBack。

xQueueSend 用于向队列尾部发送一个队列消息。消息以复制的形式入队,而不是以引用的形式。该函数绝对不能在中断服务程序里面被调用,中断中必须使用带有中断保护功能的 xQueueSendFromISR 来代替。

2. xQueueSendFromISR 与 xQueueSendToBackFromISR

xQueueSendFromISR 函数原型如下:

```
#define xQueueSendToFrontFromISR(xQueue,pvItemToQueue,pxHigherPriorityTaskWoken) \
        xQueueGenericSendFromISR((xQueue), (pvItemToQueue),\
                        (pxHigherPriorityTaskWoken), queueSEND_TO_FRONT)
```

xQueueSendToBackFromISR 等同于 xQueueSendFromISR。

xQueueSendToBackFromISR 函数原型如下：

```
#define xQueueSendToBackFromISR(xQueue,pvItemToQueue,pxHigherPriorityTaskWoken) \
        xQueueGenericSendFromISR((xQueue), (pvItemToQueue), \
                        (pxHigherPriorityTaskWoken), queueSEND_TO_BACK)
```

xQueueSendFromISR 是一个宏，宏展开是调用函数 xQueueGenericSendFromISR。该宏是 xQueueSend 的中断保护版本，用于在中断服务程序中向队列尾部发送一个队列消息，等价于 xQueueSendToBackFromISR。

3. xQueueSendToFront

xQueueSendToFront 函数原型如下：

```
#define xQueueSendToFront(xQueue, pvItemToQueue, xTicksToWait) \
        xQueueGenericSend((xQueue), (pvItemToQueue), \
                        (xTicksToWait), queueSEND_TO_FRONT)
```

xQueueSendToFron 是一个宏，宏展开也是调用函数 xQueueGenericSend。

xQueueSendToFront 用于向队列队首发送一个消息。消息以复制的形式入队，而不是以引用的形式。该函数绝不能在中断服务程序里面被调用，而是必须使用带有中断保护功能的 xQueueSendToFrontFromISR 来代替。

4. xQueueSendToFrontFromISR

xQueueSendToFrontFromISR 函数原型如下：

```
#define xQueueSendToFrontFromISR(xQueue,pvItemToQueue,pxHigherPriorityTaskWoken) \
        xQueueGenericSendFromISR((xQueue), (pvItemToQueue), \
                        (pxHigherPriorityTaskWoken), queueSEND_TO_FRONT)
```

xQueueSendToFrontFromISR 是一个宏，宏展开是调用函数 xQueueGenericSendFromISR。该宏是 xQueueSendToFront 的中断保护版本，用于在中断服务程序中向消息队列队首发送一个消息。

5. 通用消息队列发送函数 xQueueGenericSend（任务）

上面看到的那些在任务中发送消息的函数都是 xQueueGenericSend 展开的宏定义，真正起作用的就是 xQueueGenericSend 函数，根据指定的参数不一样，发送消息的结果就不一样。

6. 消息队列发送函数 xQueueGenericSendFromISR（中断）

既然有任务中发送消息的函数，当然也需要有在中断中发送消息函数，其实这个函数跟 xQueueGenericSend 函数很像，只不过执行的上下文环境是不一样的，xQueueGenericSendFromISR 函数只能用于中断中执行，是不带阻塞机制的。

6.7.5　从消息队列读取消息函数

当任务试图读队列中的消息时，可以指定一个阻塞超时时间，当且仅当消息队列中有消息的时候，任务才能读取到消息。在这段时间中，如果队列为空，该任务将保持阻塞状态以等待队列数据有效。若其他任务或中断服务程序往其等待的队列中写入了数据,该任务将自动由阻塞态转为就绪态。若任务等待的时间超过了指定的阻塞时间,即使队列中尚无有效数据,任务也会自动从阻塞态转移为就绪态。

1. xQueueReceive 与 xQueuePeek

xQueueReceive 函数原型如下:

```
#define xQueueReceive(xQueue, pvBuffer, xTicksToWait) \
        xQueueGenericReceive((xQueue), (pvBuffer), (xTicksToWait), pdFALSE)
```

xQueueReceive 是一个宏,宏展开是调用函数 xQueueGenericReceive。

xQueueReceive 用于从一个队列中接收消息并把消息从队列中删除。接收的消息是以复制的形式进行的,所以用户必须提供一个足够大空间的缓冲区。具体能够复制多少数据到缓冲区,在队列创建的时候已经设定。该函数绝不能在中断服务程序里面被调用,而是必须使用带有中断保护功能的 xQueueReceiveFromISR 来代替。

2. xQueueReceiveFromISR 与 xQueuePeekFromISR

xQueueReceiveFromISR 是 xQueueReceive 的中断版本,用于在中断服务程序中接收一个队列消息并把消息从队列中删除;xQueuePeekFromISR 是 xQueuePeek 的中断版本,用于在中断中从一个队列中接收消息,但并不会把消息从队列中移除。

3. 从队列读取消息函数 xQueueGenericReceive

由于在中断中接收消息的函数用的并不多,只讲解在任务中读取消息的函数——xQueueGenericReceive。

xQueueGenericReceive 函数原型如下:

```
BaseType_t xQueueGenericReceive(QueueHandle_t xQueue,
                                void * const pvBuffer,
                                TickType_t xTicksToWait,
                                const BaseType_t xJustPeeking)
```

6.8 FreeRTOS 消息队列应用实例

在使用 FreeRTOS 提供的消息队列函数时,需要了解以下几点。

(1) 使用 xQueueSend、xQueueSendFromISR、xQueueReceive 等这些函数之前应先创建消息队列,并根据队列句柄进行操作。

(2) 队列读取采用的是先进先出模式,会先读取先存储在队列中的数据。当然,FreeRTOS 也支持后进先出模式,那么读取的时候就会读取到后进队列的数据。

(3) 在获取队列中的消息时,必须要定义一个存储读取数据的地方,并且该数据区域大小不小于消息大小,否则,很可能引发地址非法的错误。

(4) 无论是发送还是接收消息都是以复制的方式进行,如果消息过于庞大,可以将息的地址作为消息进行发送、接收。

(5) 队列是具有自己独立权限的内核对象,并不属于任何任务。所有任务都可以向同队列写入和读出。一个队列由多任务或中断写入是经常的事,但由多个任务读出用得比较少。

消息队列实例是在 FreeRTOS 中创建了两个任务,一个是发送消息任务,一个是获取消息任务,两个任务独立运行。发送消息任务通过检测按键的按下情况来发送消息,假如发送消息不成功,就把返回的错误代码在串口打印出来。另一个任务是获取消息任务,在消息队列没有消息之前一直等待消息,一旦获取到消息就把消息打印在串口调试助手里。

1. 消息队列源代码

消息队列源代码如下:

```
/ *********************************************************************
 * @file    main.c
 * @brief   FreeRTOS V9.0.0 + STM32 消息队列
 * 实验平台:野火 STM32F407 霸天虎开发板
 ********************************************************************* /
/ *********************************************************************
 *                          包含的头文件
 ********************************************************************* /
/ * FreeRTOS 头文件 * /
# include "FreeRTOS.h"
# include "task.h"
# include "queue.h"
/ * 开发板硬件 bsp 头文件 * /
# include "bsp_led.h"
# include "bsp_debug_usart.h"
# include "bsp_key.h"
/ ************************* 任务句柄 ************************* /
/ *
 * 任务句柄是一个指针,用于指向一个任务,当任务创建好之后,它就具有了一个任务句柄
 * 以后要操作这个任务都需要通过这个任务句柄,如果是自身的任务操作自己,那么这个句柄
 * 可以为 NULL
 * /
static TaskHandle_t AppTaskCreate_Handle = NULL;        / * 创建任务句柄 * /
static TaskHandle_t Receive_Task_Handle = NULL;         / * LED 任务句柄 * /
static TaskHandle_t Send_Task_Handle = NULL;            / * KEY 任务句柄 * /


/ ************************* 内核对象句柄 ************************* /
/ *
 * 信号量,消息队列,事件标志组,软件定时器这些都属于内核的对象,要想使用这些内核
 * 对象,必须先创建,创建成功之后会返回一个相应的句柄。实际上就是一个指针,后续就
 * 可以通过这个句柄操作这些内核对象
 *
 * 内核对象就是一种全局的数据结构,通过这些数据结构可以实现任务间的通信,
 * 任务间的事件同步等各种功能。这些功能的实现是通过调用这些内核对象的函数
 * 来完成的
 *
 * /
```

```
QueueHandle_t Test_Queue = NULL;

/********************** 全局变量声明 ******************************/
/*
 * 在写应用程序时,可能需要用到一些全局变量
 */



/************************ 宏定义 *******************************/
/*
 * 在写应用程序时,可能需要用到一些宏定义
 */
#define QUEUE_LEN 4        /* 队列的长度,最大可包含多少个消息 */
#define QUEUE_SIZE 4       /* 队列中每个消息大小(字节) */


/*
 ***************************************************************
 *                        函数声明
 ***************************************************************
 */
static void AppTaskCreate(void);                /* 用于创建任务 */

static void Receive_Task(void * pvParameters);  /* Receive_Task 任务实现 */
static void Send_Task(void * pvParameters);     /* Send_Task 任务实现 */

static void BSP_Init(void);                     /* 用于初始化板载相关资源 */

/***************************************************************
 * @brief 主函数
 * @param 无
 * @retval 无
 * @note   第 1 步:开发板硬件初始化
 *          第 2 步:创建 App 任务
 *          第 3 步:启动 FreeRTOS,开始多任务调度
 ***************************************************************/
int main(void)
{
  BaseType_t xReturn = pdPASS;      /* 定义一个创建信息返回值,默认为 pdPASS */

  /* 开发板硬件初始化 */
  BSP_Init();
    printf("这是一个 FreeRTOS 消息队列实例!\n");
  printf("按下 KEY1 或者 KEY2 发送队列消息\n");
  printf("Receive 任务接收到消息在串口回显\n\n");
  /* 创建 AppTaskCreate 任务 */
  xReturn = xTaskCreate((TaskFunction_t)AppTaskCreate,       /* 任务入口函数 */
                        (const char *   )"AppTaskCreate",/* 任务名字 */
                        (uint16_t       )512,            /* 任务栈大小 */
                        (void *         )NULL,           /* 任务入口函数参数 */
                        (UBaseType_t    )1,              /* 任务的优先级 */
```

```
                                    (TaskHandle_t *   )&AppTaskCreate_Handle);   /* 任务控制块指针 */
  /* 启动任务调度 */
  if(pdPASS == xReturn)
    vTaskStartScheduler();                 /* 启动任务,开启调度 */
  else
    return - 1;

  while(1);                                /* 正常不会执行到这里 */
}



/***************************************************************
  * @ 函数名    : AppTaskCreate
  * @ 功能说明 : 为了方便管理,所有的任务创建函数都放在这个函数里面
  * @ 参数     : 无
  * @ 返回值   : 无
  ***************************************************************/
static void AppTaskCreate(void)
{
  BaseType_t xReturn = pdPASS;        /* 定义一个创建信息返回值,默认为 pdPASS */

  taskENTER_CRITICAL();                     //进入临界区

  /* 创建 Test_Queue */
  Test_Queue = xQueueCreate((UBaseType_t) QUEUE_LEN,        /* 消息队列的长度 */
                            (UBaseType_t) QUEUE_SIZE);      /* 消息的大小 */
  if(NULL != Test_Queue)
    printf("创建 Test_Queue 消息队列成功!\r\n");

  /* 创建 Receive_Task 任务 */
  xReturn = xTaskCreate((TaskFunction_t)Receive_Task,        /* 任务入口函数 */
                        (const char *    )"Receive_Task",    /* 任务名字 */
                        (uint16_t        )512,               /* 任务栈大小 */
                        (void *          )NULL,              /* 任务入口函数参数 */
                        (UBaseType_t     )2,                 /* 任务的优先级 */
                        (TaskHandle_t *  )&Receive_Task_Handle); /* 任务控制块指针 */
  if(pdPASS == xReturn)
    printf("创建 Receive_Task 任务成功!\r\n");


  /* 创建 Send_Task 任务 */
  xReturn = xTaskCreate((TaskFunction_t)Send_Task,           /* 任务入口函数 */
                        (const char *    )"Send_Task",       /* 任务名字 */
                        (uint16_t        )512,               /* 任务栈大小 */
                        (void *          )NULL,              /* 任务入口函数参数 */
                        (UBaseType_t     )3,                 /* 任务的优先级 */
                        (TaskHandle_t *  )&Send_Task_Handle); /* 任务控制块指针 */
  if(pdPASS == xReturn)
    printf("创建 Send_Task 任务成功!\n\n");

  vTaskDelete(AppTaskCreate_Handle);        //删除 AppTaskCreate 任务
```

```
    taskEXIT_CRITICAL();                    //退出临界区
}
/***************************************************************************
  * @ 函数名   : Receive_Task
  * @ 功能说明: Receive_Task 任务主体
  * @ 参数    :
  * @ 返回值   : 无
  ************************************************************************** /
static void Receive_Task(void * parameter)
{
  BaseType_t xReturn = pdTRUE;         /* 定义一个创建信息返回值,默认为 pdTRUE * /
  uint32_t r_queue;                    /* 定义一个接收消息的变量 * /
  while (1)
  {
    xReturn = xQueueReceive(Test_Queue,             /* 消息队列的句柄 * /
                            &r_queue,               /* 发送的消息内容 * /
                            portMAX_DELAY);         /* 等待时间 一直等 * /
    if(pdTRUE == xReturn)
      printf("本次接收到的数据是 % d\n\n",r_queue);
    else
      printf("数据接收出错,错误代码 0x% lx\n",xReturn);
  }
}


/***************************************************************************
  * @ 函数名   : Send_Task
  * @ 功能说明: Send_Task 任务主体
  * @ 参数    : 无
  * @ 返回值   : 无
  ************************************************************************** /
static void Send_Task(void * parameter)
{
  BaseType_t xReturn = pdPASS;      /* 定义一个创建信息返回值,默认为 pdPASS * /
  uint32_t send_data1 = 1;
  uint32_t send_data2 = 2;
  while (1)
  {
    if(Key_Scan(KEY1_GPIO_PORT,KEY1_PIN) == KEY_ON)
    {/* K1 被按下 * /
      printf("发送消息 send_data1!\n");
      xReturn = xQueueSend(Test_Queue,        /* 消息队列的句柄 * /
                           &send_data1,       /* 发送的消息内容 * /
                           0);                /* 等待时间 0 * /
      if(pdPASS == xReturn)
        printf("消息 send_data1 发送成功!\n\n");
    }
    if(Key_Scan(KEY2_GPIO_PORT,KEY2_PIN) == KEY_ON)
    {/* K2 被按下 * /
      printf("发送消息 send_data2!\n");
```

```
        xReturn = xQueueSend(Test_Queue,        /* 消息队列的句柄 */
                             &send_data2,        /* 发送的消息内容 */
                             0);                 /* 等待时间 0 */
        if(pdPASS == xReturn)
          printf("消息 send_data2 发送成功!\n\n");
    }
    vTaskDelay(20);                              /* 延时 20 个 tick */
  }
}

/ ***********************************************************************
  * @ 函数名   : BSP_Init
  * @ 功能说明 : 板级外设初始化,所有板子上的初始化均可放在这个函数里面
  * @ 参数     :
  * @ 返回值   : 无
  *********************************************************************** /
static void BSP_Init(void)
{
    /*
     * STM32 中断优先级分组为 4,即 4bit 都用来表示抢占优先级,范围为 0~15
     * 优先级分组只需要分组一次即可,以后如果有其他的任务需要用到中断,
     * 都统一用这个优先级分组,千万不要再分组
     */
    NVIC_PriorityGroupConfig(NVIC_PriorityGroup_4);

    /* LED 初始化 */
    LED_GPIO_Config();

    /* 串口初始化 */
    Debug_USART_Config();

   /* 按键初始化 */
   Key_GPIO_Config();

}
/ *************************** END OF FILE *************************** /
```

FreeRTOS 消息队列实例说明如下:

该代码展示了如何在 FreeRTOS 中使用消息队列进行任务间的数据通信,适用于野火STM32 全系列开发板。主要功能是按下按键后,通过消息队列传递数据,当接收任务获取到数据后,通过串口显示接收到的消息内容。

(1) 代码功能。

① 硬件初始化: 配置开发板的 LED、串口和按键。

② 创建任务: 包含初始化任务、消息发送任务和消息接收任务。

③ 消息队列: 创建一个消息队列,在按键按下时将数据发送到队列中,接收任务从队列中取出数据并显示。

(2) 任务分工。

① AppTaskCreate：初始化硬件资源并创建其他任务，包括发送任务和接收任务。

② Receive_Task：等待并接收消息队列中的数据，接收后通过串口打印出来。

③ Send_Task：扫描按键状态，按下按键时发送相应的数据到消息队列中。

（3）运行逻辑。

① 在主函数中进行硬件初始化并创建初始化任务。

② Initialization Task 创建消息队列以及发送、接收任务。

③ 发送任务通过按键触发发送数据，将数据存入创建好的消息队列。

④ 接收任务中，等待并接收来自消息队列的数据，成功接收后将内容通过串口打印。

此代码示例有效展示了 FreeRTOS 消息队列在任务间数据传输中的应用，通过按键发送数据，接收任务通过队列获取数据并打印，实现了多任务间的数据通信。

2. 消息队列实例下载与运行结果

将程序编译好，用 USB 线连接计算机和 STM32 开发板的 USB 接口（对应丝印为 USB 转串口），用 DAP 仿真器把配套程序下载到野火 STM32 开发板（这里为野火霸天虎 STM32F407 开发板）。消息队列程序下载界面如图 6-6 所示。

图 6-6　消息队列程序下载界面

在计算机上打开野火串口调试助手 FireTools，然后复位开发板就可以在调试助手中看到串口的打印信息，它里面输出了信息表明任务正在运行中，按下开发板的 KEY1 按键发送消息 1,按下 KEY2 按键发送消息 2。按下 KEY1,在串口调试助手中可以看到接收到消息 1,按下 KEY2,在串口调试助手中可以看到接收到消息 2。

消息队列实例运行结果如图 6-7 所示。

图 6-7　消息队列实例运行结果

第 7 章

FreeRTOS 内存管理

本章讲述 FreeRTOS 中的内存管理机制，包括基本概念、应用场景以及各种内存管理方案。详细讨论内存池的工作机制、管理方式和应用示例，并通过具体的函数及实例展示如何在 FreeRTOS 中进行内存管理。

重点内容：

(1) 内存管理的基本概念：介绍内存管理的基本理论和重要性。

(2) 内存管理的应用场景：讨论在嵌入式系统中内存管理的常见应用场景。

(3) 内存管理方案。

① heap_1.c：解释基本的、最简单的内存分配方式。

② heap_2.c：讨论一种支持内存释放的内存管理方案。

③ heap_3.c：说明一种基于多区域的内存管理方案。

④ heap_4.c：介绍一种基于最佳适配算法的内存管理。

⑤ heap_5.c：描述基于多区域和线程安全的内存管理方式。

(4) 内存池。

① 内存池工作机制：解释内存池的基本工作原理。

② 内存池的管理方式：讨论如何管理和维护内存池。

③ 内存池应用示例：通过实例展示内存池的实际应用。

(5) FreeRTOS 内存管理应用实例：通过实例代码说明在 FreeRTOS 中如何有效进行内存管理。

7.1 内存管理的基本概念

在计算系统中，变量、中间数据一般存放在系统存储空间中，只有在实际使用时才将它们从存储空间调入中央处理器内部进行运算。通常存储空间可以分为两种：内部存储间和外部存储空间。内部存储空间访问速度比较快，能够按照变量地址随机地访问，也就是通常所说的 RAM(随机存储器)或计算机的内存；而外部存储空间内所保存的内容相对来说比较固定，即使掉电后数据也不会丢失，可以把它理解为计算机的硬盘。

FreeRTOS操作系统将内核与内存管理分开实现,操作系统内核仅规定了必要的内存管理函数原型,而不关心这些内存管理函数是如何实现的,所以在FreeRTOS中提供了多种内存分配算法(分配策略),但是上层接口却是统一的。这样做可以提高系统的灵活性:用户可以选择对自己更有利的内存管理策略,在不同的应用场合使用不同的内存分配策略。

在嵌入式程序设计中内存分配应该是根据所设计系统的特点来决定选择使用动态内存分配还是静态内存分配算法,一些可靠性要求非常高的系统应选择使用静态的,而普通的业务系统可以使用动态来提高内存使用效率。静态可以保证设备的可靠性但是需要考虑内存上限,内存使用效率低,而动态则相反。

FreeRTOS内存管理模块管理用于系统中内存资源,它是操作系统的核心模块之一。主要包括内存的初始化、分配以及释放。

很多人会有疑问,什么不直接使用C标准库中的内存管理函数呢? 在计算机中可以用malloc和free这两个函数动态分配内存和释放内存。但是,在嵌入式实时操作系统中,调用malloc和free却是危险的,原因有以下几点。

(1) 这些函数在小型嵌入式系统中并不总是可用的,小型嵌入式设备中的RAM不足。

(2) 它们的实现可能非常的大,占据了相当大的一块代码空间。

(3) 它们几乎都不是安全的。

(4) 它们并不是确定的,每次调用这些函数执行的时间可能都不一样。

(5) 它们有可能产生碎片。

(6) 这两个函数会使得链接器配置得复杂。

(7) 如果允许堆空间的生长方向覆盖其他变量占据的内存,它们会成为debug的灾难。

在一般的实时嵌入式系统中,由于实时性的要求,很少使用虚拟内存机制。所有的内存都需要用户参与分配。直接操作物理内存,所分配的内存不能超过系统的物理内存。

在嵌入式实时操作系统中,对内存的分配时间要求更为苛刻,分配内存的时间必须是确定的。一般内存管理算法是根据需要存储的数据的长度在内存中去寻找一个与这段数据相适应的空闲内存块,然后将数据存储在里面。而寻找这样一个空闲内存块所耗费的时间是不确定的,因此对于实时系统来说,这就是不可接受的,实时系统必须要保证内存块的分配过程在可预测的确定时间内完成,否则实时任务对外部事件的响应也将变得不可确定。

而在嵌入式系统中,内存是十分有限而且是十分珍贵的,用一块内存就少了一块内存,而在分配中随着内存不断被分配和释放,整个系统内存区域会产生越来越多的碎片,因为在使用过程中,申请了一些内存,其中一些释放了,导致内存空间中存在一些小的内存块,它们地址不连续,不能够作为一整块的大内存分配出去,所以一定会在某个时间,系统已经无法分配到合适的内存了,导致系统瘫痪。其实系统中实际是还有内存的,但是因为小块的内存的地址不连续,导致无法分配成功,所以需要一个优良的内存分配算法来避免这种情况的出现。

不同的嵌入式系统具有不同的内存配置和时间要求,所以单一的内存分配算法只可能适合部分应用程序。因此,FreeRTOS将内存分配作为可移植层面(相对于基本的内核代码部分而言),FreeRTOS 有针对性地提供了不同的内存分配管理算法,这使得应用于不同场的设备可以选择适合自身内存算法。

FreeRTOS 对内存管理做了很多事情,FreeRTOS 的 V9.0.0 版本提供了 5 种内存管理算法,分别是 heap_1.c、heap_2.c、heap_3.c、heap_4.c、heap_5.c,源文件存放于 FreeRTOS\Source\portable\MemMang 路径下,在使用时选择其中一个添加到工程中即可。

FreeRTOS 的内存管理模块通过对内存的申请、释放操作,来管理用户和系统对内存的使用,使内存的利用率和使用效率达到最优,同时最大限度地解决系统可能产生的内存碎片问题。

7.2 内存管理的应用场景

在使用内存分配前,必须明白自己在做什么,这样做与其他的方法有什么不同,特别是会产生哪些负面影响。

内存管理的主要工作是动态划分并管理用户分配好的内存区间,主要是在用户需要使用大小不等的内存块的场景中使用。当用户需要分配内存时,可以通过操作系统的内存申请函数索取指定大小内存块,一旦使用完毕,通过动态内存释放函数归还所占用内存,使之可以重复使用(heap_1.c 的内存管理除外)。

例如,需要定义一个 float 型数组:"floatArr[];"。

在使用数组时,总有一个问题困扰着我们:数组应该有多大? 在很多的情况下,并不能确定要使用多大的数组,可能为了避免发生错误需要把数组定义得足够大。即使知道想利用的空间大小,但是如果因为某种特殊原因空间利用的大小有增加或者减少,必须重新去修改程序,扩大数组的存储范围。这种分配固定大小的内存分配方法称为静态内存分配。这种内存分配的方法存在比较严重的缺陷,在大多数情况下会浪费大量的内存空间,在少数情况下,当定义的数组不够大时,可能引起下标越界错误,甚至导致严重后果。

用动态内存分配就可以解决上面的问题。所谓动态内存分配就是指在程序执行的过程中动态地分配或者回收存储空间的分配内存的方法。动态内存分配不像数组等静态内存分配方法那样需要预先分配存储空间,而是由系统根据程序的需要即时分配,且分配的大小就是程序要求的大小。

在 FreeRTOS 中,内存管理是影响系统性能和稳定性的关键组件。FreeRTOS 提供了多种内存管理机制,用于动态分配和释放内存,以及任务堆栈和队列存储等用途。

1. 动态任务创建

在某些应用场景中,任务可能会动态创建和删除。FreeRTOS 提供了一些 API 函数,如 xTaskCreate 和 vTaskDelete,这些函数依赖于系统的内存管理机制来分配和释放任务堆栈和任务控制块(TCB)。

```
void TaskFunction(void * pvParameters) {
```

```
    for (;;) {
        // 任务执行逻辑
    }
}

void CreatorTask(void * pvParameters) {
    TaskHandle_t xHandle = NULL;

    for (;;) {
        xTaskCreate(TaskFunction, "DynTask", 128, NULL, 1, &xHandle);
        vTaskDelay(pdMS_TO_TICKS(5000));
        vTaskDelete(xHandle);
    }
}
```

2. 消息队列

消息队列在创建时,需要分配内存来存储队列的内容。如果队列中的消息长度和队列长度较大,使用动态内存分配函数进行内存管理是必要的。

```
QueueHandle_t xQueue;

void InitializeQueue(void) {
    xQueue = xQueueCreate(10, sizeof(int));
    if (xQueue == NULL) {
        // 内存不足,队列创建失败
    }
}
```

3. 二进制信号量和互斥量

创建二进制信号量和互斥量时,FreeRTOS也会动态分配内存。这些信号量和互斥量常用于任务之间的同步和资源保护。

```
SemaphoreHandle_t xBinarySemaphore;
SemaphoreHandle_t xMutex;

void InitializeSynchronizationPrimitives(void) {
    xBinarySemaphore = xSemaphoreCreateBinary();
    if (xBinarySemaphore == NULL) {
        // 内存不足,二进制信号量创建失败
    }

    xMutex = xSemaphoreCreateMutex();
    if (xMutex == NULL) {
        // 内存不足,互斥量创建失败
    }
}
```

4. 软件定时器

FreeRTOS中的软件定时器在创建时也会使用内存管理机制来分配内存。定时器用于在将来某一时刻或周期性地执行回调函数。

```
TimerHandle_t xTimer;

void vTimerCallback(TimerHandle_t xTimer) {
    // 定时器回调函数逻辑
}

void InitializeTimer(void) {
    xTimer = xTimerCreate("Timer", pdMS_TO_TICKS(1000), pdTRUE, NULL, vTimerCallback);
    if (xTimer == NULL) {
        // 内存不足,定时器创建失败
    }
}

void StartTimer(void) {
    if (xTimerStart(xTimer, 0) != pdPASS) {
        // 启动定时器失败
    }
}
```

5. 内存池

在某些应用场景中,需要高效地进行固定大小内存块的分配和释放,例如,网络数据包的缓冲区管理可以使用内存池来实现。FreeRTOS 提供了内存池管理机制,如 pvPortMalloc 和 vPortFree,以及可定制的内存管理方案。

```
#define BUFFER_SIZE 128
void * pBuffer;

void InitializeMemory(void) {
    pBuffer = pvPortMalloc(BUFFER_SIZE);
    if (pBuffer == NULL) {
        // 内存分配失败
    }
}

void FreeMemory(void) {
    if (pBuffer != NULL) {
        vPortFree(pBuffer);
        pBuffer = NULL;
    }
}
```

6. 任务堆栈管理

任务堆栈也是通过内存管理机制来分配内存释放的。开发者可以选择使用 FreeRTOS 自带的堆管理方案(heap_1.c、heap_2.c、heap_3.c、heap_4.c 或 heap_5.c)来满足特定需求。

```
void vApplicationMallocFailedHook(void) {
    // 处理内存分配失败
    for (;;) {
    }
}
```

7. 定制内存管理

在某些应用中,对内存管理有特殊要求,可以定制自己的内存管理方案,替换 FreeRTOS 的默认内存管理函数。

```
void * pvPortMalloc(size_t xSize) {
    // 用户自定义的内存分配函数
}

void vPortFree(void * pv) {
    // 用户自定义的内存释放函数
}
```

FreeRTOS 中的内存管理机制广泛应用于动态任务创建、消息队列、信号量、互斥量、软件定时器、内存池和任务堆栈等场景。合理使用内存管理机制不仅能提高系统资源利用率,还能增强系统的可靠性和稳定性。在特定需求下,可以定制内存管理方案以满足应用的特殊要求。

7.3　内存管理方案

FreeRTOS 规定了内存管理的函数接口,但是不管其内部的内存管理方案是怎样实现的,所以 FreeRTOS 可以提供多个内存管理方案。下面介绍各个内存管理方案的区别。

FreeRTOS 规定的内存管理函数接口代码清单。

```
1  void * pvPortMalloc(size_t xSize);              //内存申请函数
2  void vPortFree(void * pv);                      //内存释放函数
3  void vPortInitialiseBlocks(void);               //初始化内存堆函数
4  size_t xPortGetFreeHeapSize(void);              //获取当前未分配的内存堆大小
5  size_t xPortGetMinimumEverFreeHeapSize(void);   //获取未分配的内存堆历史最小值
```

FreeRTOS 提供的内存管理都是从内存堆中分配内存的。创建任务、消息队列、事件等操作都使用到分配内存的函数,系统中默认使用内存管理函数从内存堆中分配内存给系统核心组件使用。

对于 heap_1.c、heap_2.c 和 heap_4.c 这三种内存管理方案,内存堆实际上是一个很大的数组,定义为 static uint8_t ucHeap[configTOTAL_HEAP_SIZE],而宏定义 configTOTAL_HEAP_SIZE 则表示系统管理内存大小,单位为字,在 FreeRTOSConfig.h 中由用户设定。

对于 heap_3.c 这种内存管理方案,它封装了 C 标准库中的 malloc 和 free 函数,封装后的 malloc 和 free 函数可以安全在嵌入式系统中执行。因此,用户需要通过编译器或者启动文件设置堆空间。

heap_5.c 方案允许用户使用多个非连续内存堆空间,每个内存堆的起始地址和大小由用户定义。这种应用其实还是很大的,比如做图形显示、GUI 等,可能芯片内部的 RAM 是不够用户使用的,需要外部 SDRAM,那这种内存管理方案则比较合适。

7.3.1　heap_1.c

heap_1.c 是 FreeRTOS 提供的最简单的内存管理方案,只支持内存分配而不支持释放。确保了应用的内存安全性和确定的执行时间,避免了内存碎片问题,尽管内存利用率较低。其管理机制通过两个静态变量跟踪内存分配情况,适用于从不删除任务、队列等的嵌入式应用。主要函数包括 pvPortMalloc 用于内存申请,xPortGetFreeHeapSize 用于获取未分配的内存大小。

heap_1.c 管理方案是 FreeRTOS 提供的所有内存管理方案中最简单的一个,它只能申请内存而不能进行内存释放,并且申请内存的时间是一个常量。这样对于要求安全的嵌入式设备来说是最好的,因为不允许内存释放,就不会产生内存碎片而导致系统崩溃,但是也有缺点,那就是内存利用率不高,某段内存只能用于内存申请的地方,即使该内存只使用一次,也无法让系统回收重新利用。

实际上,大多数的嵌入式系统并不会经常动态申请与释放内存,一般都是在系统完成时,就一直使用下去,永不删除,所以这个内存管理方案实现简洁、安全可靠,使用非常广泛。

heap_1.c 是 FreeRTOS 提供的最简单内存管理方案,它仅支持内存分配而不支持内存释放。这种设计确保了应用的内存安全性和确定的执行时间,有效避免了内存碎片问题,尽管内存利用率相对较低。该方案通过两个静态变量来跟踪内存分配情况,特别适用于那些从不删除任务、队列等的嵌入式应用。

主要函数包括 pvPortMalloc,用于内存申请,以及 xPortGetFreeHeapSize,用于获取未分配的内存大小。heap_1.c 是 FreeRTOS 所有内存管理方案中最简单的一个,它只允许申请内存而不能进行内存释放,并且申请内存的时间是一个常量。这对于要求安全性的嵌入式设备来说是最优的选择,因为不允许内存释放,就消除了内存碎片导致系统崩溃的风险。

然而,这种方案也有其缺点,即内存利用率不高。某段内存一旦被申请,即使只使用一次,也无法让系统回收重新利用。实际上,大多数的嵌入式系统并不会经常进行动态内存的申请与释放,通常是在系统完成配置后,就一直使用下去,永不删除。因此,这个内存管理方案以其简洁、安全可靠的特性,在嵌入式系统中得到了广泛的应用。

heap1.c 方案具有以下特点。

(1) 用于从不删除任务、队列、信号量、互斥量等的应用程序(实际上大多数使用 FreeRTOS 的应用程序都符合这个条件)。

(2) 函数的执行时间是确定的并且不会产生内存碎片。

heap_1.c 管理方案使用两个静态变量对系统管理的内存进行跟踪内存分配,具体见代码清单。

```
1  static size_t xNextFreeByte = (size_t) 0;
2  static uint8_t * pucAlignedHeap = NULL;
```

变量 xNextFreeByte 用来定位下一个空闲的内存堆位置。真正的运作过程是记录已经被分配的内存大小,在每次申请内存成功后,都会增加申请内存的字节数目。因为内存堆实际上是一个大数组,用户只需要知道已分配内存的大小,就可以用它作为偏移量找到未分配内存的起始地址。

静态变量 pucAlignedHeap 是一个指向对齐后的内存堆起始地址,用户使用一个数组作为堆内存,但是数组的起始地址并不一定是对齐的内存地址,所以用户需要得到 FreeRTOS 管理的内存空间对齐后的起始地址,并且保存在静态变量 pucAlignedHeap 中。

为什么要对齐? 这是因为大多数硬件访问内存对齐的数据速度会更快。为了提高性能,FreeRTOS 会进行对齐操作,不同的硬件架构的内存对齐操作可能不一样,对于 CortexM3 架构,进行 8 字节对齐。

下面介绍 heap_1.c 方案中的内存管理相关函数的实现过程。

1. 内存申请函数 pvPortMalloc

内存申请函数用于申请一块用户指定大小的内存空间,当系统管理的内存空间满足用户需要的大小时,就能申请成功,并且返回内存空间的起始地址。

2. 其他函数

vPortInitialiseBlocks 仅仅将静态局部变量 xNextFreeByte 设置为 0,表示内存没有被申请。

xPortGetFreeHeapSize 获取当前未分配的内存堆大小,这个函数通常用于检查设置的内存堆是否合理,通过这个函数可以估计出最坏情况下需要多大的内存堆,以便合理节省内存资源。

7.3.2 heap_2.c

heap_2.c 是 FreeRTOS 采用最佳匹配算法的内存管理方案,它支持内存释放,但不合并相邻的小内存块,这可能导致内存碎片的产生。此方案适用于频繁创建和删除内核对象的应用程序。它通过静态变量和链表来管理空闲内存,提供高效的内存分配,但分配时间不确定。

主要函数包括 pvPortMalloc,用于分配内存,以及 vPortFree,用于释放内存。heap_2.c 方案特别适合内存分配大小较固定的应用场景。

与 heap_1.c 方案不同,heap_2.c 采用最佳匹配算法。例如,当申请 100 字节的内存时,如果可申请内存中有三块大小分别为 200 字节、500 字节和 1000 字节的内存块,按照最佳匹配算法,系统会选择 200 字节大小的内存块进行分割,并返回申请内存的起始地址,剩余的内存则插回链表留待下次申请。

尽管 heap_2.c 方案支持释放申请的内存,但它不能将相邻的两个小的内存块合并成一个大的内存块。对于每次申请内存大小都比较固定的场景,这种方式是没有问题的。然而,对于每次申请内存大小不固定的场景,则可能会造成内存碎片。后续将介绍的 heap_4.c 方案采用的内存管理算法能解决内存碎片的问题,它可以将这些释放的相邻的小内存块合并成一个大的内存块。

内存分配时需要的总内存堆空间由文件 FreeRTOSConfig.h 中的宏 configTOTAL_

HEAP_SIZE 配置,单位为字。通过调用函数 xPortGetFreeHeapSize 可以知道还剩下多少内存没有使用,但这并不包括内存碎片。这样一来,可以实时地调整和优化 configTOTAL_HEAP_SIZE 的大小。

heap_2.c 方案具有以下特点。

(1) 可以用在那些反复删除任务、队列、信号量等内核对象且不担心内存碎片的应用程序。

(2) 如果应用程序中的队列、任务、信号量等工作在一个不可预料的顺序,也有可能会导致内存碎片。

(3) 具有不确定性,但是效率比标准 C 库中的 malloc 函数高得多。

(4) 不能用于那些内存分配和释放是随机大小的应用程序。

heap_2.c 方案与 heap_1 方案在内存堆初始化时操作都是一样的,在内存中开辟了一个静态数组作为堆的空间,大小由用户定义,然后进行字节对齐处理。

heap_2.c 方案采用链表的数据结构记录空闲内存块,将所有的空闲内存块组成一个空闲内存块链表,FreeRTOS 采用 2 个 BlockLink_t 类型的局部静态变量 xStart、xEnd 来标识空闲内存块链表的起始位置与结束位置,空闲内存块链表结构体具体见代码清单。

```
1    typedef struct A_BLOCK_LINK {
2    struct A_BLOCK_LINK * pxNextFreeBlock;
3    size_t xBlockSize;
4    } BlockLink_t;
```

pxNextFreeBlock 成员变量是指向下一个空闲内存块的指针。

xBlockSize 用于记录申请的内存块的大小,包括链表结构体大小。

1. 内存申请函数 pvPortMalloc

heap_2.c 内存管理方案采用最佳匹配算法管理内存,系统会先从内存块空闲链表头开始进行遍历,查找符合用户申请大小的内存块(内存块空闲链表按内存块大小升序排列,所以最先返回的块一定是最符合申请内存大小,所谓的最匹配算法就是这个意思来的)。

当找到内存块的时候,返回该内存块偏移 heapSTRUCT_SIZE 个字节后的地址,因为在每块内存块前面预留的节点是用于记录内存块的信息,用户不需要也不被允许操作这部分内存。在申请内存成功的同时系统还会判断当前这块内存是否有剩余(大于一个链表节点所需内存空间),这样就表示剩下的内存块还是能存放东西的,也要将其利用起来。如果有剩余的内存空间,系统会将内存块进行分割,在剩余的内存块头部添加一个内存节点,并且完善该空闲内存块的信息,然后将其按内存块大小插入内存块空闲链表中,供下次分配使用,其中 prvInsertBlockIntoFreeList 这个函数就是把节点按大小插入链表中。

2. 内存释放函数 vPortFree

分配内存的过程简单,释放内存的过程更简单,只需要向内存释放函数中传入要释放的内存地址,那么系统会自动向前索引到对应链表节点,并且取出这块内存块的信息,将这个节点插入空闲内存块链表中,将这个内存块归还给系统。

7.3.3　heap_3.c

heap_3.c是对标准C库中的malloc和free函数的简单封装,旨在通过挂起和恢复调度器来提高内存操作的安全性。该方案依赖于编译器提供的内存管理功能,因此需要设置链接器堆,并且FreeRTOSConfig.h中的configTOTAL_HEAP_SIZE宏定义在此方案下无效。

尽管heap_3.c方案灵活且兼容性强,但它具有不确定性,并可能增大RTOS内核代码的体积。因此,它更适用于那些需要标准库支持的应用场景。

具体来说,heap_3.c方案只是简单地封装了标准C库中的malloc和free函数,并确保能与常用的编译器兼容。重新封装后的malloc和free函数增加了保护功能,采用的方式是在操作内存前挂起调度器,完成操作后再恢复调度器,从而提高了内存操作的安全性。

heap_3.c方案具有以下特点。

(1)需要链接器设置一个堆,malloc和free函数由编译器提供。

(2)具有不确定性。

(3)很可能增大RTOS内核的代码大小。

要注意的是,在使用heap_3.c方案时,FreeRTOSConfig.h文件中的configTOTAL_HEAP_SIZE宏定义不起作用。在STM32系列的工程中,这个由编译器定义的堆都在启动文件里面设置,单位为字节。

7.3.4　heap_4.c

heap_4.c是FreeRTOS中最先进的内存管理方案,它采用最佳匹配算法,并包含内存合并功能,有效减少了内存碎片。此方案特别适用于频繁进行动态内存分配和释放的应用程序。通过FreeRTOSConfig.h中的configTOTAL_HEAP_SIZE宏定义总内存堆大小,空闲内存块按地址大小排序,并使用链表和合并算法进行管理。

与heap_2.c方案一样,heap_4.c也采用最佳匹配算法来实现动态的内存分配。但不同的是,heap_4.c还包含了一种合并算法,能够将相邻的空闲内存块合并成一个更大的块,从而进一步减少内存碎片。这使得heap_4.c方案特别适用于移植层中直接使用pvPortMalloc和vPortFree函数来分配和释放内存的代码。

内存分配时需要的总堆空间由文件FreeRTOSConfig.h中的宏configTOTAL_HEAP_SIZE配置,单位为字。通过调用函数xPortGetFreeHeapSize可以知道还剩下多少内存没有使用,但这并不包括内存碎片。这样一来,可以实时地调整和优化configTOTAL_HEAP_SIZE的大小。

在heap_4.c方案中,空闲内存块也是以单链表的形式连接起来的。BlockLink_t类型的局部静态变量xStart表示链表头。但与heap_2.c不同的是,heap_4.c内存管理方案的链表尾部保存在内存堆空间的最后位置,并使用BlockLink_t指针类型的局部静态变量

pxEnd 指向这个区域。

值得注意的是,heap_4.c 内存管理方案的空闲块链表并不是以内存块大小进行排序的,而是以内存块起始地址的大小进行排序。内存地址小的块在前,地址大的块在后。这是因为 heap_4.c 方案还有一个内存合并算法。在释放内存时,如果相邻的两个空闲内存块在地址上是连续的,那么它们就可以合并为一个内存块。这也是为了适应合并算法而作的改变。

heap_4.c 方案具有以下特点。

(1) 可用于重复删除任务、队列、信号量、互斥量等的应用程序。

(2) 可用于分配和释放随机字节内存的应用程序,但并不像 heap2.c 那样产生严重的内存碎片。

(3) 具有不确定性,但是效率比标准 C 库中的 malloc 函数高得多。

1. 内存申请函数 pvPortMalloc

heap_4.c 方案的内存申请函数与 heap_2.c 方案的内存申请函数大同小异,同样是从链表头 xStart 开始遍历查找合适的内存块。如果某个空闲内存块的大小能容得下用户要申请的内存,则将这块内存取出用户需要内存空间大小的部分返回给用户,剩下的内存块组成一个新的空闲块,按照空闲内存块起始地址大小顺序插入空闲块链表中,内存地址小的在前,内存地址大的在后。在插入空闲内存块链表的过程中,系统还会执行合并算法将地址相邻的内存块进行合并。

2. 内存释放函数 vPortFree

heap_4.c 内存管理方案的内存释放函数 vPortFree 也比较简单。根据要释放的内存块地址,偏移之后找到链表节点,然后将这个内存块插入空闲内存块链表中。在内存块插入过程中会执行合并算法,这个已经在内存申请中讲过了(而且合并算法多用于释放内存中)。最后是将这个内存块标志为"空闲"(内存块节点的 xBlockSize 成员变量最高位清 0),再更新未分配的内存堆大小即可。

7.3.5 heap_5.c

heap_5.c 是 FreeRTOS 中最灵活的内存管理方案,使用最佳匹配和合并算法,允许内存堆跨越多个非连续内存区,实现动态内存分配和合并。通过 vPortDefineHeapRegions 函数初始化内存区域,用户需提供包含起始地址和大小的 HeapRegion_t 结构体数组,并确保初始化完成后再使用内存分配功能。适用于复杂内存管理需求的嵌入式应用,有效减少内存碎片并提高系统灵活性和效率。

heap_5.c 方案在实现动态内存分配时与 heap4.c 方案一样,采用最佳匹配算法和合并算法,并且允许内存堆跨越多个非连续的内存区,也就是允许在不连续的内存堆中实现内存分配,比如用户在片内 RAM 中定义一个内存堆,还可以在外部 SDRAM 再定义一个或多个内存堆,这些内存都归系统管理。

heap_5.c 方案通过调用 vPortDefineHeapRegions 函数来实现系统管理的内存初始化,

在内存初始化未完成前不允许使用内存分配和释放函数。如创建 FreeRTOS 对象(任务、队列、信号量等)时会隐式的调用 pvPortMalloc 函数,因此必须注意: 使用 heap_5.c 内存管理方案创建任何对象前,要先调用 vPortDefineHeapRegions 函数将内存初始化。

vPortDefineHeapRegions 函数只有一个形参,该形参是一个 HeapRegion_t 类型的结构体数组。HeapRegion_t 类型结构体在 portable.h 中定义,具体见代码清单。

```
1  typedef struct HeapRegion {
2  /* 用于内存堆的内存块起始地址 */
3  uint8_t * pucStartAddress;
4
5  /* 内存块大小 */
6  size_t xSizeInBytes;
7  } HeapRegion_t;
```

用户需要指定每个内存堆区域的起始地址和内存堆大小,将它们放在一个 HeapRegion_t 结构体类型数组中,这个数组必须用一个 NULL 指针和 0 作为结尾,起始地址必须从小到大排列。

7.4　FreeRTOS 内存管理应用实例

内存管理实例使用 heap_4.c 方案进行内存管理测试,创建了两个任务,分别是 LED 任务与内存管理测试任务。内存管理测试任务通过检测按键是否按下来申请内存或释放内存,若申请内存成功就向该内存写入一些数据,如当前系统的时间等信息,并且通过串口输出相关信息; LED 任务将 LED 翻转,表示系统处于运行状态。在不需要再使用内存时,注意要及时释放该段内存,避免内存泄漏。

1. 内存管理源代码

内存管理源代码如下:

```
/****************************************************************
 * @file    main.c
 * @brief   FreeRTOS V9.0.0 + STM32 内存管理
 * 实验平台:野火 STM32F407 霸天虎开发板
 **************************************************************** /
/****************************************************************
 *                        包含的头文件
 **************************************************************** /
/* FreeRTOS 头文件 */
#include "FreeRTOS.h"
#include "task.h"
/* 开发板硬件 bsp 头文件 */
#include "bsp_led.h"
#include "bsp_debug_usart.h"
#include "bsp_key.h"
/******************* 任务句柄 ******************* /
/*
```

```
     * 任务句柄是一个指针,用于指向一个任务,当任务创建好之后,它就具有了一个任务句柄
     * 以后要想操作这个任务都需要通过这个任务句柄,如果是自身的任务操作自己,那么这个
     * 句柄可以为 NULL
     */
static TaskHandle_t AppTaskCreate_Handle = NULL;        /* 创建任务句柄 */
static TaskHandle_t LED_Task_Handle = NULL;             /* LED_Task 任务句柄 */
static TaskHandle_t Test_Task_Handle = NULL;            /* Test_Task 任务句柄 */
/********************** 全局变量声明 *******************************/
/*
     * 在写应用程序时,可能需要用到一些全局变量
     */
uint8_t * Test_Ptr = NULL;
/*
 ************************************************************************
 *                          函数声明
 ************************************************************************
 */
static void AppTaskCreate(void);                        /* 用于创建任务 */

static void LED_Task(void* pvParameters);               /* LED_Task 任务实现 */
static void Test_Task(void* pvParameters);              /* Test_Task 任务实现 */

static void BSP_Init(void);                             /* 用于初始化板载相关资源 */
/********************************************************************
     * @brief 主函数
     * @param 无
     * @retval 无
     * @note    第 1 步:开发板硬件初始化
                第 2 步:创建 App 任务
                第 3 步:启动 FreeRTOS,开始多任务调度
     ******************************************************************* /
int main(void)
{
    BaseType_t xReturn = pdPASS;         /* 定义一个创建信息返回值,默认为 pdPASS */

    /* 开发板硬件初始化 */
    BSP_Init();
     printf("这是一个 FreeRTOS 内存管理实例\n");
    printf("按下 KEY1 申请内存,按下 KEY2 释放内存\n");
     /* 创建 AppTaskCreate 任务 */
    xReturn = xTaskCreate((TaskFunction_t)AppTaskCreate,         /* 任务入口函数 */
                          (const char *     )"AppTaskCreate",    /* 任务名字 */
                          (uint16_t         )512,                /* 任务栈大小 */
                          (void *           )NULL,               /* 任务入口函数参数 */
                          (UBaseType_t      )1,                  /* 任务的优先级 */
                          (TaskHandle_t *   )&AppTaskCreate_Handle); /* 任务控制块指针 */
    /* 启动任务调度 */
    if(pdPASS == xReturn)
        vTaskStartScheduler();               /* 启动任务,开启调度 */
    else
        return - 1;
```

```
   while(1);                                /* 正常不会执行到这里 */
}
/***********************************************************************
   * @ 函数名   : AppTaskCreate
   * @ 功能说明: 为了方便管理,所有的任务创建函数都放在这个函数里面
   * @ 参数     : 无
   * @ 返回值   : 无
   **********************************************************************/
static void AppTaskCreate(void)
{
   BaseType_t xReturn = pdPASS;       /* 定义一个创建信息返回值,默认为 pdPASS */

   taskENTER_CRITICAL();              //进入临界区

   /* 创建 LED_Task 任务 */
   xReturn = xTaskCreate((TaskFunction_t)LED_Task,              /* 任务入口函数 */
                          (const char *    )"LED_Task",          /* 任务名字 */
                          (uint16_t        )512,                 /* 任务栈大小 */
                          (void *          )NULL,                /* 任务入口函数参数 */
                          (UBaseType_t     )2,                   /* 任务的优先级 */
                          (TaskHandle_t *  )&LED_Task_Handle);   /* 任务控制块指针 */
   if(pdPASS == xReturn)
     printf("创建 LED_Task 任务成功\n");

   /* 创建 Test_Task 任务 */
   xReturn = xTaskCreate((TaskFunction_t)Test_Task,             /* 任务入口函数 */
                          (const char *    )"Test_Task",         /* 任务名字 */
                          (uint16_t        )512,                 /* 任务栈大小 */
                          (void *          )NULL,                /* 任务入口函数参数 */
                          (UBaseType_t     )3,                   /* 任务的优先级 */
                          (TaskHandle_t *  )&Test_Task_Handle);  /* 任务控制块指针 */
   if(pdPASS == xReturn)
     printf("创建 Test_Task 任务成功\n\n");

   vTaskDelete(AppTaskCreate_Handle);         //删除 AppTaskCreate 任务

   taskEXIT_CRITICAL();                       //退出临界区
}
/***********************************************************************
   * @ 函数名  : LED_Task
   * @ 功能说明: LED_Task 任务主体
   * @ 参数     :
   * @ 返回值   : 无
   **********************************************************************/
static void LED_Task(void * parameter)
{
   while (1)
   {
     LED1_TOGGLE;
     vTaskDelay(1000);                        /* 延时 1000 个 tick */
   }
}
```

```c
/ ***********************************************************************
 * @ 函数名   : Test_Task
 * @ 功能说明: Test_Task 任务主体
 * @ 参数     : 无
 * @ 返回值   : 无
 ************************************************************************ /
static void Test_Task(void * parameter)
{
    uint32_t g_memsize;
    while (1)
    {
        if(Key_Scan(KEY1_GPIO_PORT,KEY1_PIN) == KEY_ON)
        {
            /* KEY1 被按下 */
            if(NULL == Test_Ptr)
            {

                /* 获取当前内存大小 */
                g_memsize = xPortGetFreeHeapSize();
                printf("系统当前内存大小为 %d 字节,开始申请内存\n",g_memsize);
                Test_Ptr = pvPortMalloc(1024);
                if(NULL != Test_Ptr)
                {
                    printf("内存申请成功\n");
                    printf("申请到的内存地址为 %#x\n",(int)Test_Ptr);

                    /* 获取当前内剩余存大小 */
                    g_memsize = xPortGetFreeHeapSize();
                    printf("系统当前内存剩余存大小为 %d 字节\n",g_memsize);

                    //向 Test_Ptr 中写入数据:当前系统时间
                    sprintf((char * )Test_Ptr,"当前系统 TickCount = %d \n",xTaskGetTickCount());
                    printf("写入的数据是 %s \n",(char * )Test_Ptr);
                }
            }
            else
            {
                printf("请先按下 KEY2 释放内存再申请\n");
            }
        }
        if(Key_Scan(KEY2_GPIO_PORT,KEY2_PIN) == KEY_ON)
        {
            /* KEY2 被按下 */
            if(NULL != Test_Ptr)
            {
                printf("释放内存\n");
                vPortFree(Test_Ptr);                 //释放内存
                Test_Ptr = NULL;
                /* 获取当前内剩余存大小 */
                g_memsize = xPortGetFreeHeapSize();
                printf("系统当前内存大小为 %d 字节,内存释放完成\n",g_memsize);
            }
```

```
        else
        {
            printf("请先按下 KEY1 申请内存再释放\n");
        }
    }
    vTaskDelay(20);                              /* 延时 20 个 tick */
  }
}

/***************************************************************************
  * @ 函数名  : BSP_Init
  * @ 功能说明：板级外设初始化,所有板子上的初始化均可放在这个函数里面
  * @ 参数     : 无
  * @ 返回值   : 无
  ***************************************************************************/
static void BSP_Init(void)
{
  /*
   * STM32 中断优先级分组为 4,即 4bit 都用来表示抢占优先级,范围为 0～15
   * 优先级分组只需要分组一次即可,以后如果有其他的任务需要用到中断,
   * 都统一用这个优先级分组,千万不要再分组
   */
  NVIC_PriorityGroupConfig(NVIC_PriorityGroup_4);

  /* LED 初始化 */
  LED_GPIO_Config();

  /* 串口初始化 */
  Debug_USART_Config();

  /* 按键初始化 */
  Key_GPIO_Config();

}
/****************************** END OF FILE ***************************/
```

上面的 FreeRTOS 内存管理实例代码展示了如何在 STM32 开发板上使用 FreeRTOS 进行动态内存管理,并与板载硬件交互(如 LED、串口、按键等)。

代码的功能包括:

(1) 硬件初始化。

使用 BSP_Init 函数初始化开发板上的 LED、串口和按键。

设置中断优先级分组。

(2) 任务创建与调度。

在 main 函数中,创建一个 AppTaskCreate 任务,用于集中管理其他任务的创建。

调用 vTaskStartScheduler 启动 FreeRTOS 任务调度器。

(3) 任务实现。

AppTaskCreate 任务负责创建两个具体的任务：LED_Task 和 Test_Task,并删除自身以节省资源。

LED_Task 每隔 1 秒切换一次 LED 状态。

Test_Task 响应按键操作来申请和释放动态内存。

（4）内存管理。

Test_Task 任务实现了动态内存申请和释放的功能：

按下 KEY1 时，申请 1KB 内存，并打印当前系统内存情况以及写入的数据。

按下 KEY2 时，释放已申请的内存，并打印当前剩余内存情况。

（5）按键检测。

使用 Key_Scan 函数检测按键状态，并根据按键操作执行相应的内存管理操作。

该程序展示了如何在 FreeRTOS 中使用动态内存申请和释放功能（pvPortMalloc 和 vPortFree），同时演示了基本的任务创建、调度和硬件控制，适合作为 STM32 开发板上的 FreeRTOS 内存管理示例。

2. 内存管理实例下载与运行结果

将程序编译好，用 USB 线连接计算机和 STM32 开发板的 USB 接口（对应丝印为 USB 转串口），用 DAP 仿真器把配套程序下载到野火 STM32 开发板（这里为野火霸天虎 STM32F407 开发板），内存管理程序下载界面如图 7-1 所示。

图 7-1　内存管理程序下载界面

在计算机上打开野火串口调试助手 FireTools，然后复位开发板就可以在调试助手中看到串口的打印信息，它里面输出了信息表明任务正在运行中。按下 KEY1 申请内存，然后按下 KEY2 释放内存,可以在调试助手中看到串口打印信息与运行结果,开发板的 LED 也在闪烁。

内存管理实例运行结果如图 7-2 所示。

图 7-2 内存管理实例运行结果

第 8 章

FreeRTOS 中断管理

本章详细讲述 FreeRTOS 中的中断管理机制,包括中断的基本概念、运作机制、应用场景,以及 FreeRTOS 中的中断管理策略。重点讲述任务与中断服务例程的关系,在中断服务程序中使用 FreeRTOS API 函数的注意事项和设计原则,并通过实例展示中断管理的实际应用。

重点内容:

(1) FreeRTOS 与中断:概述 FreeRTOS 如何处理中断及其重要性。

(2) 中断的基本概念。

① 中断:定义和基本理论。

② 中断相关的名词:解释中断相关的术语。

(3) 中断管理的运作机制:讲述中断在系统中的工作原理。

(4) 中断管理的应用场景:讲述实际应用中中断管理的典型场景。

(5) FreeRTOS 中断管理:具体说明 FreeRTOS 如何进行中断管理。

(6) 任务与中断服务例程。

① 任务与中断服务例程的关系:探讨任务和 ISR 之间的交互。

② 中断屏蔽和临界代码段:讲述如何防止中断影响代码执行。

③ 在 ISR 中使用 FreeRTOS API 函数:讨论在 ISR 中如何使用 FreeRTOS API。

④ ISR 设计原则:介绍编写高效 ISR 的基本原则。

(7) FreeRTOS 中断管理应用实例:通过实例展示如何在实际项目中进行中断管理。

8.1 FreeRTOS 与中断

FreeRTOS 是一个简单且易于使用的实时操作系统内核,适用于各种嵌入式应用。它提供了任务调度、时间管理、任务间通信以及内存管理等功能,是嵌入式系统开发中的常见选择。

中断是 MCU 的硬件特性,STM32 MCU 的 NVIC 管理硬件中断。STM32F4 使用 4 位设置优先级分组策略,用于设置中断的抢占优先级和次优先级,优先级数字越小,优先级越高。每个中断有一个中断服务程序,用于对中断做出响应。

FreeRTOS 的运行要用到中断,FreeRTOS 的上下文切换就是在 PendSV 中断里进行的,FreeRTOS 还需要一个基础时钟产生嘀嗒信号。

启用 FreeRTOS 后,中断优先级分组策略自动设置为 4 位全部用于抢占优先级,所以抢占优先级编号是 0~15。

PendSV(Pendable request for System Service,可挂起的系统服务请求)中断用于上下文切换,也就是在这个 ISR 里决定哪个任务占用 CPU。PendSV 中断的抢占优先级为 15,也就是最低优先级。所以,只有在没有其他 ISR 运行的情况下,FreeRTOS 才会执行上下文切换。

SysTick 的中断优先级为 15,是最低的。系统在 SysTick 中断里发出任务调度请求,所以,只有在没有其他 ISR 运行的情况下,任务调度请求才会被及时响应。根据 NVIC 管理中断的特点,同等抢占优先级的中断是不能发生抢占的,即使有一个抢占优先级为 15 的 ISR 在运行,SysTick 和 PendSV 的中断就无法被及时响应,也就不会发生任务调度,任务函数也不会被执行。

中断是一种处理紧急情况或者异步事件的机制。当硬件设备产生中断信号时,处理器会暂停当前程序的执行,转而执行中断服务程序。处理中断后,处理器返回继续执行中断之前的程序。

1. FreeRTOS 的中断处理

在 FreeRTOS 中,任务和中断共同运行。在处理器进行任务切换的同时,可能会有中断发生。正确处理中断对于实现高效、稳定的系统非常重要。

(1) ISR 的设计。

① ISR 优先级:ISR 通常会被设定为高优先级,因此它们可以优先处理紧急事件。

② 最小化处理时间:ISR 中应尽量减少操作,以确保 ISR 快速完成,中断关闭时间最短。

③ 延迟处理机制:将主要处理移到任务中完成,可以通过使用中断安全队列或二值信号量等方式来传递消息。

(2) FreeRTOS API 调用的限制。

大部分 FreeRTOS API 不是为中断上下文设计的,不能直接在 ISR 中调用。FreeRTOS 提供了一些专门用于中断上下文的 API,它们的名字通常以 FromISR 结尾,例如:

```
xQueueSendFromISR
xSemaphoreGiveFromISR
xTaskNotifyFromISR
```

这些函数必须确保在中断上下文中安全运行。

(3) 中断优先级管理。

FreeRTOS 要求为中断设置适当的优先级。一般来说,FreeRTOS 要求中断优先级在用户应用程序中最高优先级之下，以便确保 FreeRTOS 的内核代码能够正确执行中断的上下文切换。

2. 中断实现简单实例

下面是一个简单的实例，展示了如何在 FreeRTOS 中处理中断。

```c
#include "FreeRTOS.h"
#include "task.h"
#include "queue.h"
#include "semphr.h"

// 声明一个队列句柄
QueueHandle_t xQueue;

// 中断服务函数
void vISR_Handler(void)
{
    BaseType_t xHigherPriorityTaskWoken = pdFALSE;
    uint32_t ulValueToSend = 100;

    // 将数据发送到队列
    xQueueSendFromISR(xQueue, &ulValueToSend, &xHigherPriorityTaskWoken);

    // 如果需要，执行上下文切换
    portYIELD_FROM_ISR(xHigherPriorityTaskWoken);
}
void vTaskFunction(void * pvParameters)
{
    uint32_t ulReceivedValue;

    for (;;)
    {
        // 等待从队列接收数据
        if (xQueueReceive(xQueue, &ulReceivedValue, portMAX_DELAY))
        {
            // 处理接收到的数据
            printf("Received: % d\n", ulReceivedValue);
        }
    }
}
int main(void)
{
    // 创建队列
    xQueue = xQueueCreate(10, sizeof(uint32_t));
    // 启动任务
    xTaskCreate(vTaskFunction, "Task", configMINIMAL_STACK_SIZE, NULL, tskIDLE_PRIORITY +
1, NULL);
        // 启动调度器
    vTaskStartScheduler();
    // 永远不会到达这里
```

```
    for(;;);
}
```

上述代码展示了一个 FreeRTOS 应用程序的中断处理流程。

代码定义了一个队列句柄 xQueue 和一个中断服务函数 vISR_Handler。当中断发生时,ISR 会生成一个值(100)并通过 xQueueSendFromISR 函数将该值发送到队列 xQueue,同时调用 portYIELD_FROM_ISR 可能触发任务上下文切换。

任务 vTaskFunction 在主循环中持续运行,通过阻塞式调用 xQueueReceive 从队列中接收数据。当接收到数据时,任务将对数据进行处理,并打印接收到的数据。

在 main 函数中,首先创建了一个容量为 10 的队列,然后创建了一个任务,该任务使用 xTaskCreate 函数启动,并配置了最低优先级和最小堆栈大小,最后调用 vTaskStartScheduler 启动 FreeRTOS 调度器,使任务调度生效并开始执行任务调度。

这个简洁的例子展示了 FreeRTOS 中如何实现 ISR 与任务的通信,使得中断发生时能够及时处理数据,同时保持系统的实时性能。

通过适当地设计 ISR 和任务之间的交互,可以在 FreeRTOS 中实现高效和实时的中断处理机制,从而确保系统的响应性能。

8.2　中断的基本概念

中断属于异步异常。所谓中断是指中央处理器 CPU 正在处理某件事的时候,外部发生了某一事件,请求 CPU 迅速处理,CPU 暂时中断当前的工作,转入处理所发生的事件,处理完后,再回到原来被中断的地方,继续原来的工作,这样的过程称为中断。

中断能打断任务的运行,无论该任务具有什么样的优先级,因此中断一般用于处理比较紧急的事件,而且只做简单处理,例如标记该事件。在使用 FreeRTOS 系统时,一般建议使用信号量、消息或事件标志组等标志中断的发生,将这些内核对象发布给处理任务,处理任务再做具体处理。

通过中断机制,在外设不需要 CPU 介入时,CPU 可以执行其他任务,而当外设需要 CPU 时通过产生中断信号使 CPU 立即停止当前任务转而来响应中断请求。这样可以使 CPU 避免把大量时间耗费在等待、查询外设状态的操作上,因此将大大提高系统实时性以及执行效率。

FreeRTOS 源码中有许多处临界段的地方,临界段虽然保护了关键代码的执行不被打断,但也会影响系统的实时,任何使用了操作系统的中断响应都不会比裸机快。比如,某个时候有一个任务在运行中,并且该任务部分程序将中断屏蔽掉,也就是进入临界段中,这个时候如果有一个紧急的中断事件被触发,这个中断就会被挂起,不能得到及时响应,必须等到中断开启才可以得到响应。如果屏蔽中断时间超过了紧急中断能够容忍的限度,危害是可想而知的。所以,操作系统的中断在某些时候会有适当的中断延迟,因此调用中断屏蔽函数进入临界段时,也需快进快出。当然 FreeRTOS 也能允许一些高优先级的中断不被屏蔽掉,能够及时做出响应,不过这些中断就不受系统管理,也不允许调用 FreeRTOS 中与中断相关的任何函数接口。

FreeRTOS 的中断管理的功能如下:

(1) 开/关中断。

(2) 恢复中断。

(3) 中断使能。

(4) 中断屏蔽。

(5) 可选择系统管理的中断优先级。

与中断相关的硬件可以划分为 3 类:外设、中断控制器、CPU 本身。

(1) 外设:当外设需要请求 CPU 时,产生一个中断信号,该信号连接至中断控制器。

(2) 中断控制器:中断控制器是 CPU 众多外设中的一个,一方面,它接收其他外设中断信号的输入;另一方面,它会发出中断信号给 CPU。可以通过对中断控制器编程实现对中断源的优先级、触发方式、打开和关闭源等设置操作。在 Cortex-M 系列控制器中常用的中断控制器是 NVIC(Nested Vectored Interrupt Controller,内嵌向量中断控制器)。

(3) CPU:CPU 会响应中断源的请求,中断当前正在执行的任务,转而执行中断处理程序。NVIC 最多支持 240 个中断,每个中断最多 256 个优先级。

和中断相关的名词解释如下:

(1) 中断号:每个中断请求信号都会有特定的标志,使得计算机能够判断是哪个设备提出中断请求,这个标志就是中断号。

(2) 中断请求:"紧急事件"需向 CPU 提出申请,要求 CPU 暂停当前执行的任务,转而处理该"紧急事件",这一申请过程称为中断请求。

(3) 中断优先级:为使系统能够及时响应并处理所有中断,系统根据中断时间的重要性和紧迫程度,将中断源分为若干个级别,称作中断优先级。

(4) 中断处理程序:当外设产生中断请求后,CPU 暂停当前的任务,转而响应中断申请,即执行中断处理程序。

(5) 中断触发:中断源发出并送给 CPU 控制信号,将中断触发器置"1",表明该中断源产生了中断,要求 CPU 去响应该中断,CPU 暂停当前任务,执行相应的中断处理程序。

(6) 中断触发类型:外部中断申请通过一个物理信号发送到 NVIC,可以是电平触发或边沿触发。

(7) 中断向量:中断服务程序的入口地址。

(8) 中断向量表:存储中断向量的存储区,中断向量与中断号对应,中断向量在中断向量表中按照中断号顺序存储。

(9) 临界段:代码的临界段也称为临界区,一旦这部分代码开始执行,则不允许任何中断打断。为确保临界段代码的执行不被中断,在进入临界段之前须关中断,而临界段代码执行完毕后,要立即开中断。

8.3　中断管理的运作机制

当中断产生时,处理机将按如下的顺序执行:

（1）保存当前处理机状态信息。

（2）载入异常或中断处理函数到 PC 寄存器。

（3）把控制权转交给处理函数并开始执行。

（4）当处理函数执行完成时,恢复处理器状态信息。

（5）从异常或中断中返回到前一个程序执行点。

中断使得 CPU 可以在事件发生时才给予处理,而不必让 CPU 连续不断地查询是否有相应的事件发生。通过两条特殊指令（关中断和开中断）可以让处理器不响应或响应中断。在关闭中断期间,通常处理器会把新产生的中断挂起,当中断打开时立刻进行响应,所以会有适当的延时响应中断,故用户在进入临界区的时候应快进快出。

中断发生的环境有两种情况:在任务的上下文中,在中断服务函数处理上下文中。

（1）任务在工作的时候,如果此时发生了一个中断,无论中断的优先级是多大,都会打断当前任务的执行,从而转到对应的中断服务函数中执行,其过程具体如图 8-1 所示。

图 8-1①、③:在任务运行的时候发生了中断,那么中断会打断任务的运行,操作系统将先保存当前任务的上下文环境,转而去处理中断服务函数。

图 8-1②、④:当且仅当中断服务函数处理完的时候才恢复任务的上下文环境,继续运行任务。

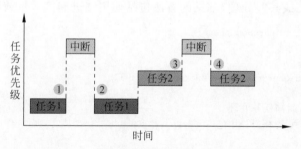

图 8-1　中断发生在任务上下文

（2）在执行中断服务例程的过程中,如果有更高优先级别的中断源触发中断,由于当前处于中断处理上下文环境中,根据不同的处理器构架可能有不同的处理方式,比如新的中断等待挂起直到当前中断处理离开后再行响应;或新的高优先级中断打断当前中断处理过程,而去直接响应这个更高优先级的新中断源。后面这种情况,称为中断嵌套。在硬实时环境中,前一种情况是不允许发生的,不能使响应中断的时间尽量短。而在软件处理（软实时环境）上,FreeRTOS 允许中断嵌套,即在一个中断服务程序期间,处理器可以响应另一个优先级更高的中断,过程如图 8-2 所示。

图 8-2①:当中断 1 的服务函数在处理的时候发生了中断 2,由于中断 2 的优先级比中

断1更高,所以发生了中断嵌套,那么操作系统将先保存当前中断服务函数的上下文环境,并且转向处理中断2,当且仅当中断2执行完的时候(图8-2②),才能继续执行中断1。

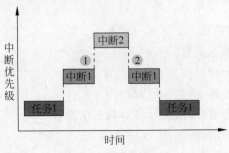

图 8-2　中断嵌套发生

8.4　中断管理的应用场景

FreeRTOS 的中断管理在嵌入式系统中有广泛的应用,以确保系统能够高效、可靠地响应各种硬件事件。

中断管理在嵌入式系统中起着至关重要的作用。FreeRTOS 提供了一些机制来确保中断处理的高效和可靠性。以下是 FreeRTOS 中中断管理的典型应用场景。

1. 任务与中断同步

任务与中断的同步是嵌入式系统开发中的一个常见需求。例如,中断服务程序通常需要通知某个任务去完成某些处理,常见的方法包括使用二进制信号量或事件组。

```
SemaphoreHandle_t xBinarySemaphore;

void vISR_Handler(void) {
    BaseType_t xHigherPriorityTaskWoken = pdFALSE;

    // 发信号量,通知任务处理
    xSemaphoreGiveFromISR(xBinarySemaphore, &xHigherPriorityTaskWoken);

    portYIELD_FROM_ISR(xHigherPriorityTaskWoken);
}

void vTaskFunction(void * pvParameters) {
    for (;;) {
        if (xSemaphoreTake(xBinarySemaphore, portMAX_DELAY) == pdTRUE) {
            // 处理中断触发的任务逻辑
        }
    }
}
```

2. 中断下的数据传输

中断服务程序可以通过消息队列将数据传递给任务。这样,有利于解耦中断处理和具体的数据处理逻辑。

```
QueueHandle_t xQueue;

void vISR_Handler(void) {
    BaseType_t xHigherPriorityTaskWoken = pdFALSE;
    int data = ReadDataFromPeripheral();

    xQueueSendFromISR(xQueue, &data, &xHigherPriorityTaskWoken);

    portYIELD_FROM_ISR(xHigherPriorityTaskWoken);
}

void vTaskFunction(void * pvParameters) {
    int receivedData;

    for (;;) {
        if (xQueueReceive(xQueue, &receivedData, portMAX_DELAY) == pdTRUE) {
            // 处理从中断接收到的数据
        }
    }
}
```

3. 外部设备事件处理

接收串口数据、处理传感器输入等场景，通常使用中断来及时响应外部设备的事件，提高系统的实时性和响应速度。

```
QueueHandle_t xQueue;

void vUART_ISR_Handler(void) {
    BaseType_t xHigherPriorityTaskWoken = pdFALSE;
    char receivedChar = ReadFromUART();

    xQueueSendFromISR(xQueue, &receivedChar, &xHigherPriorityTaskWoken);

    portYIELD_FROM_ISR(xHigherPriorityTaskWoken);
}

void vUARTTask(void * pvParameters) {
    char receivedChar;

    for (;;) {
        if (xQueueReceive(xQueue, &receivedChar, portMAX_DELAY) == pdTRUE) {
            ProcessReceivedUARTData(receivedChar);
        }
    }
}
```

4. 周期性任务调度

使用定时器中断来实现周期性任务调度。例如，通过定时器中断定期触发 ADC 采样任务,提高系统时钟的精度。

```
void vTimer_ISR_Handler(void) {
    BaseType_t xHigherPriorityTaskWoken = pdFALSE;

    // 发送信号量,通知任务进行 ADC 采样
    xSemaphoreGiveFromISR(xADCSemaphore, &xHigherPriorityTaskWoken);

    portYIELD_FROM_ISR(xHigherPriorityTaskWoken);
}

void vADCTask(void * pvParameters) {
    for (;;) {
        if (xSemaphoreTake(xADCSemaphore, portMAX_DELAY) == pdTRUE) {
            // 执行 ADC 采样
        }
    }
}
```

5. 嵌入式控制系统

在电机控制、机器人控制等嵌入式系统中,中断常用于捕获传感器输入、控制驱动信号等。例如,编码器输入信号通过中断获取其值并计算电机转速。

```
void vEncoderISR_Handler(void) {
    BaseType_t xHigherPriorityTaskWoken = pdFALSE;
    int encoderValue = ReadEncoder();

    // 将编码器值通过队列发送给控制任务
    xQueueSendFromISR(xEncoderQueue, &encoderValue, &xHigherPriorityTaskWoken);

    portYIELD_FROM_ISR(xHigherPriorityTaskWoken);
}

void vMotorControlTask(void * pvParameters) {
    int encoderValue;

    for (;;) {
        if (xQueueReceive(xEncoderQueue, &encoderValue, portMAX_DELAY) == pdTRUE) {
            // 根据编码器值计算并调节电机转速
        }
    }
}
```

6. 软件定时器与硬件定时器结合

中断可以用来启动或停止软件定时器,实现更高精度的定时任务。例如,使用硬件定时器中断来启动一个高精度的软件定时器。

```
TimerHandle_t xTimer;

void vHardwareTimerISR_Handler(void) {
```

```
    BaseType_t xHigherPriorityTaskWoken = pdFALSE;

    // 启动软件定时器
    xTimerStartFromISR(xTimer, &xHigherPriorityTaskWoken);

    portYIELD_FROM_ISR(xHigherPriorityTaskWoken);
}

void vTimerCallback(TimerHandle_t xTimer) {
    // 执行定时回调函数逻辑
}

void InitializeTimer(void) {
    xTimer = xTimerCreate ( " HighPrecisionTimer ", pdMS _ TO _ TICKS ( 100 ), pdFALSE, NULL,
vTimerCallback);
    if (xTimer == NULL) {
        // 定时器创建失败,处理错误
    }
}
```

7. 中断优先级管理

FreeRTOS 提供了中断优先级管理机制,确保高优先级中断可以及时处理,而低优先级中断不影响系统的关键任务。配置中断优先级可以确保实时性要求较高的中断得到优先处理。

```
void vConfigureInterruptPriorities(void) {
    NVIC_SetPriority(TIM2_IRQn, configLIBRARY_MAX_SYSCALL_INTERRUPT_PRIORITY - 1);
    NVIC_SetPriority(USART2_IRQn, configLIBRARY_MAX_SYSCALL_INTERRUPT_PRIORITY - 2);
}
```

中断管理在 FreeRTOS 中的应用场景非常广泛,包括但不限于任务与中断同步、中断下的数据传输、外部设备事件处理、周期性任务调度、嵌入式控制系统、软件定时器与硬件定时器结合以及中断优先级管理等。通过合理使用中断管理机制,可以提高系统的实时性、响应速度和整体性能。

8.5　FreeRTOS 中断管理机制

Arm Cortex-M 系列内核的中断是由硬件管理的,而 FreeRTOS 是软件,它并不接管由硬件管理的相关中断(接管简单来说就是,所有的中断都由 RTOS 的软件管理,硬件来了中断时,由软件决定是否响应,可以挂起中断、延迟响应或者不响应),只支持简单的开关中断等,所以 FreeRTOS 中的中断使用其实跟裸机相似,需要自己配置中断,并且使能中断,编写中断服务函数,在中断服务函数中使用内核 IPC 通信机制。一般建议使用信号量、消息或事件标志组等标志事件的发生,将事件发布给处理任务,等退出中断后再由相关处理任务具体处理中断。

用户可以自定义配置系统可管理的最高中断优先级的宏定义 configLIBRARY_MAX_

SYSCALL_INTERRUPT_PRIORITY,它是用于配置内核中的 basepri 寄存器的,当 basepri 设置为某个值时,NVIC 不会响应比该优先级低的中断,而优先级比之更高的中断则不受影响。就是说,当这个宏定义配置为 5 时,中断优先级数值在 0、1、2、3、4 的这些中断是不受 FreeRTOS 屏蔽的,也就是说即使在系统进入临界段时,这些中断也能被触发而不是等到退出临界段的时候才被触发,当然,这些中断服务函数中也不能调用 FreeRTOS 提供的 API,而中断优先级在 5~15 的这些中断是可以被屏蔽的,也能安全调用 FreeRTOS 提供的 API。

Arm Cortex-M NVIC 支持中断嵌套功能:当一个中断触发并且系统进行响应时,处理器硬件会将当前运行的部分上下文寄存器自动压入中断栈中,这部分的寄存器包括 PSR、R0、R1、R2、R3 以及 R12 寄存器。当系统正在服务一个中断时,如果有一个更高优先级的中断触发,那么处理器同样会打断当前运行的中断服务程序,然后把老的中断服务程序上下文的 PSR、R0、R1、R2、R3 和 R12 寄存器自动保存到中断栈中。这些部分上下文寄存器保存到中断栈的行为完全是硬件行为,这一点是与其他 Arm 处理器最大的区别(以往都需要依赖于软件保存上下文)。

另外,在 Arm Cortex-M 系列处理器上,所有中断都采用中断向量表的方式进行处理,即当一个中断触发时,处理器将直接判定是哪个中断源,然后直接跳转到相应的固定位置进行处理。而在 Arm7、Arm9 中,一般是先跳转进入 IRQ 入口,然后再由软件进行判断是哪个中断源触发,获得了相对应的中断服务例程入口地址后,再进行后续的中断处理。

Arm7、Arm9 的好处在于,所有中断都有统一的入口地址,便于操作系统的统一管理。而 Arm Cortex-M 系列处理器则恰恰相反,每个中断服务例程必须排列在一起放在统一的地址上(这个地址必须要设置到 NVIC 的中断向量偏移寄存器中)。中断向量表一般由一个数组定义(或在起始代码中给出)。

FreeRTOS 在 Cortex-M 系列处理器上也遵循与裸机中断一致的方法,当用户需要使用自定义的中断服务例程时,只需要定义相同名称的函数覆盖弱化符号即可。所以,FreeRTOS 在 Cortex-M 系列处理器的中断控制其实与裸机没什么差别。

8.6 任务与中断服务程序

本节探讨任务和中断服务程序在 FreeRTOS 中的关系,介绍中断屏蔽和临界代码段的重要性,以及在 ISR 中使用 FreeRTOS API 函数的注意事项。本节还涵盖了编写高效 ISR 的设计原则,确保系统在中断处理时的可靠性和效率。

8.6.1 任务与中断服务程序的关系

MCU 的中断有中断优先级,有中断服务程序;FreeRTOS 的任务有任务优先级,有任务函数。这两者的特点和区别具体如下。

（1）中断是 MCU 的硬件特性，由硬件事件或软件信号引起中断，运行哪个 ISR 是由硬件决定的。中断的优先级数字越小，表示优先级越高，所以中断的最高优先级为 0。

（2）FreeRTOS 的任务是一个纯软件的概念，与硬件系统无关。任务的优先级是开发者在软件中赋予的，任务的优先级数字越低，表示优先级越低，所以任务的最低优先级为 0。FreeRTOS 的任务调度器决定哪个任务处于运行状态，FreeRTOS 在中断优先级为 15 的 PendSV 中断里进行上下文切换。所以，只要有中断 ISR 在运行，FreeRTOS 就无法进行任务切换。

（3）任务只有在没有 ISR 运行的时候才能运行，即使优先级最低的中断，也可以抢占高优先级的任务的执行，而任务不能抢占 ISR 的运行。

注意对最后一条规则的理解。根据 NVIC 管理中断的原则，同等抢占优先级的中断是不能发生抢占的。一个优先级为 15 的 RTC 唤醒中断是不能抢占优先级为 15 的 SysTick 和 PendSV 中断的执行的，只是因为 SysTick 和 PendSV 中断的 ISR 运行时间很短，RTC 唤醒中断的 ISR 才能被及时执行。但如果优先级为 15 的 RTC 唤醒中断的 ISR 执行时间很长，那么 SysTick 和 PendSV 发生了中断也无法发生抢占，也就是无法进行任务调度，任务函数也无法运行。

任务函数与中断的 ISR 运行时的关系可以用图 8-3 举例说明。

（1）在 t_1 时刻，User Task 进入运行状态，占用 CPU；在 t_2 时刻，发生了一个中断 ISR1，不管 User Task 的任务优先级有多高，ISR1 都会抢占 CPU。ISR1 执行完成后，User Task 才可以继续执行。

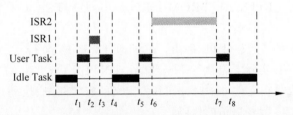

图 8-3 任务函数与中断的 ISR 运行时的关系

（2）在 t_6 时刻，发生了中断 2，ISR2 抢占了 CPU。但是 ISR2 占用 CPU 的时间比较长，导致 User Task 执行时间变长，从软件运行响应来说，表现就是软件响应变得迟钝了。

从图 8-3 可以看出，ISR 执行时，就无法执行任务函数。所以，如果一个 ISR 执行的时间比较长，任务函数无法及时执行，FreeRTOS 也无法进行任务调度，就会导致软件响应变迟钝。

在实际的软件设计中，一般要尽量简化 ISR 的功能，使其尽量少占用 CPU 的时间。一般的硬件中断都是处理一些数据的接收或发送工作。例如，采用中断方式进行 ADC 数据采集时，只需在 ADC 的中断里将数据读取到缓冲区，而对数据进行滤波、频谱计算等耗时间的工作，就转移到任务函数里处理。当然，这还涉及 ISR 与任务函数之间的同步问题，这就是进程间通信问题，是 FreeRTOS 的一个主要功能。

8.6.2　中断屏蔽和临界代码段

一个任务函数在执行的时候,可能会被其他高优先级的任务抢占 CPU,也可能被任何一个中断的 ISR 抢占 CPU。在某些时候,任务的某段代码可能很关键,需要连续执行完,不希望被其他任务或中断打断,这种程序段称为临界段(critical section)。在 FreeRTOS 中,有函数定义临界代码段,也可以屏蔽系统的部分中断。

文件 task.h 定义了几个宏函数,定义代码如下,函数功能见代码中的注释。

```
# define taskDISABLEINTERRUPTS ()        portDISABLEINTERRUPTS ()         //屏蔽 MCU 的部分中断
# define taskENABLEINTERRUPTS ()         portENABLEINTERRUPTS ()          //解除中断屏蔽
# define taskENTERCRITICAL()             portENTER_CRITICAL()             //开始临界代码段
# define taskENTER_CRITICAL_FROM_ISR()   portSET_INTERRUPTMASKFROMISR()
# define taskEXITCRITICAL()              portEXITCRITICAL()               //结束临界代码段
# define taskEXIT_CRITICAL_FROM_ISR(x)   portCLEAR_INTERRUPT_MASKFROM_ISR(x)
```

(1) 宏函数 taskDISABLE_INTERRUPTS 用于屏蔽 MCU 中的一些中断。在 FreeRTOS 里,屏蔽中断并不是屏蔽 MCU 的所有中断。例如,优先级为 0 的 TIM6 的中断就是不可屏蔽的。

(2) 宏函数 taskENABLE INTERRUPTSO 用于解除中断屏蔽。

(3) 函数 taskENTERCRITICAL 和 taskEXIT_CRITICAL0 用于界定一个临界代码段。在临界代码段内,FreeRTOS 会暂停任务调度,所以正在执行的任务不会被更高优先级的任务抢占,能保证代码执行的连续性。

(4) taskENTER_CRITICAL_FROM ISRO 是 taskENTER_CRITICAL 的 ISR 版本,用于在 ISR 中调用。

从这些宏函数的定义可以看出,它们实际上是执行了另外一些函数,如 taskENTERCRITICAL 实际上是执行了函数 portENTER CRITICAL。跟踪代码会发现,这些 port 前缀的函数是在文件 portmacro.h 中定义的宏,部分底层的代码是用汇编语言写的,是根据具体的 MCU 型号移植的代码。

定义临界代码段和屏蔽中断在功能上几乎是相同的,因为函数 taskENTERCRITICAL 里调用了 portDISABLE_INTERRUPTS,taskEXITCRITICAL 里调用了 portENABLE_INTERRUPTS。实现临界代码段的两个函数的底层代码如下:

```
void vPortEnterCritical(void)            //taskENTERCRITICAL()的最终执行代码
{
  portDISABLEINTERRUPTS ();              //屏蔽中断
  uxCriticalNesting++;                   //嵌套计数器
  if(uxCriticalNesting == 1)
  {
    configASSERT((portNVIC_INT CTRL_REG & portVECTACTIVE_MASK) == 0);
  }
void vPortExitCritical(void)             //taskEXITCRITICAL()的最终执行代码
{
  configASSERT(uxCriticalNesting);
```

```
  uxCriticalNesting -- ;                    //嵌套计数器
if(uxCriticalNesting == 0)
 {
   portENABLEINTERRUPTS ();                 //解除中断屏蔽
 }
}
```

从上述代码可以看出,函数 taskENTER_CRITICAL 和 taskEXIT_CRITICAL0 使用了嵌套计数器,所以这一对函数可以嵌套使用。函数 taskDISABLE_INTERRUPTS 和 taskENABLE_INTERRUPTS 不能嵌套使用,只能成对使用。

8.6.3　在 ISR 中使用 FreeRTOS API 函数

在中断的 ISR 里,有时会需要调用 FreeRTOS 的 API 函数,但是调用普通的 API 函数可能会存在问题。例如,在 ISR 里调用 vTaskDelay0 就会出问题,因为 vTaskDelay0 会使任务进入阻塞状态,而 ISR 根本就不是任务,ISR 运行的时候,也不能进行任务调度。

为此,FreeRTOS 的 API 函数分为两个版本:一个称为"任务级",即普通名称的 API 函数;另一个称为"中断级",即带后缀 FromISR 的函数或带后缀 FROM_ISR 的宏函数,中断级 API 函数也称为中断安全 API 函数。

例如,对应于 taskENTER_CRITICALO 的中断级宏函数是 taskENTERCRITICALFROM_ISRO,对应于函数 xTaskGetTickCount0 的中断级函数是 xTaskGetTickCountFromISR。

FreeRTOS 将 API 函数分为两个版本的好处是:在 API 的实现代码中,无须判断调用这个 API 函数的是一个 ISR,还是一个任务函数,否则需要增加额外的代码,而且不同的 MCU 判断 ISR 和任务函数的机制可能不一样。所以,使用两种版本的 API 函数,使 FreeRTOS 的代码效率更高。

在 ISR 中,绝对不能使用任务级 API 函数。然而,在任务函数中,可以使用中断级 API 函数。此外,在 FreeRTOS 无法管理的高优先级 ISR 中,甚至连中断级 API 函数也不能调用。

8.6.4　ISR 设计原则

根据 FreeRTOS 管理中断的特点,中断的优先级和 ISR 程序设计应该遵循如下原则。

(1) 根据参数 configLIBRARY_MAXSYSCALL_INTERRUPT_PRIORITY 的设置,MCU 的优先级为 0~15 的中断,分为 FreeRTOS 不可屏蔽中断和可屏蔽中断,要根据中断的重要性和功能,为其设置合适的中断优先级,使其成为 FreeRTOS 不可屏蔽中断或可屏蔽中断。

(2) ISR 的代码应该尽量简短,应该将比较耗时的处理功能转移到任务函数里实现。

(3) 在可屏蔽中断的 ISR 里,能调用中断级的 FreeRTOS API 函数,绝对不能调用普通的 FraeRTOS API 函数。在不可屏蔽中断的 ISR 里,不能调用任何 FreeRTOSAPI 函数。

8.7 FreeRTOS 中断管理应用实例

中断管理实例是在 FreeRTOS 中创建了两个任务分别获取信号量与消息队列,并且定义两个按键 KEY1 与 KEY2 的触发方式为中断触发。其触发的中断服务函数则跟裸机一样,在中断触发的时候通过消息队列将消息传递给任务,任务接收到消息就将信息通过串口调试助手显示出来。而且中断管理实验也实现了一个串口的 DMA 传输＋空闲中断功能,当串口接收完不定长的数据之后产生一个空闲中断,在中断中将信号量传递给任务,任务在收到信号量的时候将串口的数据读取出来并且在串口调试助手中回显。

1. 中断管理实例源代码

```
/**************************************************************
 * @file    main.c
 * @brief   FreeRTOS V9.0.0 + STM32 中断管理
 * 实验平台:野火 STM32F407 霸天虎开发板
 **************************************************************/

/**************************************************************
 *                          包含的头文件
 **************************************************************/
/* FreeRTOS 头文件 */
# include "FreeRTOS.h"
# include "task.h"
# include "queue.h"
# include "semphr.h"

/* 开发板硬件 bsp 头文件 */
# include "bsp_led.h"
# include "bsp_debug_usart.h"
# include "bsp_key.h"
# include "bsp_exti.h"

/* 标准库头文件 */
# include < string.h >

/************************ 任务句柄 ************************/
/*
 * 任务句柄是一个指针,用于指向一个任务,当任务创建好之后,它就具有了一个任务句柄
 * 以后要想操作这个任务都需要通过这个任务句柄,如果是自身的任务操作自己,那么这个
 * 句柄可以为 NULL
 */
static TaskHandle_t AppTaskCreate_Handle = NULL;        /* 创建任务句柄 */
static TaskHandle_t Key_Task_Handle = NULL;             /* LED 任务句柄 */
static TaskHandle_t Uart_Task_Handle = NULL;            /* KEY 任务句柄 */

/************************ 内核对象句柄 ************************/
/*
```

```
 * 信号量,消息队列,事件标志组,软件定时器这些都属于内核的对象,要想使用这些内核
 * 对象,必须先创建,创建成功之后会返回一个相应的句柄。实际上就是一个指针,后续
 * 就可以通过这个句柄操作这些内核对象
 *
 * 内核对象就是一种全局的数据结构,通过这些数据结构可以实现任务间的通信,任务间的
 * 事件同步等各种功能。这些功能的实现是通过调用这些内核对象的函数来完成的
 *
 * /
QueueHandle_t Test_Queue = NULL;
SemaphoreHandle_t BinarySem_Handle = NULL;

/ *********************** 全局变量声明 *************************** /
/ *
 * 在写应用程序时,可能需要用到一些全局变量
 * /


extern char Usart_Rx_Buf[USART_RBUFF_SIZE];

/ *********************** 宏定义 ******************************** /
/ *
 * 在写应用程序时,可能需要用到一些宏定义
 * /
# define QUEUE_LEN 4        / * 队列的长度,最大可包含多少个消息 * /
# define QUEUE_SIZE 4       / * 队列中每个消息大小(字节) * /
/ *
 ******************************************************************
 *                                          函数声明
 ******************************************************************
 * /
static void AppTaskCreate(void);                  / * 用于创建任务 * /

static void Key_Task(void * pvParameters);        / * LED_Task 任务实现 * /
static void Uart_Task(void * pvParameters);       / * KEY_Task 任务实现 * /

static void BSP_Init(void);                       / * 用于初始化板载相关资源 * /

/ ****************************************************************
  * @brief 主函数
  * @param 无
  * @retval 无
  * @note   第 1 步:开发板硬件初始化
            第 2 步:创建 App 任务
            第 3 步:启动 FreeRTOS,开始多任务调度
  **************************************************************** /
int main(void)
{
  BaseType_t xReturn = pdPASS;        / * 定义一个创建信息返回值,默认为 pdPASS * /

  / * 开发板硬件初始化 * /
  BSP_Init();
```

```
    printf("这是一个 FreeRTOS 中断管理实例!\n");
    printf("按下 KEY1 | KEY2 触发中断!\n");
    printf("串口发送数据触发中断,任务处理数据!\n");

    /* 创建 AppTaskCreate 任务 */
    xReturn = xTaskCreate((TaskFunction_t)AppTaskCreate,          /* 任务入口函数 */
                          (const char *    )"AppTaskCreate",      /* 任务名字 */
                          (uint16_t        )512,                  /* 任务栈大小 */
                          (void *          )NULL,                 /* 任务入口函数参数 */
                          (UBaseType_t     )1,                    /* 任务的优先级 */
                          (TaskHandle_t *  )&AppTaskCreate_Handle); /* 任务控制块指针 */
    /* 启动任务调度 */
    if(pdPASS == xReturn)
        vTaskStartScheduler();             /* 启动任务,开启调度 */
    else
        return -1;

    while(1);                              /* 正常不会执行到这里 */
}
/* ***********************************************************************
 * @ 函数名   : AppTaskCreate
 * @ 功能说明 : 为了方便管理,所有的任务创建函数都放在这个函数里
 * @ 参数     : 无
 * @ 返回值   : 无
 *********************************************************************** */
static void AppTaskCreate(void)
{
    BaseType_t xReturn = pdPASS;        /* 定义一个创建信息返回值,默认为 pdPASS */

    taskENTER_CRITICAL();               //进入临界区

    /* 创建 Test_Queue */
    Test_Queue = xQueueCreate((UBaseType_t) QUEUE_LEN,           /* 消息队列的长度 */
                              (UBaseType_t) QUEUE_SIZE);         /* 消息的大小 */

    if(NULL != Test_Queue)
        printf("Test_Queue 消息队列创建成功!\n");

    /* 创建 BinarySem */
    BinarySem_Handle = xSemaphoreCreateBinary();

    if(NULL != BinarySem_Handle)
        printf("BinarySem_Handle 二值信号量创建成功!\n");

    /* 创建 LED_Task 任务 */
    xReturn = xTaskCreate((TaskFunction_t)Key_Task,              /* 任务入口函数 */
                          (const char *    )"Key_Task",          /* 任务名字 */
                          (uint16_t        )512,                 /* 任务栈大小 */
                          (void *          )NULL,                /* 任务入口函数参数 */
```

```
                              (UBaseType_t         )2,                    /* 任务的优先级 */
                              (TaskHandle_t *    )&Key_Task_Handle); /* 任务控制块指针 */
    if(pdPASS == xReturn)
      printf("创建 Key_Task 任务成功!\n");
    /* 创建 KEY_Task 任务 */
    xReturn = xTaskCreate((TaskFunction_t)Uart_Task,               /* 任务入口函数 */
                          (const char *    )"Uart_Task",          /* 任务名字 */
                          (uint16_t        )512,                  /* 任务栈大小 */
                          (void *          )NULL,                 /* 任务入口函数参数 */
                          (UBaseType_t     )3,                    /* 任务的优先级 */
                          (TaskHandle_t *  )&Uart_Task_Handle); /* 任务控制块指针 */
    if(pdPASS == xReturn)
      printf("创建 Uart_Task 任务成功!\n");

    vTaskDelete(AppTaskCreate_Handle);              //删除 AppTaskCreate 任务

    taskEXIT_CRITICAL();                            //退出临界区
}
/***********************************************************************
 * @ 函数名   : LED_Task
 * @ 功能说明 : LED_Task 任务主体
 * @ 参数     : 无
 * @ 返回值   : 无
 ***********************************************************************/
static void Key_Task(void * parameter)
{
    BaseType_t xReturn = pdPASS;       /* 定义一个创建信息返回值,默认为 pdPASS */
    uint32_t r_queue;                  /* 定义一个接收消息的变量 */
    while (1)
    {
      /* 队列读取(接收),等待时间为一直等待 */
      xReturn = xQueueReceive(Test_Queue,               /* 消息队列的句柄 */
                              &r_queue,                 /* 发送的消息内容 */
                              portMAX_DELAY);           /* 等待时间 一直等 */

          if(pdPASS == xReturn)
          {
              printf("触发中断的是 KEY%d !\n",r_queue);
          }
          else
          {
              printf("数据接收出错\n");
          }

      LED1_TOGGLE;
    }
}

/***********************************************************************
 * @ 函数名   : LED_Task
```

```c
 * @ 功能说明: LED_Task 任务主体
 * @ 参数    : 无
 * @ 返回值   : 无
 ******************************************************************* /
static void Uart_Task(void * parameter)
{
BaseType_t xReturn = pdPASS;          /* 定义一个创建信息返回值,默认为 pdPASS */
  while (1)
  {
    //获取二值信号量 xSemaphore,没获取到则一直等待
     xReturn = xSemaphoreTake(BinarySem_Handle,        /* 二值信号量句柄 */
                             portMAX_DELAY);          /* 等待时间 */
    if(pdPASS == xReturn)
    {
      LED2_TOGGLE;
      printf("收到数据:% s\n",Usart_Rx_Buf);
      memset(Usart_Rx_Buf,0,USART_RBUFF_SIZE);         /* 清零 */
    }
  }
}
/ *******************************************************************
 * @ 函数名   : BSP_Init
 * @ 功能说明: 板级外设初始化,所有板子上的初始化均可放在这个函数里面
 * @ 参数    : 无
 * @ 返回值   : 无
 ******************************************************************* /
static void BSP_Init(void)
{
 / *
  * STM32 中断优先级分组为 4,即 4bit 都用来表示抢占优先级,范围为 0~15
  * 优先级分组只需要分组一次即可,以后如果有其他的任务需要用到中断,
  * 都统一用这个优先级分组,千万不要再分组
  * /
NVIC_PriorityGroupConfig(NVIC_PriorityGroup_4);

 /* LED 初始化 */
LED_GPIO_Config();

 /* DMA 初始化 */
USARTx_DMA_Config();

 /* 串口初始化 */
Debug_USART_Config();

 /* 按键初始化 */
Key_GPIO_Config();

 /* 按键初始化 */
EXTI_Key_Config();
```

```
}
```

/ ***************************** END OF FILE ***************************** /

上述代码展示了如何在 STM32 开发板上使用 FreeRTOS 进行中断管理。

功能如下:

(1) 初始化和任务创建。

在 main 函数中调用 BSP_Init 进行板级资源初始化,包括 LED、串口、按键和中断配置。

创建任务 AppTaskCreate,这个任务负责创建其他应用任务。

(2) 内核对象创建。

在 AppTaskCreate 任务中创建消息队列 Test_Queue 和二值信号量 BinarySem_Handle,用于任务之间的通信和同步。

(3) 任务实现。

Key_Task:接收按键中断触发的消息。通过 xQueueReceive 从 Test_Queue 中获取队列消息(按键编号),并切换 LED 状态。

Uart_Task:等待串口接收中断触发的信号量。通过 xSemaphoreTake 获取信号量后,处理接收到的串口数据并切换另一 LED 状态。

(4) 中断处理。

按键中断触发后,将按键编号发送到消息队列 Test_Queue。

串口接收中断触发后,通过二值信号量 BinarySem_Handle 通知串口任务 Uart_Task 处理数据。

(5) 中断配置。

使用 NVIC_PriorityGroupConfig 配置中断优先级。

初始化 GPIO 按键,并配置外部中断 EXTI_Key_Config。

这个例子展示了 FreeRTOS 中如何使用任务、消息队列和信号量进行中断管理,实现按键触发和串口数据处理的功能。

2. 中断管理实例下载与运行结果

将程序编译好,用 USB 线连接计算机和 STM32 开发板的 USB 接口(对应丝印为 USB 转串口),用 DAP 仿真器把配套程序下载到野火 STM32 开发板(这里为野火霸天虎 STM32F407 开发板)。中断管理程序下载界面如图 8-4 所示。

在计算机上打开野火串口调试助手 FireTools,然后复位开发板就可以在调试助手中看到串口的打印信息,它里面输出了信息表明任务正在运行中。按下开发板的 KEY1 按键触发中断发送消息 1,按下 KEY2 按键发送消息 2;按下 KEY1 与 KEY2,在串口调试助手中可以看到运行结果,然后通过串口调试助手发送一段不定长信息,触发中断会在中断服务函数发送信量通知任务,任务接收到信号量的时候将串口信息打印出来。

中断管理实例运行结果如图 8-5 所示。

图 8-4　中断管理程序下载界面

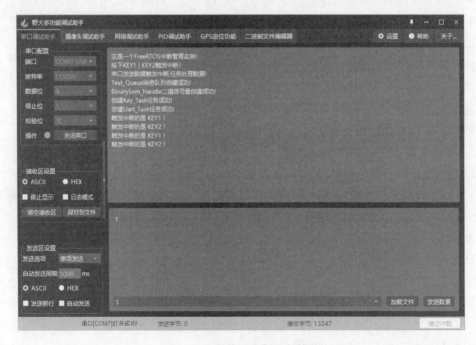

图 8-5　中断管理实例运行结果

第 9 章 FreeRTOS 在 STM32 上的移植实例

本章主要讲述 FreeRTOS 在 STM32 上的移植实例,包括 STM32 的 GPIO 输入输出应用硬件设计、STM32CubeMX 简介及新建工程、通过 Keil MDK 和 STM32CubeIDE 实现工程、使用 STM32CubeProgrammer 下载工程以及通过 STM32CubeIDE 调试工程的详细步骤。

重点内容:

(1) STM32 的 GPIO 输入输出应用硬件设计:包括 GPIO 输出和输入的具体设计方法。

(2) STM32CubeMX 简介:介绍 STM32CubeMX 工具及其功能。

(3) 通过 STM32CubeMX 新建工程:详细讲解如何使用 STM32CubeMX 创建新工程。

(4) 通过 Keil MDK 实现工程:介绍利用 Keil MDK 集成开发环境实现工程的方法。

(5) 通过 STM32CubeIDE 实现工程:讲解如何在 STM32CubeIDE 中实现工程。

(6) 通过 STM32CubeProgrammer 下载工程:说明如何使用 STM32CubeProgrammer 下载固件工程。

(7) 使用 STM32CubeIDE 调试工程:提供在 STM32CubeIDE 中调试工程的步骤和技巧。

这些内容系统地展示了从硬件设计到软件实现、下载和调试的全过程,详细地指导了 FreeRTOS 在 STM32 上的移植。

9.1　STM32 的 GPIO 输入输出应用硬件设计

9.1.1　STM32 的 GPIO 输入应用硬件设计

按键机械触点断开、闭合时,由于触点的弹性作用,按键开关不会马上稳定接通或一下子断开,使用按键时会产生抖动信号,需要用软件消抖处理滤波,不方便输入检测。本实例开发板连接的按键附带硬件消抖功能,如图 9-1 所示。它利用电容充放电的延时消除了波纹,从而简化软件的处理,软件只需要直接检测引脚的电平即可。

从按键检测电路可知,这些按键在没有被按下的时候,GPIO 引脚的输入状态为低电平

（按键所在的电路不通,引脚接地）,当按键按下时,GPIO 引脚的输入状态为高电平（按键所在的电路导通,引脚接到电源）。只要按键检测引脚的输入电平,即可判断按键是否被按下。

若使用的开发板按键的连接方式或引脚不一样,只需根据工程修改引脚即可,程序的控制原理相同。

9.1.2　STM32 的 GPIO 输出应用硬件设计

STM32F407 与 LED 的连接如图 9-2 所示。这是一个 RGB LED 灯,由红蓝绿 3 个 LED 灯构成,使用 PWM 控制时可以混合成 256 种不同的颜色。

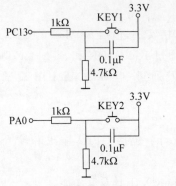

图 9-1　按键检测电路

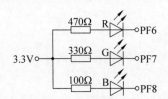

图 9-2　STM32F407 与 LED 的连接

这些 LED 的阴极都连接到 STM32F407 的 GPIO 引脚,只要控制 GPIO 引脚的电平输出状态,即可控制 LED 的亮灭。如果使用的开发板中 LED 的连接方式或引脚不一样,只需修改程序的相关引脚即可,程序的控制原理相同。

LED 电路是由外接＋3.3V 电源驱动的。当 GPIO 引脚输出为 0 时,LED 点亮,输为 1 时,LED 熄灭。

9.2　STM32Cbue 简介

STM32Cube 是一套由 STMicroelectronics 开发的综合性开发生态系统,专为简化 STM32 微控制器的开发流程设计。它涵盖了一系列的软件工具、固件库和开发板,帮助开发者快速、有效地进行嵌入式系统的设计和部署。

主要的开发工具包括:

（1）STM32CubeMX:一款图形化配置工具,用于配置 STM32 微控制器的外设、时钟和引脚,并自动生成初始化代码（包括 HAL 和 LL 库）。它显著简化了项目的启动过程。

（2）STM32CubeIDE:一个基于 Eclipse 的集成开发环境,结合了 STM32CubeMX 的功能,支持代码编辑、编译、调试和测试。它集成了 GCC 编译器和 GDB 调试器,提供了全面的开发体验。

（3）STM32CubeProgrammer：通用的编程工具，支持 STM32 全系列，通过多种接口（如 JTAG、SWD、UART、USB 等）进行固件下载、内存编程和选项字节管理。

（4）STM32CubeMonitor：一款实时监控和调试工具，允许开发者在运行时监视和调试 STM32 应用的行为，以帮助优化和故障排除。

（5）STM32Cube 固件库：包括硬件抽象层、低层驱动和中间件（如 FreeRTOS、USB、TCP/IP 协议栈等），为开发者提供全面的软件支持，涵盖各种应用需求和外设控制。

这些工具组成了一个强大的开发平台，极大地提升了 STM32 微控制器项目的开发效率和质量。

读者若进一步学习 STM32Cube 开发工具的知识，请阅读由清华大学出版社出版的《Arm Cortex-M4 嵌入式系统——基于 STM32Cube 和 HAL 库的编程与开发》一书。

9.3 通过 STM32CubeMX 新建工程

STM32CubeMX 是一款专为 STM32 微控制器系列设计的图形化配置工具，它简化了项目初始化与配置过程。通过 STM32CubeMX 新建工程主要包括以下步骤：首先，创建一个新的文件夹用于存放工程文件；接着，在 STM32CubeMX 中新建一个工程，并选择目标MCU 或开发板；然后，保存 STM32CubeMX 工程，并生成一份详细的报告；随后，配置MCU 的时钟树和外设，以及可选的 FreeRTOS；最后，配置工程参数并生成 C 代码工程，为后续的开发工作奠定基础。

通过 STM32CubeMX 新建工程的步骤如下。

1. 新建文件夹

在 E 盘根目录新建文件夹 Demo，这是保存所有工程的地方，在该目录下新建文件夹 Fire_FreeRTOS，这是保存本次新建工程的文件夹。

2. 新建 STM32CubeMX 工程

如图 9-3 所示，在 STM32CubeMX 开发环境中通过菜单 File→New Project 或 STM32CubeMX 开始窗口中的 New Project 新建工程提示窗口来新建工程。

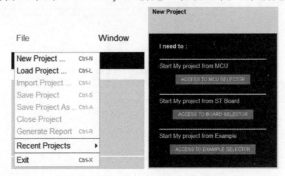

图 9-3 STM32CubeMX 新建工程

3. 选择 MCU 或开发板

此处以 MCU 为例，Commercial Part Number 选择 STM32F407ZGT6，如图 9-4 和图 9-5 所示。

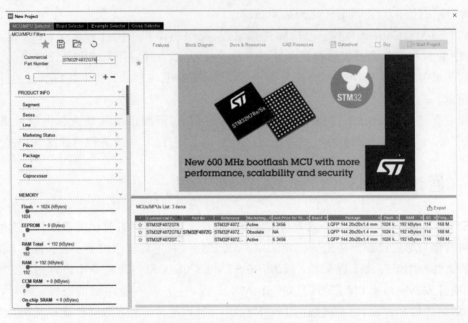

图 9-4　选择 Commercial Part Number

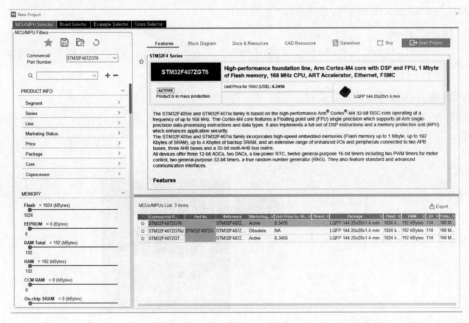

图 9-5　Commercial Part Number 选中 STM32F407ZGT6 后

MCUs/MPUs List 选择 STM32F407ZGT6，如图 9-6 所示。

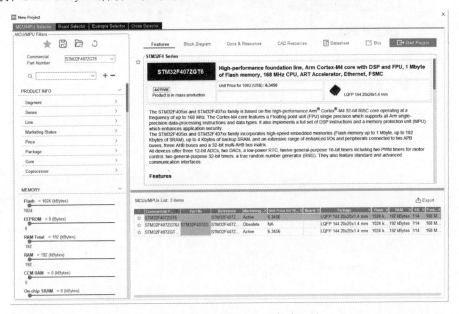

图 9-6 MCUs/MPUs List 选择 STM32F407ZGT6

选择 Start Project 启动工程，如图 9-7 所示，启动工程后页面如图 9-8 所示。

图 9-7 选择 Start Project 启动工程

图 9-8 启动工程后页面

4. 保存 STM32CubeMX 工程

使用 STM32CubeMX 菜单 File→Save Project，保存工程到 Fire_FreeRTOS 文件夹，如图 9-9～图 9-11 所示，生成的 STM32CubeMX 文件为 Fire_FreeRTOS.ioc。

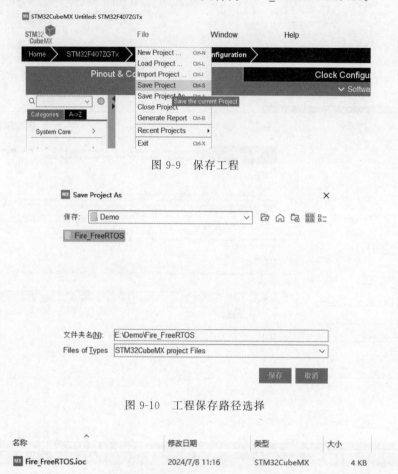

图 9-9　保存工程

图 9-10　工程保存路径选择

图 9-11　生成的 STM32CubeMX 文件

此处直接配置工程名和保存位置，后续生成的工程 Application Structure 为 Advanced 模式，即 Inc、Src 存放于 Core 文件夹下，如图 9-12 所示。

5. 生成报告

使用 STM32CubeMX 菜单 File→Generate Report 生成当前工程的报告文件 Fire_FreeRTOS.pdf，如图 9-13 所示。

6. 配置 MCU 时钟树

STM32CubeMX Pinout & Configuration 子页面下，选择 System Core→RCC，High Speed Clock(HSE)根据开发板实际情况，选择 Crystal/Ceramic Resonator(晶体/陶瓷晶振)，如图 9-14 所示。

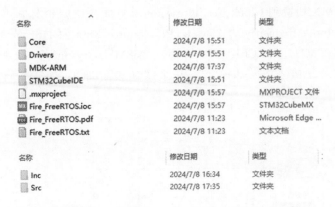

图 9-12 Advanced 模式 Inc、Src 存放于 Core 文件夹下

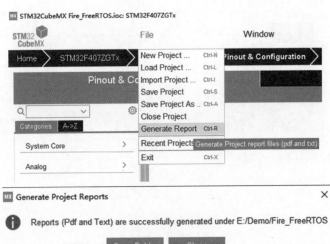

图 9-13 生成工程报告

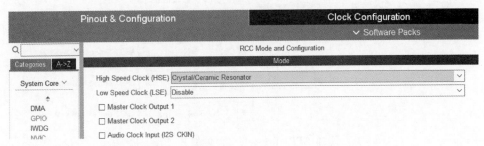

图 9-14 HSE 选择 Crystal/Ceramic Resonator

STM32CubeMX 切换到 Clock Configuration 子页面。根据开发板外设情况配置总线时钟。此处配置 Input frequency 为 25MHz，PLL Source Mux 为 HSE，分频系数/M 为 25，PLLMul 倍频为 336MHz，PLLCLK 分频/2 后为 168MHz，System Clock Mux 为 PLLCLK，APB1 Prescaler 为/4，APB2 Prescaler 为/2，其余默认设置即可。配置时钟树如图 9-15 和图 9-16 所示。

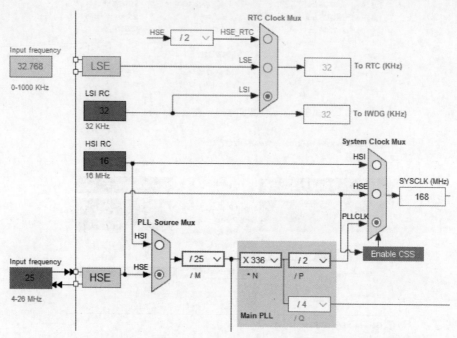

图 9-15　选择 PLL Source 为 HSE，选择 System Clock Mux 为 PLLCLK

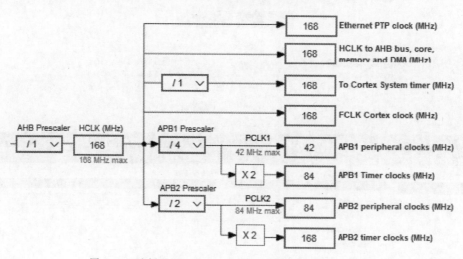

图 9-16　选择 APB1 Prescaler 为/4，APB2 Prescaler 为/2

配置完成的时钟树如图 9-17 所示。

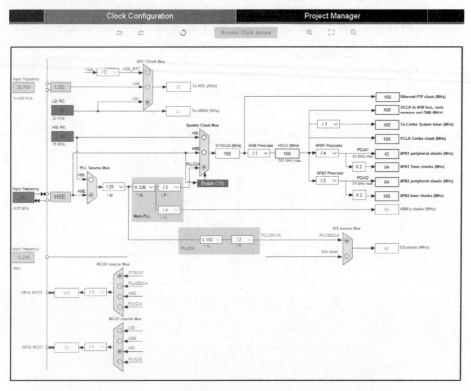

图 9-17 配置完成的时钟树

7. 配置 MCU 外设

根据 LED 电路,整理出 MCU 连接的 GPIO 引脚的输入/输出配置,如表 9-1 所示。

表 9-1　MCU 引脚的配置

用 户 标 签	引 脚 名 称	引 脚 功 能	GPIO 模式	上拉或下拉	端 口 速 率
LED1_RED	PF6	GPIO_Output	推挽输出	上拉	高
LED2_GREEN	PF7	GPIO_Output	推挽输出	上拉	高
LED3_BLUE	PF8	GPIO_Output	推挽输出	上拉	高

再根据表 9-1 进行 GPIO 引脚配置。在引脚视图上,单击相应的引脚,在弹出的菜单中选择引脚功能。与 LED 连接的引脚是输出引脚,设置引脚功能为 GPIO_Output,具体步骤如下。

STM32CubeMX Pinout & Configuration 子页面下选择 System Core→GPIO,此时可以看到与 RCC 相关的两个 GPIO 已自动配置完成,如图 9-18 所示。

以控制 LED 的引脚 PF6 为例,通过搜索框搜索可以定位 IO 接口的引脚位置或在 Pinout View 处选择 PF6 端口,图中会闪烁显示,配置 PF6 的属性为 GPIO_Output,如图 9-19 和图 9-20 所示。

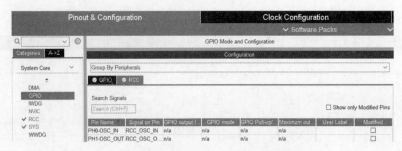

图 9-18　RCC 相关 GPIO

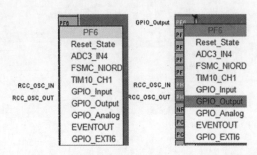

图 9-19　配置 PF6 的属性为 GPIO_Output

图 9-20　PF6 端口配置为 GPlO_Output

在 GPIO 组件的模式和配置界面,对每个 GPIO 引脚进行更多的设置,例如,GPIO 输入引脚是上拉还是下拉,GPIO 输出引脚是推挽输出还是开漏输出,按照表的内容设置引脚的用户标签。所有设置是通过下拉列表选择的。GPIO 输出引脚的最高输出速率指的是引脚输出变化的最高频率。初始输出设置根据电路功能确定,此工程 LED 默认输出高电平,即灯不亮状态。

具体步骤如下。

在 Configuration 处配置 PF6 属性,GPIO output level 选择 High,GPIO mode 选择 Output Push Pull,GPIO Pull-up/Pull-down 选择 Pull-up,Maximum output speed 选择 High,User Label 定义为 LED1,PF6 端口配置如图 9-21 所示。

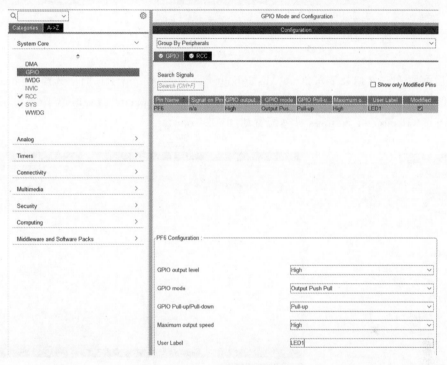

图 9-21　PF6 端口配置

同样方法配置 GPIO 端口 LED2(PF7)和 LED3(PF8)以及按键输入端口: KEY1(PA0)和 KEY2(PC13),其中 PA0 端口配置如图 9-22 所示。

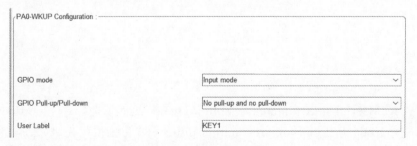

图 9-22　PA0 端口配置

配置完成后的 GPIO 端口页面如图 9-23 所示。

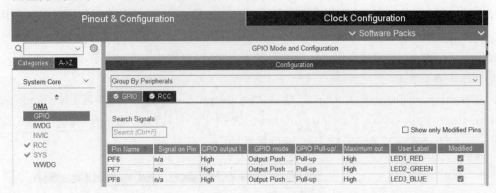

图 9-23　配置完成后的 GPIO 端口

　　然后配置 USART1,STM32CubeMX Pinout & Configuration 子页面下选择 Connectivity→
USART1,对 USART1 进行设置。Mode 选择 Asynchronous,Hardware Flow Control（RS232）
选择 Disable,Parameter Settings 具体配置如图 9-24 所示。

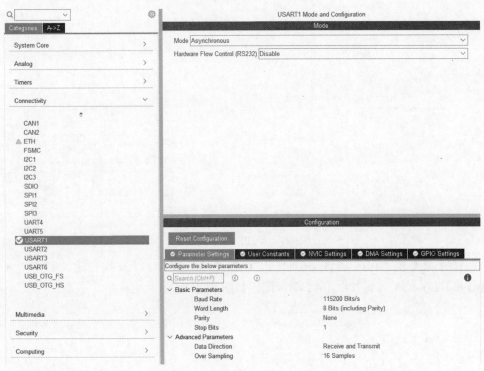

图 9-24　USART1 配置页面

　　切换到 STM32CubeMX Pinout & Configuration 子页面下选择 System Core→NVIC,
修改 Priority Group 为 2 bits for pre-emption priority（2 位抢占优先级）,Enabled 栏勾选
USART1 global interrupt,修改 Preemption Priority（抢占优先级）为 5,Sub Priority（子优

先级)为0。NVIC配置页面如图9-25所示。

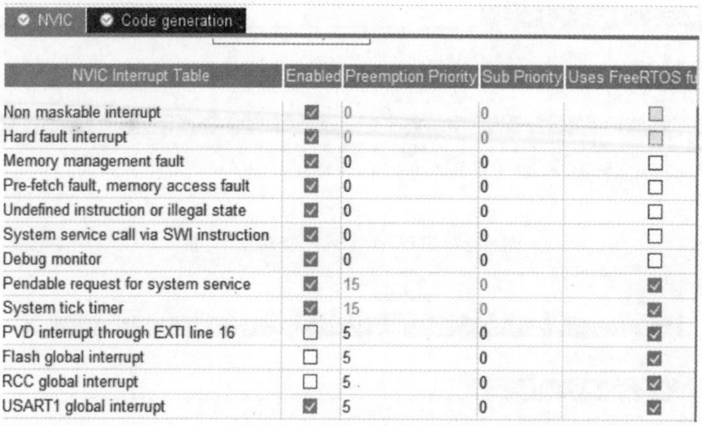

图9-25　NVIC配置页面

Code Generation 页面 Select for init sequence ordering 栏 勾 选 USART1 global interrupt,如图9-26所示。

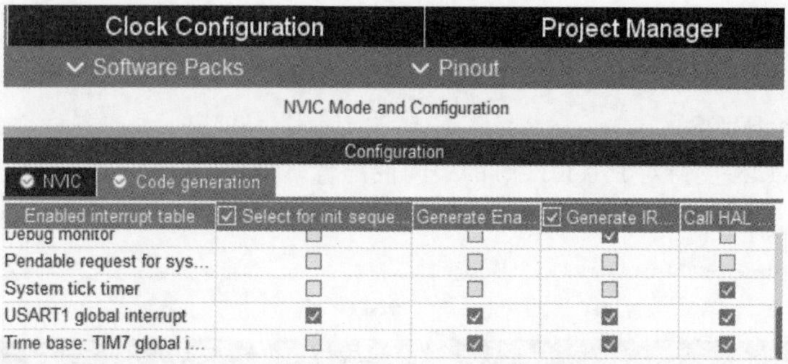

图9-26　Code Generation配置页面

根据USART1电路,整理出MCU连接的GPIO引脚的输入/输出配置,如表9-2所示。

表9-2　MCU连接的GPIO引脚的配置

用 户 标 签	引 脚 名 称	引 脚 功 能	GPIO 模 式	端 口 速 率
—	PA9	USART1_TX	复用推挽输出	最高
—	PA10	USART1_RX	复用输入模式	最高

在STM32CubeMX中配置完USART1后,会自动完成相关GPIO口的配置,不需用户配置,如图9-27所示。

由于前面为引脚设置了用户标签,在生成代码时,CubeMX会在文件main.h中为这些引脚定义宏定义符号,然后在GPIO初始化函数中会使用这些符号。

配置完成后的GPIO端口页面如图9-28所示。

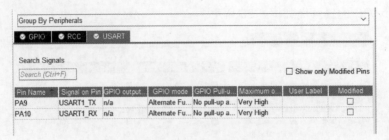

图 9-27　USART GPIO 配置页面

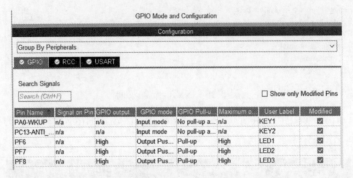

图 9-28　配置完成后的 GPIO 端口页面

8. 配置 FreeRTOS

STM32CubeMX 支持对 FreeRTOS 的中间件配置，切换到 STM32CubeMX Middleware and Software Packs 子页面下选择 FREERTOS，Interface 选择 CMSIS_V2，如图 9-29 所示。

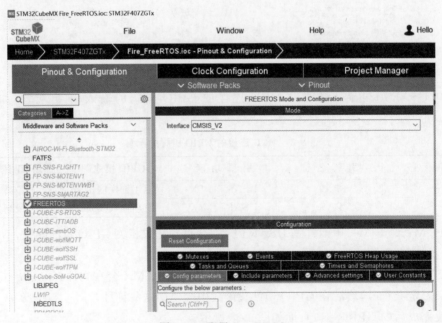

图 9-29　配置 FreeRTOS

Configuration 中切换到 Tasks and Queues,新增 KEY_Task 和 LED_Task,如图 9-30 所示。

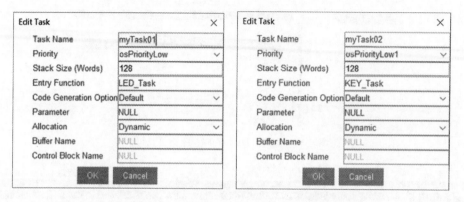

图 9-30　新增 KEY_Task 和 LED_Task

图 9-29 中任务名称 Task Name 和任务进入函数 Entry Function 根据自己的任务名称修改,优先级 Priority 根据任务需要修改,此处 KEY_Task 优先级高于 LED_Task。其余默认即可。

配置完任务的界面如图 9-31 所示。

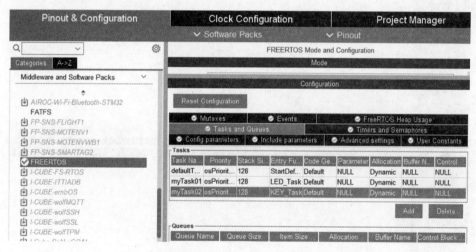

图 9-31　新增 KEY_Task 和 LED_Task 后信息

FreeRTOS 将 systick 作为时钟源,因此需要设置另外一个定时器作为 HAL 库的时钟源,修改 HAL 库时钟源为 TIM7,如图 9-32 所示。

9. 配置工程

STM32CubeMX Project Manager 子页面 Project 栏下 Toolchain/IDE 选择 MDK-Arm,Min Version 选择 V5,可生成 Keil MDK 工程;选择 STM32CubeIDE,可生成 CubeIDE 工程。其余配置默认即可,如图 9-33～图 9-35 所示。

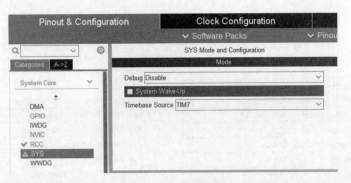

图 9-32　修改 HAL 库时钟源为 TIM7

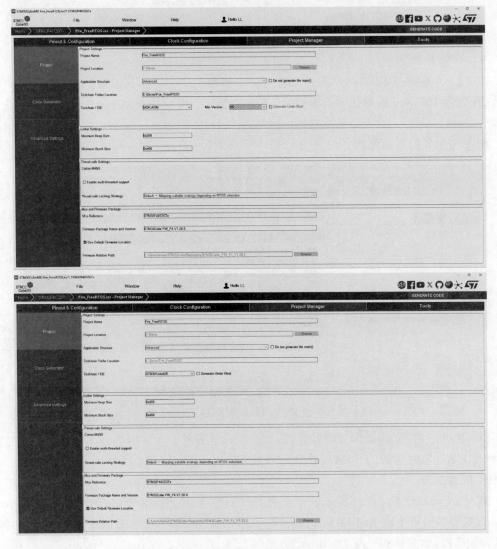

图 9-33　Project Manager 子页面 Project 栏配置

图 9-34　生成 MDK-Arm 工程配置

图 9-35　生成 STM32CubeIDE 工程配置

前面已经保存过工程,生成的工程 Application Structure 默认为 Advanced 模式,此处不可再次修改;若前面未保存过工程,此处可修改工程名,存放位置等信息,生成的工程 Application Structure 为 Basic 模式,即 Inc、Src 为单独的文件夹,不存放于 Core 文件夹。

STM32CubeMX Project Manager 子页面 Code Generator 栏→Generated files 的勾选如图 9-36 所示。

图 9-36　Code Generator 栏 Generated files 配置

10. 生成 C 代码工程

STM32CubeMX 主页面,单击 GENERATE CODE 按钮生成 C 代码工程。生成代码后, STM32CubeMX 会弹出提示打开工程窗口,如图 9-37 所示。

分别生成 MDK-Arm 和 CubeIDE 工程。

注意:MDK-Arm 和 CubeIDE 工程分别保存

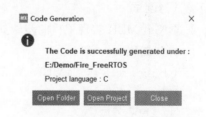

图 9-37　Code Generator 生成后对话框

在两个文件夹,不要在同一个文件夹下,否则原本可成功编译、下载的 MDK-Arm 工程在 CubeIDE 工程生成后再次编译出现错误,如图 9-38 所示。

图 9-38　出现的编译错误

9.4　通过 Keil MDK 实现工程

　　通过 Keil MDK 实现 STM32 项目。首先,利用 STM32CubeMX 配置并生成 MDK 工程,该工程包含初始化代码和必要的库文件。接着,在 Keil MDK 中打开此工程,并根据需求新建用户文件以编写应用代码。完成代码编写后,重新编译工程以检查错误。随后,配置工程仿真与下载设置,确保设备连接无误。最后,将编译无误的固件下载至 STM32 开发板进行测试与调试。

　　通过 Keil MDK 实现工程的步骤如下。

1. 打开工程

　　打开 Fire_FreeRTOS\MDK-Arm 文件夹下的工程文件 Fire_FreeRTOS.uvprojx,如图 9-39 所示。

名称	修改日期	类型	大小
Fire_FreeRTOS.uvoptx	2024/7/8 15:57	UVOPTX 文件	4 KB
Fire_FreeRTOS.uvprojx	2024/7/8 15:57	礴ision5 Project	20 KB
startup_stm32f407xx.s	2024/7/8 15:57	S 文件	29 KB

图 9-39　生成的 MDK-Arm 文件夹

2. 编译 STM32CubeMX 自动生成的 MDK 工程

在 MDK 开发环境中通过菜单 Project→Rebuild all target files 或工具栏 Rebuild 按钮编译工程，如图 9-40 所示。

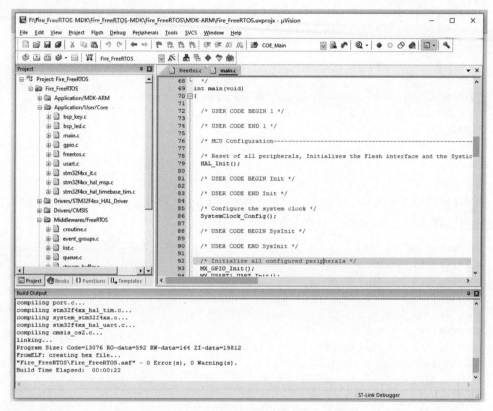

图 9-40　编译 MDK 工程

3. STM32CubeMX 自动生成的 MDK 工程

main.c 文件中函数 main 依次调用了由 STM32CubeMX 自动生成的函数。HAL_Init 是 HAL 库的初始化函数，用于复位所有外设，初始化 Flash 接口和 Systick 定时器。SystemClock_Config 根据 STM32CubeMX 里的 RCC 和时钟树的配置自动生成的代码，用于配置各种时钟信号频率。MX_GPIO_Init 是 GPIO 引脚初始化函数，它是 STM32CubeMX 中 GPIO 引脚图形化配置的实现代码。MX_USART1_UART_Init 初始化 USART1。osKernelInitialize、MX_FREERTOS_Init 和 osKernelStart 初始化 FreeRTOS 内核。

```
int main(void)
{
    /* MCU Configuration------------------------------------------------ */
    /* Reset of all peripherals, Initializes the Flash interface and the Systick. */
    HAL_Init();
    /* Configure the system clock */
    SystemClock_Config();
```

```
/* Initialize all configured peripherals */
MX_GPIO_Init();
MX_USART1_UART_Init();
/* Init scheduler */
osKernelInitialize();
/* Call init function for freertos objects (in cmsis_os2.c) */
MX_FREERTOS_Init();
/* Start scheduler */
osKernelStart();
/* We should never get here as control is now taken by the scheduler */
/* Infinite loop */
while (1)
{
}
}
```

在 STM32CubeMX 中，为 LED、KEY 连接的 GPIO 引脚设置了用户标签，这些用户标签的宏定义在文件 main.h 里。代码如下：

```
/* Private defines -------------------------------------------------------- */
#define KEY2_Pin GPIO_PIN_13
#define KEY2_GPIO_Port GPIOC
#define LED1_Pin GPIO_PIN_6
#define LED1_GPIO_Port GPIOF
#define LED2_Pin GPIO_PIN_7
#define LED2_GPIO_Port GPIOF
#define LED3_Pin GPIO_PIN_8
#define LED3_GPIO_Port GPIOF
#define KEY1_Pin GPIO_PIN_0
#define KEY1_GPIO_Port GPIOA
/* USER CODE BEGIN Private defines */
```

在 STM32CubeMX 中设置的一个 GPIO 引脚用户标签，会在此生成两个宏定义，分别是端口宏定义和引脚号宏定义，如 PF6 设置的用户标签为 LED1，就生成了 LED1_Pin 和 LED1_GPIO_Port 两个宏定义。

GPIO 引脚初始化文件 gpio.c 和 gpio.h 是 STM32CubeMX 生成代码时自动生成的用户程序文件。注意，必须在 STM32CubeMX Project Manager 界面 Code Generator 中勾选生成.c/.h 文件对选项，才会为一个外设生成 c/h 文件对，如图 9-41 所示。

头文件 gpio.h 定义了一个函数 MX_GPIO_Init，这是在 STM32CubeMX 中图形化设置的 GPIO 引脚的初始化函数。

文件 gpio.h 的代码如下，定义了 MX_GPIO_Init 的函数原型。

```
#include "main.h"
void MX_GPIO_Init(void);
```

文件 gpio.c 包含了函数 MX_GPIO_Init 的实现代码如下。

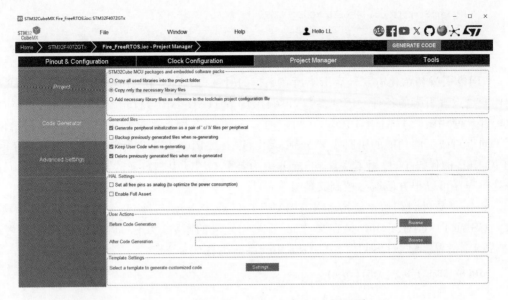

图 9-41　STM32CubeMX 生成 .c/.h 配置项

```c
# include "gpio.h"
void MX_GPIO_Init(void)
{
  GPIO_InitTypeDef GPIO_InitStruct = {0};

  /* GPIO Ports Clock Enable */
  __HAL_RCC_GPIOC_CLK_ENABLE();
  __HAL_RCC_GPIOF_CLK_ENABLE();
  __HAL_RCC_GPIOH_CLK_ENABLE();
  __HAL_RCC_GPIOA_CLK_ENABLE();

  /* Configure GPIO pin Output Level */
  HAL_GPIO_WritePin(GPIOF, LED1_Pin|LED2_Pin|LED3_Pin, GPIO_PIN_SET);

  /* Configure GPIO pin : PtPin */
  GPIO_InitStruct.Pin = KEY2_Pin;
  GPIO_InitStruct.Mode = GPIO_MODE_INPUT;
  GPIO_InitStruct.Pull = GPIO_NOPULL;
  HAL_GPIO_Init(KEY2_GPIO_Port, &GPIO_InitStruct);

  /* Configure GPIO pins : PFPin PFPin PFPin */
  GPIO_InitStruct.Pin = LED1_Pin|LED2_Pin|LED3_Pin;
  GPIO_InitStruct.Mode = GPIO_MODE_OUTPUT_PP;
  GPIO_InitStruct.Pull = GPIO_PULLUP;
  GPIO_InitStruct.Speed = GPIO_SPEED_FREQ_HIGH;
  HAL_GPIO_Init(GPIOF, &GPIO_InitStruct);

  /* Configure GPIO pin : PtPin */
  GPIO_InitStruct.Pin = KEY1_Pin;
```

```
        GPIO_InitStruct.Mode = GPIO_MODE_INPUT;
        GPIO_InitStruct.Pull = GPIO_NOPULL;
        HAL_GPIO_Init(KEY1_GPIO_Port, &GPIO_InitStruct);
    }
```

GPIO 引脚初始化需要开启引脚所在端口的时钟，然后使用一个 GPIO_InitTypeDef 结构体变量设置引脚的各种 GPIO 参数，再调用函数 HAL_GPIO_Init 进行 GPIO 引脚初始化配置。使用函数 HAL_GPIO_Init 可以对一个端口的多个相同配置的引脚进行初始化，而不同端口或不同功能的引脚需要分别调用 HAL_GPIO_Init 进行初始化。在函数 MX_GPIO_Init 的代码中，使用了文件 main.h 中为各个 GPIO 引脚定义的宏。这样编写代码的好处是程序可以很方便地移植到其他开发板上。

main 函数外设初始化新增 MX_USART1_UART_Init，它是 USART1 的初始化函数。MX_USART1_UART_Init 是在文件 usart.c 中定义的函数，实现 STM32CubeMX 配置的 USART1 设置。MX_USART1_UART_Init 实现的代码如下。

```
void MX_USART1_UART_Init(void)
{
huart1.Instance = USART1;
    huart1.Init.BaudRate = 115200;
    huart1.Init.WordLength = UART_WORDLENGTH_8B;
    huart1.Init.StopBits = UART_STOPBITS_1;
    huart1.Init.Parity = UART_PARITY_NONE;
    huart1.Init.Mode = UART_MODE_TX_RX;
    huart1.Init.HwFlowCtl = UART_HWCONTROL_NONE;
    huart1.Init.OverSampling = UART_OVERSAMPLING_16;
    if (HAL_UART_Init(&huart1) != HAL_OK)
    {
      Error_Handler();
    }
    /* USER CODE BEGIN USART1_Init 2 */
    /* USER CODE END USART1_Init 2 */
}
```

MX_USART1_UART_Init 函数调用了 HAL_UART_Init，继而调用了 usart.c 中实现的 HAL_UART_MspInit，初始化 USART1 相关的时钟和 GPIO 口。HAL_UART_MspInit 函数实现如下。

```
void HAL_UART_MspInit(UART_HandleTypeDef * uartHandle)
{
    GPIO_InitTypeDef GPIO_InitStruct = {0};
    if(uartHandle->Instance == USART1)
    {
    /* USER CODE BEGIN USART1_MspInit 0 */

    /* USER CODE END USART1_MspInit 0 */
      /* USART1 clock enable */
      __HAL_RCC_USART1_CLK_ENABLE();
```

```
__HAL_RCC_GPIOA_CLK_ENABLE();
/** USART1 GPIO Configuration
PA9       ------> USART1_TX
PA10      ------> USART1_RX
*/
GPIO_InitStruct.Pin = GPIO_PIN_9|GPIO_PIN_10;
GPIO_InitStruct.Mode = GPIO_MODE_AF_PP;
GPIO_InitStruct.Pull = GPIO_NOPULL;
GPIO_InitStruct.Speed = GPIO_SPEED_FREQ_VERY_HIGH;
GPIO_InitStruct.Alternate = GPIO_AF7_USART1;
HAL_GPIO_Init(GPIOA, &GPIO_InitStruct);

/* USER CODE BEGIN USART1_MspInit 1 */

/* USER CODE END USART1_MspInit 1 */
  }
}
```

4. 新建用户文件

在 Fire_FreeRTOS\Core\Src 下新建 bsp_led. c、bsp_key. c，在 Fire_FreeRTOS\Core\
Inc 下新建 bsp_led. h、bsp_key. h。将 bsp_led. c、bsp_key. c 添加到工程 Application/User/
Core 文件夹下。USART 不需新建用户文件，所需文件均由 STM32CubeMX 自动生成，如
图 9-42～图 9-44 所示。

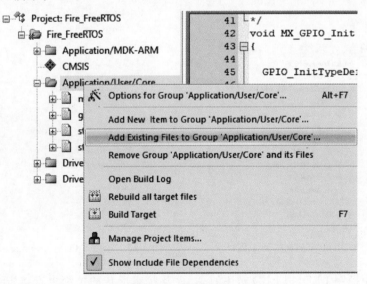

图 9-42　添加文件

5. 编写用户代码

为了防止中文乱码，在新增用户文件之前，将文件编码格式修改为 UTF-8。选择 Edit→
Configuration 菜单，如图 9-45 和图 9-46 所示。

bsp_led. h 和 bsp_led. c 文件实现 LED 操作的宏定义和 LED 初始化。

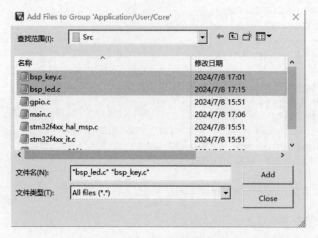

图 9-43　选择要添加文件的路径

图 9-44　MDK 中添加文件到工程目录

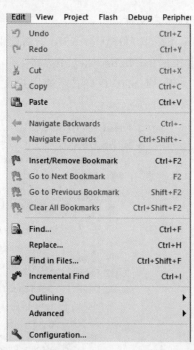

图 9-45　选择 Edit→Configuration 菜单

为了方便控制 LED,把 LED 常用的亮、灭及状态反转的控制也直接定义成宏,定义在 bsp_led. h 文件中。

```
//R 红色灯
# define LED1_PIN                      GPIO_PIN_6
# define LED1_GPIO_PORT                GPIOF
# define LED1_GPIO_CLK_ENABLE()        __GPIOF_CLK_ENABLE()
```

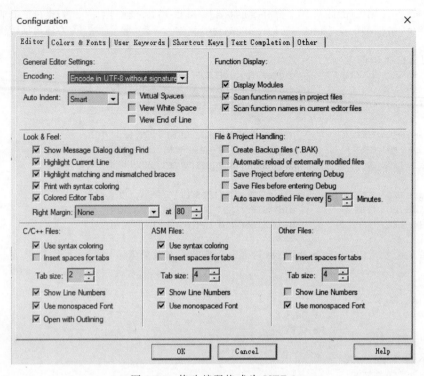

图 9-46　修改编码格式为 UTF-8

```
//G 绿色灯
#define LED2_PIN                    GPIO_PIN_7
#define LED2_GPIO_PORT              GPIOF
#define LED2_GPIO_CLK_ENABLE()      __GPIOF_CLK_ENABLE()

//B 蓝色灯
#define LED3_PIN                    GPIO_PIN_8
#define LED3_GPIO_PORT              GPIOF
#define LED3_GPIO_CLK_ENABLE()      __GPIOF_CLK_ENABLE()

/** 控制 LED 灯亮灭的宏
  * LED 低电平亮,设置 ON = 0,OFF = 1
  * 若 LED 高电平亮,把宏设置成 ON = 1 ,OFF = 0 即可
  */
#define ON GPIO_PIN_RESET
#define OFF GPIO_PIN_SET

/* 带参宏,可以像内联函数一样使用 */
#define LED1(a)HAL_GPIO_WritePin(LED1_GPIO_PORT,LED1_PIN,a)
#define LED2(a)HAL_GPIO_WritePin(LED2_GPIO_PORT,LED2_PIN,a)
#define LED3(a)HAL_GPIO_WritePin(LED2_GPIO_PORT,LED3_PIN,a)

/* 直接操作寄存器的方法控制 IO */
#define digitalHi(p,i)          {p -> BSRR = i;}                     //设置为高电平
```

```
#define digitalLo(p,i)        {p-> BSRR = (uint32_t)i << 16;}        //输出低电平
#define digitalToggle(p,i)    {p-> ODR ^ = i;}                       //输出反转状态

/* 定义控制 IO 的宏 */
#define LED1_TOGGLE          digitalToggle(LED1_GPIO_PORT,LED1_PIN)
#define LED1_OFF             digitalHi(LED1_GPIO_PORT,LED1_PIN)
#define LED1_ON              digitalLo(LED1_GPIO_PORT,LED1_PIN)


#define LED2_TOGGLE          digitalToggle(LED2_GPIO_PORT,LED2_PIN)
#define LED2_OFF             digitalHi(LED2_GPIO_PORT,LED2_PIN)
#define LED2_ON              digitalLo(LED2_GPIO_PORT,LED2_PIN)


#define LED3_TOGGLE          digitalToggle(LED3_GPIO_PORT,LED3_PIN)
#define LED3_OFF             digitalHi(LED3_GPIO_PORT,LED3_PIN)
#define LED3_ON              digitalLo(LED3_GPIO_PORT,LED3_PIN)


/* 基本混色,后面高级用法使用 PWM 可混出全彩颜色,且效果更好 */

//红
#define LED_RED \
                    LED1_ON;\
                    LED2_OFF\
                    LED3_OFF
//绿
#define LED_GREEN\
                    LED1_OFF;\
                    LED2_ON\
                    LED3_OFF
//蓝
#define LED_BLUE\
                    LED1_OFF;\
                    LED2_OFF\
                    LED3_ON
//黄(红 + 绿)
#define LED_YELLOW\
                    LED1_ON;\
                    LED2_ON\
                    LED3_OFF
//紫(红 + 蓝)
#define LED_PURPLE\
                    LED1_ON;\
                    LED2_OFF\
                  LED3_ON
//青(绿 + 蓝)
#define LED_CYAN \
                    LED1_OFF;\
                    LED2_ON\
                    LED3_ON
//白(红 + 绿 + 蓝)
#define LED_WHITE\
```

```
                        LED1_ON;\
                        LED2_ON\
                        LED3_ON
//黑(全部关闭)
#define LED_RGBOFF\
                        LED1_OFF;\
                        LED2_OFF\
                        LED3_OFF
```

```
void LED_GPIO_Config(void);
```

这部分宏控制 LED 亮灭的操作是直接向 BSRR 寄存器写入控制指令来实现的,对 BSRR 低 16 位写 1 输出高电平,对 BSRR 高 16 位写 1 输出低电平,对 ODR 寄存器某位进行异或操作可反转位的状态。

利用上面的宏,bsp_led.c 文件实现 LED 的初始化函数 LED_GPIO_Config。此处仅关闭 RGB 灯,用户可根据需要初始化 RGB 灯的状态。在 bsp_led.h 文件中添加函数 LED_GPIO_Config 的声明。

```
void LED_GPIO_Config(void)
{
    /* 关闭 RGB 灯 */
    LED_RGBOFF;
}
```

bsp_key.h 文件实现按键检测引脚相关的宏定义。

```
/** 按键按下标置宏
  * 按键按下为高电平,设置 KEY_ON = 1, KEY_OFF = 0
  * 若按键按下为低电平,把宏设置成 KEY_ON = 0 ,KEY_OFF = 1 即可
  */
#define KEY_ON1
#define KEY_OFF0
uint8_t Key_Scan(GPIO_TypeDef * GPIOx,uint16_t GPIO_Pin);
```

bsp_key.h 文件声明 Key_Scan,bsp_key.c 文件实现按键扫描函数 Key_Scan。GPIO 引脚的输入电平可通过读取 IDR 寄存器对应的数据位来感知,而 STM32HAL 库提供了库函数 HAL_GPIO_ReadPin 来获取位状态,该函数输入 GPIO 端口及引脚号,函数返回该引脚的电平状态,高电平返回 1,低电平返回 0。Key_Scan 函数中以 HAL_GPIO_ReadPin 的返回值与自定义的宏 KEY_ON 对比,若检测到按键按下,则使用 while 循环持续检测按键状态,直到按键释放。按键释放后 Key_Scan 函数返回一个 KEY_ON 值;若没有检测到按键按下,则函数直接返回 KEY_OFF。若按键的硬件没有做消抖处理,需要在 Key_Scan 函数中做软件滤波,防止波纹抖动引起误触发。

```
uint8_t Key_Scan(GPIO_TypeDef * GPIOx,uint16_t GPIO_Pin)
{
    /* 检测是否有按键按下 */
    if(HAL_GPIO_ReadPin(GPIOx,GPIO_Pin) == KEY_ON)
    {
```

```
        /* 等待按键释放 */
        while(HAL_GPIO_ReadPin(GPIOx,GPIO_Pin) == KEY_ON);
        return   KEY_ON;
    }
    else
        return KEY_OFF;
}
```

main. c 文件添加对用户自定义头文件的引用。

```
/* Private includes ------------------------------------------------ */
/* USER CODE BEGIN Includes */
# include "bsp_led.h"
# include "bsp_key.h"
# include "stdio.h"
/* USER CODE END Includes */
```

main. c 文件添加 LED 初始化和打印信息。

```
  /* USER CODE BEGIN 2 */
  /* LED 端口初始化 */
  LED_GPIO_Config();
printf("This is a FreeRTOS task management experiment \n\n");
 printf("Press KEY1 to suspend the task, press KEY2 to resume the task \n");
/* USER CODE END 2 */
```

在 freertos. c 文件中添加头文件的引用和 LED_Task、KEY_Task 任务主体。

```
/* USER CODE BEGIN Includes */
# include "bsp_led.h"
# include "bsp_key.h"
# include "stdio.h"
# include "stdio.h "
/* USER CODE END Includes */


/* USER CODE END Header_LED_Task */
void LED_Task(void * argument)
{
  /* USER CODE BEGIN LED_Task */
  /* Infinite loop */
  for(;;)
  {
      LED1_ON;
      LED1_Status = 1;
    printf("LED_Task Running,LED1_ON\r\n");
    osDelay(500);

    LED1_OFF;
      LED1_Status = 0;
    printf("LED_Task Running,LED1_OFF\r\n");
    osDelay(500);
  }
```

```
    /* USER CODE END LED_Task */
}


/* USER CODE END Header_KEY_Task */
void KEY_Task(void * argument)
{
    /* USER CODE BEGIN KEY_Task */
    /* Infinite loop */
    for(;;)
    {
        if(Key_Scan(KEY1_GPIO_PORT,KEY1_Pin) == KEY_ON)
            if(Key_Scan(KEY1_GPIO_PORT,KEY1_Pin) == KEY_ON)
        {/* K1 down */
            printf("Suspend LED task!\n");
            vTaskSuspend(myTask01Handle);
            printf("Suspend LED task success!\n");
        }
        if(Key_Scan(KEY2_GPIO_PORT,KEY2_Pin) == KEY_ON)
        {/* K2 down */
            printf("Resume LED task!\n");
            vTaskResume(myTask01Handle);
            printf("Resume LED task success!\n");
        }
        vTaskDelay(20);
    }
    /* USER CODE END KEY_Task */
}
```

usart. c 文件 MX_USART1_UART_Init 函数开启 USART1 接收中断。

usart. c 文件添加函数 Usart_SendString 用于发送字符串。Usart_SendString 函数用来发送一个字符串,它实际是调用 HAL_UART_Transmit 函数(这是一个阻塞的发送函数,无须重复判断串口是否发送完成)发送每个字符,直到遇到空字符才停止发送。最后使用循环检测发送完成的事件标志来实现保证数据发送完成后才退出函数。

```
/* USER CODE BEGIN 1 */
/***************** 发送字符串 *********************/
void Usart_SendString(uint8_t * str)
{
unsigned int k = 0;
    do
    {
        HAL_UART_Transmit(&huart1,(uint8_t * )(str + k) ,1,1000);
        k++;
    } while( * (str + k)!= '\0');

}

/* USER CODE END 1 */
```

在 C 语言 HAL 库中,fputc 函数是 printf 函数内部的一个函数,功能是将字符 ch 写入文件指针 f 所指向文件的当前写指针位置,简单理解就是把字符写入特定文件中。使用 USART 函数重新修改 fputc 函数内容,达到类似"写入"的功能。

使用 fput 函数达到重定向 C 语言 HAL 库输入输出函数必须在 MDK 的工程选项把 Use MicroLIB 勾选上,如图 9-47 所示。

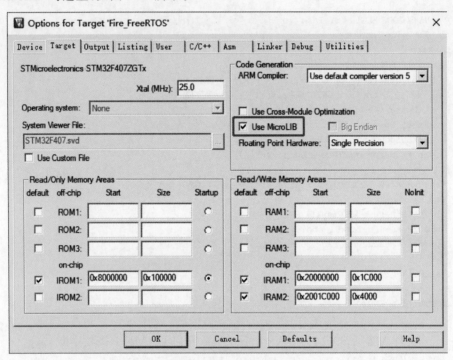

图 9-47　勾选 Use MicroLIB

为了使用 printf 函数,需要在 usart.c 文件中包含 stdio.h 头文件。

```
/* USER CODE BEGIN 1 */
//重定义 fputc 函数
#ifdef __GNUC__
#define PUTCHAR_PROTOTYPE int __io_putchar(int ch)
#else
#define PUTCHAR_PROTOTYPE int fputc(int ch, FILE * f)
#endif
PUTCHAR_PROTOTYPE
{
    HAL_UART_Transmit(&huart1 , (uint8_t *)&ch, 1, 0xFFFF);
    return ch;
}
/* USER CODE END 1 */
```

stm32f1xx_it.c 对 USART1_IRQHandler 函数添加接收数据的处理。stm32f1xx_it.c 文件用来集中存放外设中断服务函数。当使能了中断并且中断发生时就会执行中断服务函数。本实验使能了 USART1 接收中断,当 USART1 有接收到数据就会执行 USART1_

IRQHandler 函数。__HAL_UART_GET_FLAG 函数用来获取中断事件标志。使用 if 语句来判断是否真的产生 USART 数据接收这个中断事件,如果是真的就使用 USART 数据读取函数 READ_REG 读取数据赋值给 ch,读取过程会软件清除 UART_FLAG_RXNE 标志位。最后再调用 USART 写函数 WRITE_REG 把数据又发送给源设备。

```
void USART1_IRQHandler(void)
{
  HAL_UART_IRQHandler(&huart1);
  /* USER CODE BEGIN USART1_IRQn 1 */
  uint8_t ch = 0;
  if(__HAL_UART_GET_FLAG(&huart1, UART_FLAG_RXNE) != RESET)
  {
      ch = (uint16_t)READ_REG(huart1.Instance->DR);
      WRITE_REG(huart1.Instance->DR,ch);
  }
  /* USER CODE END USART1_IRQn 1 */
}
```

stm32f1xx_it.c 对 SysTick_Handler 函数添加 FreeRTOS 函数配置处理。

```
/* USER CODE BEGIN SysTick_IRQn 1 */
  #if (INCLUDE_xTaskGetSchedulerState == 1)
    if (xTaskGetSchedulerState() != taskSCHEDULER_NOT_STARTED)
    {
  #endif /* INCLUDE_xTaskGetSchedulerState */
            xPortSysTickHandler();
  #if (INCLUDE_xTaskGetSchedulerState == 1)
        }
  #endif /* INCLUDE_xTaskGetSchedulerState */
  /* USER CODE END SysTick_IRQn 1 */
```

main.h 文件添加函数 Usart_SendString 声明。

```
/* USER CODE BEGIN Prototypes */
void Usart_SendString(uint8_t * str);
/* USER CODE END Prototypes */
```

至此,完成用户自定义的代码。用户代码均在 USER CODE 区,STM32CubeMX 重新生成工程并不影响上述用户代码。

6. 重新编译工程

重新编译工程,出现两个错误。

错误 1:.\FreeRTOS\portable\RVDS\Arm_CM4F\port.c(483):error:A1586E:Bad operand types(UnDefOT,Constant)for operator。需修改 stm32f407xx.h 的_NVIC_PRIO_BITS 定义,4U 改为 4,如图 9-48 所示。

错误 2:Fire_FreeRTOS\Fire_FreeRTOS.axf:Error:L6200E:Symbol SVC_Handler multiply defined(by port.o and stm32f4xx_it.o)。以及 Fire_FreeRTOS\Fire_FreeRTOS.axf:Error:L6200E:Symbol PendSV_Handler multiply defined(by port.o

```
19
44 ┌/**
45 │  * @brief Configuration of the Cortex-M4 Processor and Core Peripherals
46 └  */
47 #define __CM4_REV              0x0001U  /*!< Core revision r0p1                          */
48 #define __MPU_PRESENT          1U       /*!< STM32F4XX provides an MPU                   */
49 #define __NVIC_PRIO_BITS       4U       /*!< STM32F4XX uses 4 Bits for the Priority Levels */
50 #define __Vendor_SysTickConfig 0U       /*!< Set to 1 if different SysTick Config is used */
51 #define __FPU_PRESENT          1U       /*!< FPU present                                 */
52
```

图 9-48　错误 1

and stm32f4xx_it. o)。需把 stm32f4xx_it. c 文件中 void SVC_Handler(void){}以及 void PendSV_Handler(void){}注释掉,如图 9-49 所示。

```
143 ┌/**
144 │  * @brief This function handles System service call via SWI instruction.
145 └  */
146 //void SVC_Handler(void)
147 //{
148 //   /* USER CODE BEGIN SVCall_IRQn 0 */
149
150 //   /* USER CODE END SVCall_IRQn 0 */
151 //   /* USER CODE BEGIN SVCall_IRQn 1 */
152
153 //   /* USER CODE END SVCall_IRQn 1 */
154 //}
155
156 ┌/**
157 │  * @brief This function handles Debug monitor.
158 └  */
159 void DebugMon_Handler(void)
160 ┌{
161   /* USER CODE BEGIN DebugMonitor_IRQn 0 */
162
163   /* USER CODE END DebugMonitor_IRQn 0 */
164   /* USER CODE BEGIN DebugMonitor_IRQn 1 */
165
166   /* USER CODE END DebugMonitor_IRQn 1 */
167 }
168
169 ┌/**
170 │  * @brief This function handles Pendable request for system service.
171 └  */
172 //void PendSV_Handler(void)
173 //{
174 //   /* USER CODE BEGIN PendSV_IRQn 0 */
175
176 //   /* USER CODE END PendSV_IRQn 0 */
177 //   /* USER CODE BEGIN PendSV_IRQn 1 */
178
179 //   /* USER CODE END PendSV_IRQn 1 */
180 //}
181
```

图 9-49　错误 2

这时重新编译无错误。

7. 配置工程仿真与下载项

在 MDK 开发环境中通过菜单 Project→Options for Target 或工具栏 配置工程。

打开 Debug 选项卡,选择使用的仿真下载器 ST-Link Debugger。Flash Download 下勾选 Reset and Run 选项。

8. 下载工程

连接好仿真下载器,开发板上电。

在 MDK 开发环境中通过菜单 Flash→Download 或工具栏 📥 下载工程。

将程序编译好,用 USB 线连接计算机和 STM32 开发板的 USB 接口(对应丝印为 USB 转串口),用 DAP 仿真器把配套程序下载到野火 STM32 开发板(这里为野火霸天虎 STM32F407 开发板)。

在计算机上打开野火串口调试助手 FireTools,然后复位开发板就可以在调试助手中看到串口的打印信息。任务管理实例运行结果如图 9-50 所示。

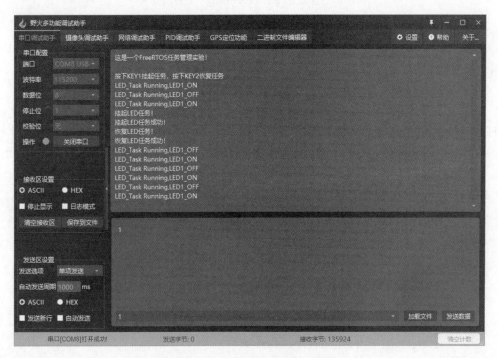

图 9-50 任务管理实例运行结果

9.5 通过 STM32CubeIDE 实现工程

通过 STM32CubeIDE 实现工程概述。首先,利用 STM32CubeIDE 直接打开或导入由 STM32CubeMX 自动生成的 STM32CubeIDE 工程。接着,在 IDE 中新建用户文件,并根据项目需求编写相应的用户代码,完成代码编写后,进行编译以检查错误。最后,通过 STM32CubeIDE 集成的调试和下载工具,将编译无误的程序下载至 STM32 目标设备进行测试与调试。

通过 STM32CubeIDE 实现工程的步骤如下。

1. 打开工程

打开 Fire_FreeRTOS\STM32CubeIDE 文件夹下的工程文件 .project,如图 9-51 所示。

名称	修改日期	类型	大小
📁 Application	2024/7/10 9:59	文件夹	
📁 Drivers	2024/7/10 9:59	文件夹	
📄 .cproject	2024/7/10 10:11	CPROJECT 文件	27 KB
📄 .project	2024/7/9 9:38	PROJECT 文件	6 KB
📄 STM32F407ZGTX_FLASH.ld	2024/7/9 9:38	LD 文件	6 KB
📄 STM32F407ZGTX_RAM.ld	2024/7/8 15:51	LD 文件	6 KB

图 9-51　生成的 STM32CubeIDE 工程文件夹

2. 编译 STM32CubeMX 自动生成的 STM32CubeIDE 工程

在 STM32CubeIDE 开发环境中通过菜单 Project→Build All 或工具栏 🔨 Build All 按钮编译工程。

3. STM32CubeMX 自动生成的 STM32CubeIDE 工程

main. c 文件中函数 main 依次调用了由 STM32CubeMX 自动生成的函数。HAL_Init 是 HAL 库的初始化函数,用于复位所有外设、初始化 Flash 接口和 Systick 定时器。SystemClock_Config 根据 STM32CubeMX 里的 RCC 和时钟树的配置自动生成代码,用于配置各种时钟信号频率。MX_GPIO_Init 是 GPIO 引脚初始化函数,它是 STM32CubeMX 中 GPIO 引脚图形化配置的实现代码。MX_USART1_UART_Init 初始化 USART1,osKernelInitialize、MX_FREERTOS_Init 和 osKernelStart 初始化 FreeRTOS 内核。

```c
int main(void)
{
  /* MCU Configuration-------------------------------------------------- */
  /* Reset of all peripherals, Initializes the Flash interface and the Systick. */
  HAL_Init();
  /* Configure the system clock */
  SystemClock_Config();
  /* Initialize all configured peripherals */
  MX_GPIO_Init();
  MX_USART1_UART_Init();
  /* Init scheduler */
  osKernelInitialize();
  /* Call init function for freertos objects (in cmsis_os2.c) */
  MX_FREERTOS_Init();
  /* Start scheduler */
  osKernelStart();
  /* We should never get here as control is now taken by the scheduler */
  /* Infinite loop */
  while (1)
  {
  }
}
```

在 STM32CubeMX 中,为 LED、KEY 连接的 GPIO 引脚设置了用户标签,这些用户标签的宏定义在文件 main. h 里。代码如下:

```c
/* Private defines -------------------------------------------------- */
```

```
#define KEY2_Pin GPIO_PIN_13
#define KEY2_GPIO_Port GPIOC
#define LED1_Pin GPIO_PIN_6
#define LED1_GPIO_Port GPIOF
#define LED2_Pin GPIO_PIN_7
#define LED2_GPIO_Port GPIOF
#define LED3_Pin GPIO_PIN_8
#define LED3_GPIO_Port GPIOF
#define KEY1_Pin GPIO_PIN_0
#define KEY1_GPIO_Port GPIOA
/* USER CODE BEGIN Private defines */
```

在 STM32CubeMX 中设置的一个 GPIO 引脚用户标签,会在此生成两个宏定义,分别是端口宏定义和引脚号宏定义,如 PF6 设置的用户标签为 LED1,就生成了 LED1_Pin 和 LED1_GPIO_Port 两个宏定义。

GPIO 引脚初始化文件 gpio. c 和 gpio. h 是 STM32CubeMX 生成代码时自动生成的用户程序文件。注意,必须在 STM32CubeMX Project Manager 界面 Code Generator 中勾选生成. c/. h 文件对选项,才会为一个外设生成 c/h 文件对。

头文件 gpio. h 定义了一个函数 MX_GPIO_Init,这是在 STM32CubeMX 中图形化设置的 GPIO 引脚的初始化函数。

文件 gpio. h 的代码如下,定义了 MX_GPIO_Init() 的函数原型。

```
#include "main.h"
void MX_GPIO_Init(void);
```

文件 gpio. c 包含了函数 MX_GPIO_Init 的实现代码。源代码参见 9.4 节。

main 函数外设初始化新增 MX_USART1_UART_Init,它是 USART1 的初始化函数。MX_USART1_UART_Init 是在文件 usart. c 中定义的函数,实现 STM32CubeMX 配置的 USART1 设置。

MX_USART1_UART_Init 函数调用了 HAL_UART_Init,继而调用了 usart. c 中实现的 HAL_UART_MspInit,初始化 USART1 相关的时钟和 GPIO 口。HAL_UART_MspInit 函数实现参见 9.4 节。

4. 新建用户文件

在 Fire_FreeRTOS\Core\Src 下新建 bsp_led. c、bsp_key. c,在 Fire_FreeRTOS\Core\Inc 下新建 bsp_led. h、bsp_key. h。Core 文件夹下右击 Import→File System,勾选 bsp_led. c、bsp_key. c,作为链接形式勾选 Create links in workspace,单击 Finish 按钮。USART 相关的不需新建用户文件,所需文件均由 STM32CubeMX 自动生成,如图 9-52 和图 9-53 所示。

5. 编写用户代码

bsp_led. h 和 bsp_led. c 文件实现 LED 操作的宏定义和 LED 初始化。

为了方便控制 LED,把 LED 常用的亮、灭及状态反转的控制也直接定义成宏,定义在 bsp_led. h 文件中。

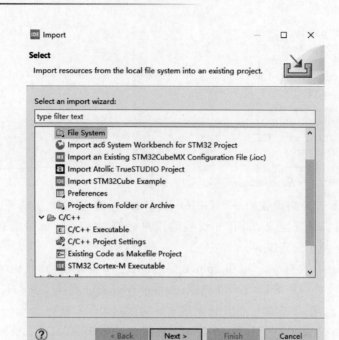

图 9-52　选择一个导入向导

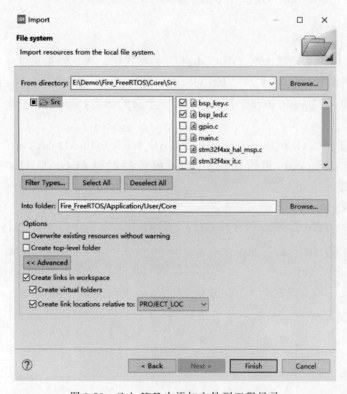

图 9-53　CubeIDE 中添加文件到工程目录

源代码的实现参见 9.4 节。

利用上面的宏,bsp_led.c 文件实现 LED 的初始化函数 LED_GPIO_Config。此处仅关闭 RGB 灯,用户可根据需要初始化 RGB 灯的状态。在 bsp_led.h 文件中添加函数 LED_GPIO_Config 的声明。

```
void LED_GPIO_Config(void)
{
    /* 关闭 RGB 灯 */
    LED_RGBOFF;
}
```

bsp_key.h 文件实现按键检测引脚相关的宏定义。

```
/** 按键按下标置宏
  * 按键按下为高电平,设置 KEY_ON = 1, KEY_OFF = 0
  * 若按键按下为低电平,把宏设置成 KEY_ON = 0 ,KEY_OFF = 1 即可
  */
#define KEY_ON    1
#define KEY_OFF   0
uint8_t Key_Scan(GPIO_TypeDef * GPIOx,uint16_t GPIO_Pin);
```

bsp_key.h 文件声明 Key_Scan,bsp_key.c 文件实现按键扫描函数 Key_Scan。GPIO 引脚的输入电平可通过读取 IDR 寄存器对应的数据位来感知,而 STM32HAL 库提供了库函数 HAL_GPIO_ReadPin 来获取位状态,该函数输入 GPIO 端口及引脚号,函数返回该引脚的电平状态,高电平返回 1,低电平返回 0。Key_Scan 函数中以 HAL_GPIO_ReadPin 的返回值与自定义的宏 KEY_ON 对比,若检测到按键按下,则使用 while 循环持续检测按键状态,直到按键释放,按键释放后 Key_Scan 函数返回一个 KEY_ON 值;若没有检测到按键按下,则函数直接返回 KEY_OFF。若按键的硬件没有做消抖处理,需要在这个 Key_Scan 函数中做软件滤波,防止波纹抖动引起误触发。

```
uint8_t Key_Scan(GPIO_TypeDef * GPIOx,uint16_t GPIO_Pin)
{
    /* 检测是否有按键按下 */
    if(HAL_GPIO_ReadPin(GPIOx,GPIO_Pin) == KEY_ON)
    {
        /* 等待按键释放 */
        while(HAL_GPIO_ReadPin(GPIOx,GPIO_Pin) == KEY_ON);
        return    KEY_ON;
    }
    else
        return KEY_OFF;
}
```

main.c 文件添加对用户自定义头文件的引用。

```
/* Private includes ----------------------------------------- */
/* USER CODE BEGIN Includes */
```

```
# include "bsp_led. h"
# include "bsp_key. h"
# include "stdio. h"
/* USER CODE END Includes */
```

main. c 文件添加 LED 初始化和打印信息。

```
/* USER CODE BEGIN 2 */
/* LED 端口初始化 */
LED_GPIO_Config();
printf("这是一个[野火]-STM32 全系列开发板-FreeRTOS 任务管理实验!\n\n");
printf("按下 KEY1 挂起任务,按下 KEY2 恢复任务\n");
/* USER CODE END 2 */
```

在 freertos. c 文件中添加头文件的引用和 LED_Task、KEY_Task 任务主体。

```
/* USER CODE BEGIN Includes */
# include "bsp_led. h"
# include "bsp_key. h"
# include "stdio. h"
# include "stdio. h "
/* USER CODE END Includes */


/* USER CODE END Header_LED_Task */
void LED_Task(void * argument)
{
  /* USER CODE BEGIN LED_Task */
  /* Infinite loop */
  for(;;)
  {
      LED1_ON;
      LED1_Status = 1;
    printf("LED_Task Running,LED1_ON\r\n");
    osDelay(500);

    LED1_OFF;
      LED1_Status = 0;
    printf("LED_Task Running,LED1_OFF\r\n");
    osDelay(500);
  }
  /* USER CODE END LED_Task */
}


/* USER CODE END Header_KEY_Task */
void KEY_Task(void * argument)
{
  /* USER CODE BEGIN KEY_Task */
  /* Infinite loop */
  for(;;)
```

```
  {
    if(Key_Scan(KEY1_GPIO_PORT,KEY1_Pin) == KEY_ON)
    {/* K1 被按下 */
      printf("挂起 LED 任务!\n");
      vTaskSuspend(myTask01Handle);     /* 挂起 LED 任务 */
      printf("挂起 LED 任务成功!\n");
    }
    if(Key_Scan(KEY2_GPIO_PORT,KEY2_Pin) == KEY_ON)
    {/* K2 被按下 */
      printf("恢复 LED 任务!\n");
      vTaskResume(myTask01Handle);      /* 恢复 LED 任务! */
      printf("恢复 LED 任务成功!\n");
    }
    vTaskDelay(20);                     /* 延时 20 个 tick */
  }
  /* USER CODE END KEY_Task */
}
```

usart.c 文件 MX_USART1_UART_Init 函数开启 USART1 接收中断。

usart.c 文件添加函数 Usart_SendString 用于发送字符串。Usart_SendString 函数用来发送一个字符串,它实际是调用 HAL_UART_Transmit 函数(这是一个阻塞的发送函数,无须重复判断串口是否发送完成)发送每个字符,直到遇到空字符才停止发送。最后使用循环检测发送完成的事件标志来实现保证数据发送完成后才退出函数。

```
/* USER CODE BEGIN 1 */
/****************** 发送字符串 *********************/
void Usart_SendString(uint8_t * str)
{
unsigned int k = 0;
  do
  {
      HAL_UART_Transmit(&huart1,(uint8_t *)(str + k) ,1,1000);
      k++;
  } while( *(str + k)!= '\0');

}

/* USER CODE END 1 */
```

在 C 语言 HAL 库中,fputc 函数是 printf 函数内部的一个函数,功能是将字符 ch 写入文件指针 f 所指向文件的当前写指针位置,简单理解就是把字符写入特定文件中。使用 USART 函数重新修改 fputc 函数内容,达到类似"写入"的功能。

为了使用 printf 函数,需要在 usart.c 文件中包含 stdio.h 头文件。

此处 fputc 函数的实现与 Keil MDK 略有不同。

//重定义 fputc 函数

```
# ifdef __GNUC__
# define PUTCHAR_PROTOTYPE int __io_putchar(int ch)
# else
# define PUTCHAR_PROTOTYPE int fputc(int ch, FILE * f)
# endif
PUTCHAR_PROTOTYPE
{
    HAL_UART_Transmit(&huart1 , (uint8_t * )&ch, 1, 0xFFFF);
    return ch;
}
```

stm32f1xx_it.c 对 USART1_IRQHandler 函数添加接收数据的处理。stm32f1xx_it.c 文件用来集中存放外设中断服务函数。当使能了中断并且中断发生时就会执行中断服务函数。本实验使能了 USART1 接收中断,当 USART1 接收到数据就会执行 USART1_IRQHandler 函数。__HAL_UART_GET_FLAG 函数用来获取中断事件标志。使用 if 语句来判断是否真的产生 USART 数据接收这个中断事件,如果是真的就使用 USART 数据读取函数 READ_REG 读取数据赋值给 ch,读取过程会软件清除 UART_FLAG_RXNE 标志位。最后再调用 USART 写函数 WRITE_REG 把数据又发送给源设备。

```
void USART1_IRQHandler(void)
{
    HAL_UART_IRQHandler(&huart1);
    /* USER CODE BEGIN USART1_IRQn 1 */
    uint8_t ch = 0;
    if(__HAL_UART_GET_FLAG(&huart1, UART_FLAG_RXNE) != RESET)
    {
        ch = (uint16_t)READ_REG(huart1.Instance -> DR);
        WRITE_REG(huart1.Instance -> DR, ch);
    }
    /* USER CODE END USART1_IRQn 1 */
}
```

main.h 文件添加函数 Usart_SendString 声明。

```
/* USER CODE BEGIN Prototypes */
void Usart_SendString(uint8_t * str);
/* USER CODE END Prototypes */
```

至此,完成用户自定义的代码。用户代码均在 USER CODE 区,STM32CubeMX 重新生成工程并不影响上述用户代码。

9.6　通过 STM32CubeProgrammer 下载工程

下载工程也可以使用 STM32CubeProgrammer。步骤如下:
连接好仿真下载器,开发板上电。

打开 STM32CubeProgrammer，配置工具为 ST-LINK，选择 Port 为 JTAG，如图 9-54 所示。

图 9-54　STM32CubeProgrammer 配置 ST-LINK

单击 Connect，连接 ST-LINK，如图 9-55 所示。

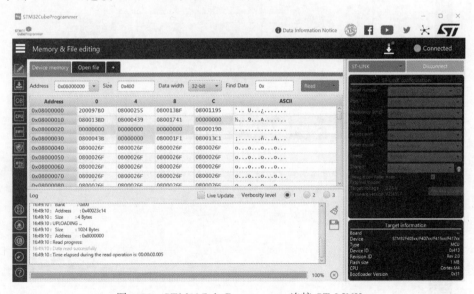

图 9-55　STM32CubeProgrammer 连接 ST-LINK

打开 Erasing & programming，选择 Fire_FreeRTOS\STM32CubeIDE\Debug 下的 Fire_FreeRTOS. elf 文件，如图 9-56 所示。

勾选 Verify programming 和 Run after programming，单击 Start Programming，开始下载工程，如图 9-57 所示。

工程下载成功提示如图 9-58 所示。

工程下载完成后，观察开发板上 LED 灯的闪烁状态，红灯闪烁。

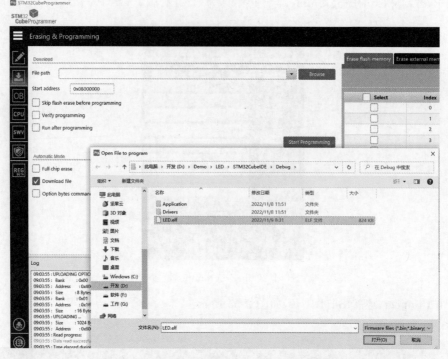

图 9-56　STM32CubeProgrammer 选择下载文件

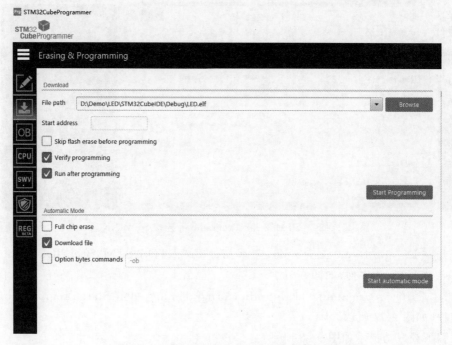

图 9-57　STM32CubeProgrammer 下载工程

图 9-58　STM32CubeProgrammer 工程下载成功提示

9.7　使用 STM32CubeIDE 调试工程

STM32CubeIDE 使用 GDB 进行调试,支持 ST-Link 和 SEGGER J-Link 调试器,支持通过 SWD 或 JTAG 接口连接目标 MCU。

STM32CubeIDE 工程编译完成之后,直接单击工具栏的爬虫图标☀或者通过选择菜单 Run--> Debug,可以启动调试。

如果是第一次对当前工程进行调试,STM32CubeIDE 会先编译工程,然后打开调试配置窗口。调试配置窗口包含:调试接口的选择,ST-Link 的设置,复位设置和外部 flash loader 的设置等选项,用户可以检查或者修改各项配置。确认所有的配置都正确无误,就可以单击 OK,启动调试。

STM32CubeIDE 会先将程序下载到 MCU,然后从链接文件(＊.ld)中指定的程序入口开始执行。程序默认从 Reset_Handler 开始执行,并暂停在 main 函数的第一行,等待接下来的调试指令。

启动调试后,STM32CubeIDE 将自动切换到调试透视图,在调试透视图的工具栏中,列出了调试操作按钮。

STM32CubeIDE 调试工具栏如图 9-59 所示。

图 9-59　STM32CubeIDE 调试工具栏

参 考 文 献

［1］ 李正军,李潇然.Arm Cortex-M4 嵌入式系统：基于 STM32Cube 和 HAL 库的编程与开发［M］.北京：清华大学出版社,2024.

［2］ 李正军,李潇然.Arm Cortex-M3 嵌入式系统：基于 STM32Cube 和 HAL 库的编程与开发［M］.北京：清华大学出版社,2024.

［3］ 李正军.Arm 嵌入式系统原理及应用：STM32F103 微控制器架构、编程与开发［M］.北京：清华大学出版社,2023.

［4］ 李正军.Arm 嵌入式系统案例实战：手把手教你掌握 STM32F103 微控制器项目开发［M］.北京：清华大学出版社,2023.

［5］ 李正军,李潇然.STM32 嵌入式单片机原理与应用［M］.北京：机械工业出版社,2023.

［6］ 李正军,李潇然.STM32 嵌入式系统设计与应用［M］.北京：机械工业出版社,2023.

［7］ 李正军.计算机控制系统［M］.4 版.北京：机械工业出版社,2022.

［8］ 李正军.计算机控制技术［M］.北京：机械工业出版社,2022.

［9］ 刘火良,杨森.FreeRTOS 内核实现与应用开发实战指南（基于 STM32）［M］.北京：机械工业出版社,2021.

［10］ 王维波,鄢志丹,王钊.STM32Cube 高效开发教程（高级篇）［M］.北京：人民邮电出版社,2022.